Illustrator 2022 设计基础 + 商业设计实战

陈博 夏磊 / 编著

人民邮电出版社
北京

图书在版编目（CIP）数据

Illustrator 2022设计基础+商业设计实战 / 陈博, 夏磊编著. -- 北京 : 人民邮电出版社, 2023.7
ISBN 978-7-115-60312-8

Ⅰ. ①I… Ⅱ. ①陈… ②夏… Ⅲ. ①图形软件—教材
Ⅳ. ①TP391.412

中国版本图书馆CIP数据核字(2022)第200023号

内容提要

本书面向初、中级读者，深入浅出地讲解软件的操作技巧，并用实战案例进一步引导读者熟悉软件的应用方法。

全书分为设计基础篇和设计实战篇，共 16 章。第 1 章讲解了 Illustrator 的基本概念和操作：第 2 章讲解了 Illustrator2022 的基本绘图工具和命令：第 3 章讲解了 Illustrator2022 的高级绘图工具和命令：第 4 章讲解了 Illustrator2022 的颜色系统和颜色工具：第 5 章讲解了画笔的应用：第 6 章讲解了符号的使用和立体图标；第 7 章讲解了高级路径命令；第 8 章讲解了文字的处理；第 9 章讲解了神奇的滤镜；第 10~16 章通过实战案例，讲解了 Illustrator2022 在标志设计、文字设计、杂志广告设计、易拉宝设计、名片设计、插画设计、封面设计中的应用。

本书附赠同步教学视频，以及所有案例的配套素材，以便读者拓展学习。

本书适合学习 Illustrator2022 的初、中级读者阅读，也适合作为各院校相关专业学生和培训班学员的教材或辅导材料。

◆ 编　　著　陈　博　夏　磊
　责任编辑　张天怡
　责任印制　陈　犇
◆ 人民邮电出版社出版发行　　北京市丰台区成寿寺路 11 号
　邮编　100164　　电子邮件　315@ptpress.com.cn
　网址　https://www.ptpress.com.cn
　雅迪云印（天津）科技有限公司印刷
◆ 开本：787×1092　1/16
　印张：11　　　　2023 年 7 月第 1 版
　字数：232 千字　　　　2023 年 7 月天津第 1 次印刷

定价：69.90 元

读者服务热线：(010) 81055410　印装质量热线：(010) 81055316
反盗版热线：(010) 81055315
广告经营许可证：京东市监广登字 20170147 号

前言

Illustrator 是全球著名的矢量绘图软件之一，由Adobe公司出品，是众多数字艺术设计软件中的旗舰产品。它在平面设计领域应用广泛，其强大的功能为图形的编辑和制作带来了很大的便利。它还是学习计算机软件的一个非常好的切入点，既能提高用户对数字艺术设计的兴趣，也能为其学习其他美术设计软件（如网页、三维和影视类软件）打下良好的基础。本书主要使用Illustrator 2022进行知识讲解和案例制作，通过对本书的学习，读者不仅能熟练使用Illustrator 2022制作作品，还能掌握平面设计技巧。

本书根据Illustrator软件的应用功能来划分章节，归纳整理Illustrator 的设计法则，一步一步带领读者探索其中的奥秘。

本书特色

循序渐进，细致讲解

无论读者是否具备相关软件学习基础，是否了解Illustrator，都能将本书作为学习的起点。本书通过入门级的细致讲解，帮助读者迅速从新手进阶成高手。

实例为主，图文并茂

在讲解的过程中，重要知识点均配有实战案例，几乎每个步骤都配有插图，以便让读者更直观、清晰地看到操作的过程和结果。

视频教程，互动教学

本书配套的教学视频内容与书中知识紧密结合并相互补充，可以帮助读者获得在实际工作环境中所需的知识和技能，以及处理各种问题的方法，达到学以致用的目的。

增值服务

本书配套资源丰富，包含同步教学视频，以及所有实战案例的素材文件。读者可以下载“每日设计”App，搜索本书书号“60312”，在“图书详情”栏目进行资源下载。

● **图书导读**

① 导读音频：了解本书的创作背景及教学侧重点。

② 思维导图：统览全书讲解逻辑，明确学习流程。

● **软件学习**

① 全书素材文件和结果文件。使用和作者相同的素材，边学习边操作，快速理解知识点。采用理论学习和实践操作相结合的学习方式，更容易加深和巩固学习效果。由于字体版权原因，本书配套资源不提供字体，所以配套源文件效果可能与书中案例效果不同，但是不影响

读者学习。

② 精良的教学视频。手把手教学，更加生动形象。在“每日设计”App本书页面的“配套视频”栏目，读者可以在线观看全部配套视频。

● **拓展学习**

① 热文推荐：在“每日设计”App 本书页面的“热文推荐”栏目，读者可以了解Illustrator的最新资讯。

② 老师好课：在“每日设计”App 本书页面的“老师好课”栏目，读者可以学习其他的相关优质课程，全方位提升自己的能力。

读者收获

在学习完本书后，读者不仅可以熟练掌握Illustrator 2022的操作，还将对平面设计的技巧有更深入的了解。通过由浅入深地学习，读者可以掌握软件的基本操作和功能应用，做到软件与设计工作的融会贯通。虽然本书力求把专业、严谨的内容呈现给读者，但难免存在错漏之处，恳请广大读者批评指正。

编者

目录

设计基础篇

第 1 章 Illustrator 的基本概念和操作

第 2 章 Illustrator 2022 的基本绘图工具和命令

第 3 章 Illustrator 2022 的高级绘图工具和命令

第 4 章 Illustrator 2022 的颜色系统和颜色工具

第 5 章 画笔的应用

第 6 章 符号的使用和立体图标

第 7 章 高级路径命令

第 8 章 文字的处理

第 9 章 神奇的滤镜

设计实战篇

第 10 章 标志设计

第 11 章 文字设计

第 12 章 杂志广告设计

第 13 章 易拉宝设计

第 14 章 名片设计

第 15 章 插画设计

第 16 章 封面设计

设计基础篇

第 1 章
Illustrator 的基本概念和操作

本章主要讲解Illustrator的基本概念和操作：首先讲解Illustrator在设计工作中的应用，以及矢量图与位图的相关知识，让用户对Illustrator的设计知识有一个初步的了解；接下来基于Illustrator 2022讲解界面、文件基本操作，以及辅助绘图工具的使用，为读者后续的软件学习打下良好的基础。

本章核心知识点：

· Illustrator的基本概念

· 矢量图与位图

· Illustrator 2022界面介绍

· 文件基本操作

· 辅助绘图工具的使用

1.1 Illustrator的基本概念

Illustrator是Adobe公司开发的功能强大的矢量绘图软件，广泛应用于平面广告设计和网页图形设计领域。发布之初，该软件只拥有单调的绘图功能，经过多年的发展，如今的它已经升级到功能非常强大的2022版本。相比于以前的版本，2022版本增加了很多新功能及颇具创造性的工具，为广大用户提供了更广阔的创作空间，同时更加易用，更为完善。

Illustrator功能非常强大，使用它可完成不同种类的设计工作，下面是对它的一个简单介绍。

1.1.1 标志和VI设计

Illustrator作为功能强大的矢量软件可非常便利、快捷地设计企业标志（Logo）、品牌商标等，如图1-1所示。

设计师还可以以标志为核心使用Illustrator设计企业识别系统，即VI系统，如图1-2所示。

图1-1

图1-2

1.1.2 插画设计

使用Illustrator可绘制一些线条简练、颜色概括的时尚插画，如图1-3所示。

图1-3

1.1.3 平面设计

使用Illustrator可以做出专业的平面设计作品，包括广告单页、画册、折页、时尚图案、名片、DM单页（介绍产品及服务或活动信息的广告宣传单）等，如图1-4~图1-7所示。

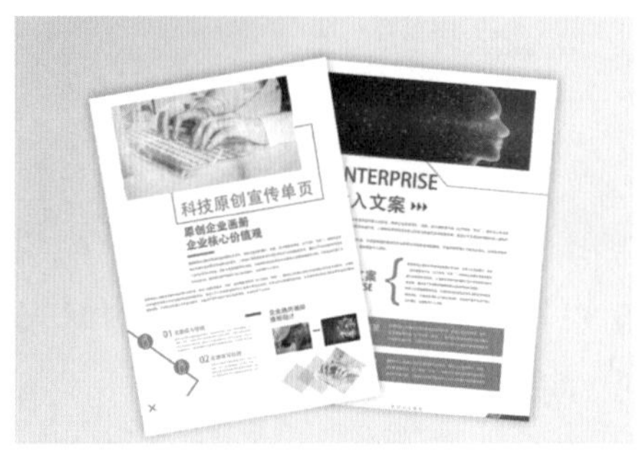

图1-4

图1-5

图1-6

图1-7

1.2 矢量图与位图

如果你立志成为一名设计人员，就必须掌握矢量图与位图这两个概念。它们是贯穿设计过程的基本概念，只要接触图片就必然会接触这两个概念。

1.2.1 矢量图形与矢量对象

软件的使用者不必对矢量这个概念有很深刻的理解，只需明白矢量图形是从数学的角度来描述的图形，是一系列由线连接的点构成的图形。矢量图形由数学的描述方式生成，这决定了所绘线条的位置、长度和方向，它是线条的集合。这也是矢量图形文件体积十分小的主要原因。

矢量对象是矢量文件中的图形元素，而且每个对象都是作为一个独立的实体而存在的。它们都具有颜色、形状、轮廓、大小和位置等基本属性。因为矢量对象具有独立性，所以在对其进行各种操作（包括清晰度、弯曲度、位置、角度等属性的调节）时均不会影响文件中的其他对象。

矢量图形和矢量对象不受分辨率影响，通常来说它们是按照最高分辨率显示到输出设备上的，而且它们被放大无数倍以后依然清晰。在Illustrator中打开图1-8所示的矢量图，将其放大，就会发现图片边缘没有出现位图那样的锯齿效果，而是始终保持平滑的边缘。

矢量图形最主要的优点在于可以很平滑地印刷输出，尤其是在输出文字类路径时能保持非常优秀的边缘平滑效果。因为矢量图形有着这样的特性，所以它常常被应用于线条明显、具有大面积色块的图案中，常见的有商业标志和商业插画设计。

图1-8

以标志举例，标志既会使用在很小的名片上，也会使用在户外的大型广告牌上，如果使用位图来制作，文件体积会太大，以至于超出计算机的内存，而用矢量图来设计制作则非常方便，占用的空间也很小。图1-9是全球知名的苹果公司的标志应用在不同位置的实景照片。

图1-9

1.2.2 位图图像

位图图像是由无数细小的像素组成的图像，每一个像素都有自己的位置、亮度和大小等。位图图像的大小取决于图像中像素的多少，而图像的颜色则取决于像素的颜色。

位图图像和分辨率有关，分辨率代表单位面积内包含的像素数量，分辨率越高，单位面积内的像素就越多，图像也就越清晰。位图放大后图像边缘会出现锯齿，如图1-10所示。

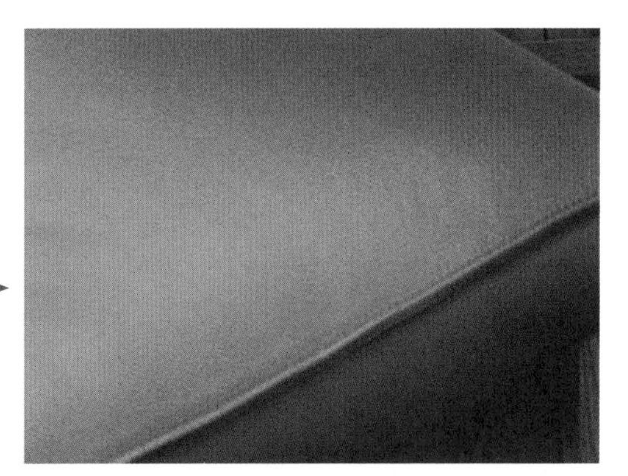

图1-10

当然位图也有矢量图无法比拟的优势，例如，它具有十分丰富且细腻的色彩表现和多种多样的图像效果，适合表现风景和人物，如摄影作品。

综上所述，用户在制作图像的时候可根据最后的制作要求和用途来设定图像的分辨率，选择用矢量图或位图来进行制作。

1.2.3 矢量图形与位图图像之间的关系

看完上面对矢量图形和位图图像的讲解，不难发现两种图像模式各有千秋。所以，在设计工作中不应只依赖一种模式，而应该将两种模式结合起来使用。图1-11所示的是位图和矢量图结合设计的家居用品画册。

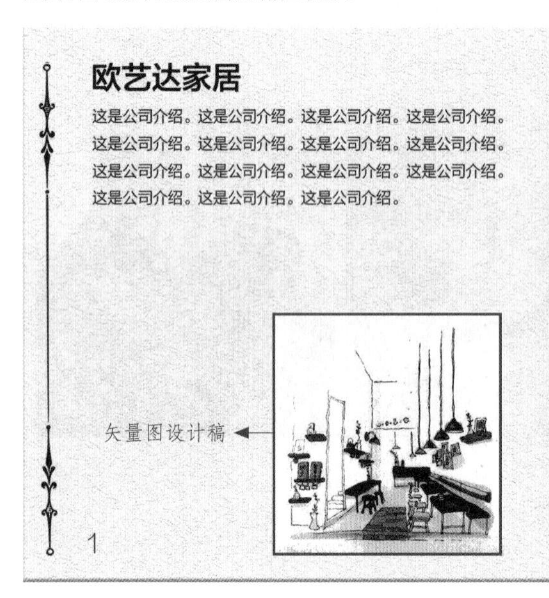

图1-11

1.2.4 矢量图和位图的相互转换

1. 将矢量图转换为位图

可以直接在Illustrator中选中矢量图，按快捷键【Ctrl】+【C】复制，然后在Photoshop中新建一个文件，按快捷键【Ctrl】+【V】粘贴，会弹出图1-12所示的对话框，在其中可以选择不同的粘贴选项。一般情况下选择默认的“智能对象”选项即可，这个选项的特点是保留导入图片的矢量特点，单击“确定”按钮后会看到画布中出现导入的变换框，如图1-13所示。按【Enter】键确认后，图层面板中将出现一个“矢量智能对象”图层，如图1-14所示。

图1-12

图1-13

图1-14

除非在“矢量智能对象”图层上单击鼠标右键执行快捷菜单中的“栅格化图层”命令将其转换为普通的图像图层，如图1-15所示，否则这个图层将始终保留矢量的特性，可任意放大和缩小。当需要对当前图层应用一些滤镜或变形效果时，可以不改变它的矢量属性，例如，对矢量图层执行“滤镜”→“素描”→“水彩画纸”命令之后，会发现系统不会弹出Photoshop低版本中的提示栅格化的对话框，而是在当前图层添加一个“智能滤镜”的附加效果。这个功能可以最大限度地发挥矢量图的优势。

图1-15

2. 将位图转换为矢量图

在Illustrator中导入一张位图照片之后，使用控制面板中的“图像描摹”功能，即可将其转换为矢量图。图1-16所示的是单击“图像描摹”右侧的下拉按钮后弹出的多个描摹命令。

执行其中的某个命令即可完成描摹的过程，图1-17所示的是执行“黑白徽标”命令的结果；还可将其“扩展”为可编辑的路径状态，图1-18所示的就是扩展后的效果。

图1-16

图1-17

图1-18

1.3 Illustrator 2022界面介绍

Illustrator 2022支持多个画板同时操作，可以在一个文件里同时处理多个相关的页面，如宣传页的正反面、画册的多个页面、VI设计的多个页面等，这样大大提高了工作效率，如图1-19所示。

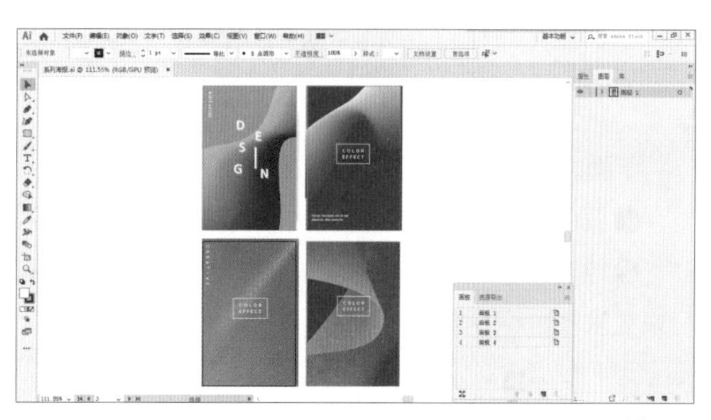
图1-19

多个画板同时操作的另一个好处是，当需要将不同画板的文件分别导出为一个个独立的.jpg文件时，可以在“导出”对话框中勾选“使用画板”选项，然后设置导出画板的范围，如导出第一个画板就在“范围”文本框中输入数字“1”即可，如图1-20所示。

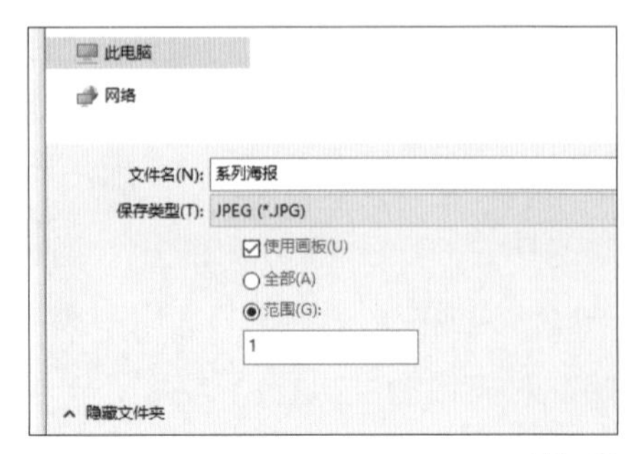

图1-20

1.3.1 工作区的认识

在软件中用户用来布置操作对象、绘制图形的区域称为工作区。在软件中，工作区几乎占据了整个窗口的位置，如图1-21所示。

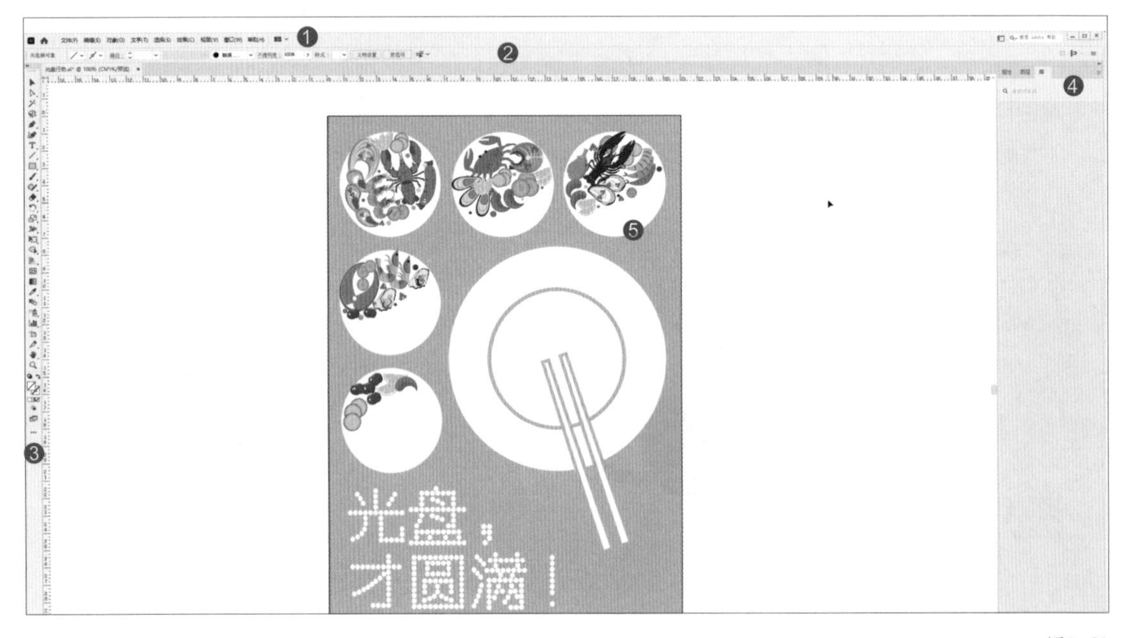

图1-21

提示 在学习菜单命令的时候要有意识地观察每个主菜单的特点，如“文件”菜单下集中了创建、保存、导出和导入、打印等有关文件基本操作的命令，而“对象”菜单下集中了很多Illustrator 中对于路径对象的高级编辑命令。

下面讲解工作区的各个功能区域。

❶菜单栏：大部分的基本操作都能在菜单栏里找到。

❷控制面板：是对应不同操作状态的即时命令面板，如在没有选择任何对象的情况下，可设置软件的“首选项”，如图1-22所示。

图1-22

而当选中了某个对象的时候，控制面板上则出现能够修改其尺寸和坐标位置的选项，如图1-23所示。同时要注意，在控制面板的最左边会提示当前所选对象的属性，图1-23表示所选对象是一个锚点。

图1-23

❸工具箱：是Illustrator 2022的核心控制区，其中包含了使用频率非常高的工具，包括选择工具、绘图工具、修图工具、文字工具、图形工具等。

提示　工具箱的图标右下方有一个小三角的，表示其中有隐藏的工具。在该工具图标上单击，就能打开隐藏的工具菜单。

❹面板：包括描边、渐变、透明度、色板、画笔、符号等面板，通常情况下需要结合菜单栏和工具箱才能真正发挥面板的强大功能。

提示　通常情况下，按快捷键【Shift】+【Tab】可以快速隐藏所有面板，再按一次则取消隐藏。

而按【Tab】键可以将面板和工具箱一起隐藏。这一点和Photoshop是一样的，因为它们都是Adobe公司开发的软件，所以有很多相似甚至相同的操作方法，有Photoshop学习基础之后再学习Illustrator会轻松很多。

❺画板：绘图的工作窗口，也是在打印时的有效打印范围。

1.3.2 两种智能绘图模式

Illustrator 2022除了正常绘图模式外，还有两种智能绘图模式，在工具箱中可单击图标进行切换，如图1-24所示。

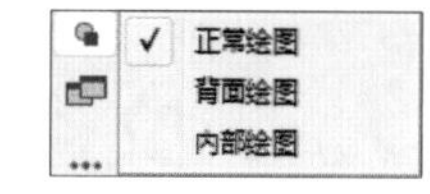

图1-24

1. 背面绘图

新画的图形会出现在选中图形的下方，重叠的地方默认被遮住。之前版本默认的方式是新画的图形总是在最上方，如果想让旧图形覆盖新图形就需要画完后调整层次，这一功能就省去了这一步。

2. 内部绘图

在图形的内部绘图，不管怎么画，只有在图形内部的内容才会显示出来，其实生成的是一个自动蒙版的编组对象。

下面简单地做一个图形来展示一下这种模式。首先，使用矩形工具，按住【Shift】键绘制一个正方形，如图1-25所示。然后选择内部绘图模式，正方形的四角出现虚线就表示进入了内部绘图模式，如图1-26所示。

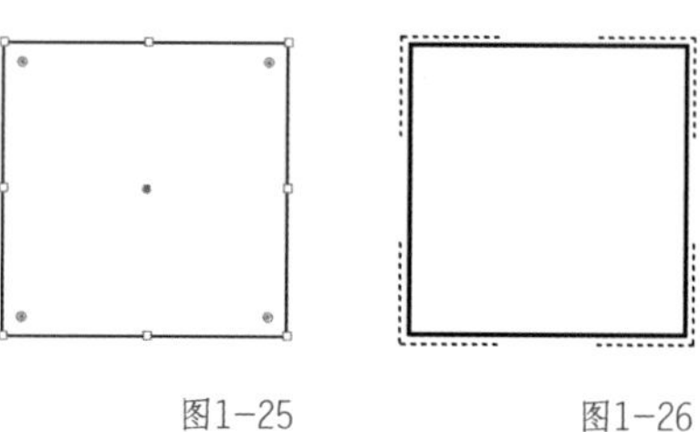

图1-25　　图1-26

然后使用矩形工具，在正方形的中心点按住【Shift】+【Alt】键创建一个以落点为中心的正方形，再将其旋转45°，如图1-27所示。使用选择工具 在图形外部的任何地方单击取消选中状态，此时会发现后绘制的正方形“进入”了前面绘制的正方形中，如图1-28所示。

此时如果使用编组选择工具 单击内部的正方形可单独选中它，然后将它设置成蓝色，如图1-29所示。

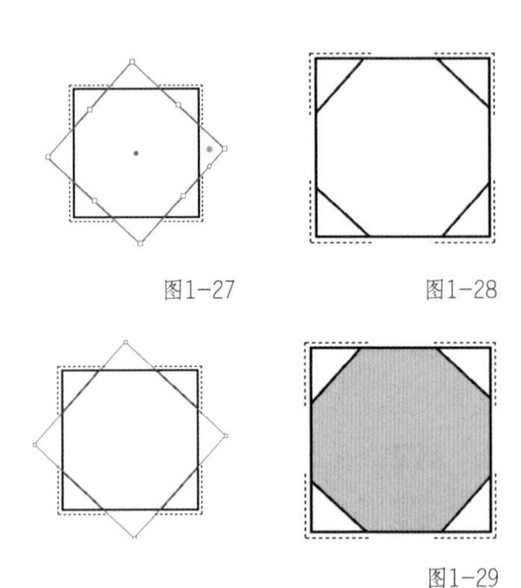

图1-27　图1-28

图1-29

使用选择工具选中整个编组对象，然后单击鼠标右键，快捷菜单中将出现图1-30所示的“释放剪切蒙版”命令（这也印证了使用内部绘图将得到一个蒙版对象），执行这个命令内部的正方形就被分离出来了，如图1-31所示。

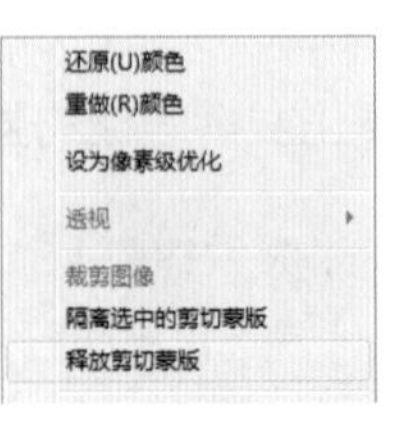

图1-30

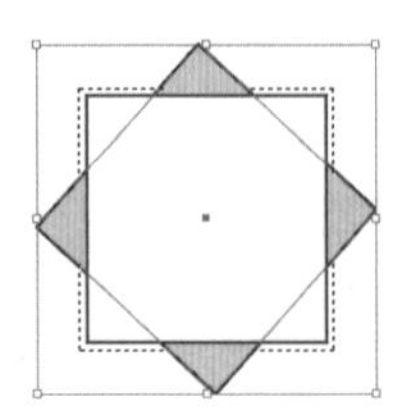

图1-31

用选择工具可将两个正方形分离，如图1-32所示。

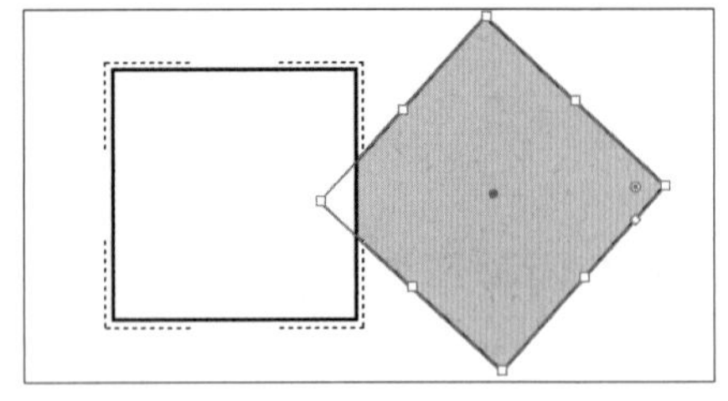

图1-32

1.4 文件基本操作

Illustrator和很多的矢量图形软件在操作方法、概念上都没有太大的区别。对Illustrator有了大体的了解后，从这一小节起将学习软件中的实际操作。不管使用什么样的软件，熟练掌握文件的相关操作都非常重要。因此，本节要求用户对文件的操作达到一定的熟练程度。

1.4.1 文件的基本操作

1. 新建文件

执行“文件”→“新建”命令，打开图1-33所示的“新建文档”对话框，在其中可以设置文件的尺寸、方向等。其中，“画板”可设置多个画板，“出血”可省去手动拉

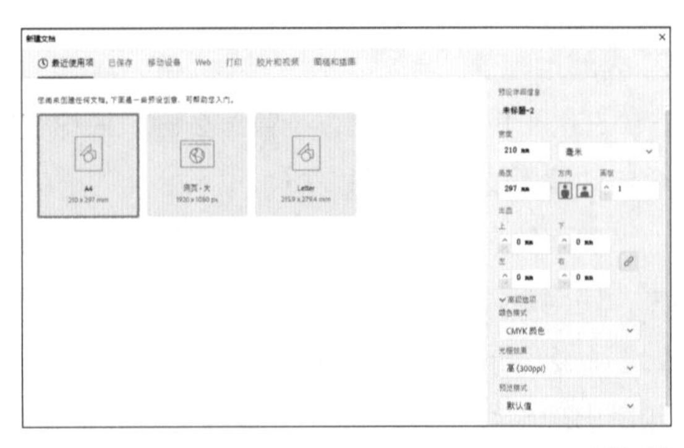

图1-33

参考线来得到出血的操作，帮助提高工作效率。

除了可以这样新建文件以外，还可以按快捷键【Ctrl】+【N】来打开“新建文档”对话框。

2. 打开文件

执行“文件”→“打开”命令，打开图1-34所示的“打开”对话框，在其中选择需要打开的文件，然后单击右下角的“打开”按钮即可。也可以在计算机中直接双击由Illustrator创建的扩展名为.ai的源文件来打开一个文件。

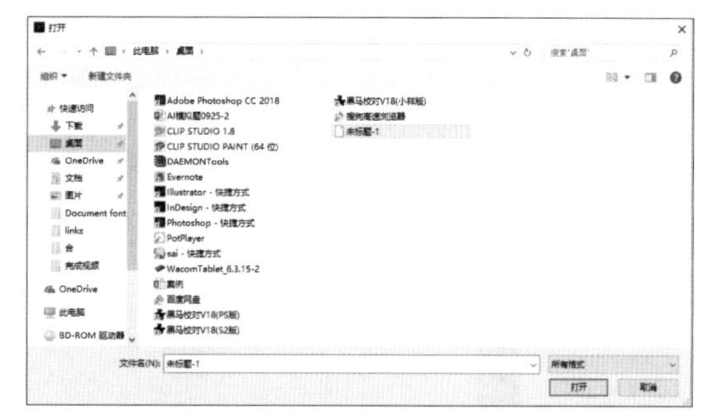

图1-34

3. 关闭文件

在Illustrator中执行“文件”→“关闭”命令或按快捷键【Ctrl】+【W】可关闭文件。如果文件在关闭之前没有保存，系统会自动弹出图1-35所示的提示是否存储的对话框，用户可根据自己的情况来选择保存还是放弃。

图1-35

4. 保存文件

在Illustrator中执行“文件”→“保存”命令或按快捷键【Ctrl】+【S】可保存文件。

需要将当前的文件另存一个版本时，执行“文件”→“存储副本”命令或按快捷键【Ctrl】+【Alt】+【S】可将当前文件重新命名并保存为一个新的文件，如图1-36所示。

提示 （1）由于有的时候计算机会出现“死机”的情况，所以用户应该养成随时按快捷键【Ctrl】+【S】保存文件的良好习惯。

（2）因为Illustrator保存文件的默认格式为AI，所以很多人会使用AI来称呼Illustrator。

图1-36

5. 置入和导出文件

在Illustrator中执行“文件”→“置入”命令，系统将弹出图1-37所示的“置入”对话框。这个命令主要是针对非AI源格式文件的导入，如PSD、JPEG、TIFF等图片格式文件的导入。

当需要将AI源格式文件导出为其他格式的文件时，可执行“文件”→“导出”命令，系统将弹出图1-38所示的“导出”对话框。在其中可以选择多种常用的图片格式，如JPEG、PSD等，还可以导出SWF等动画格式。

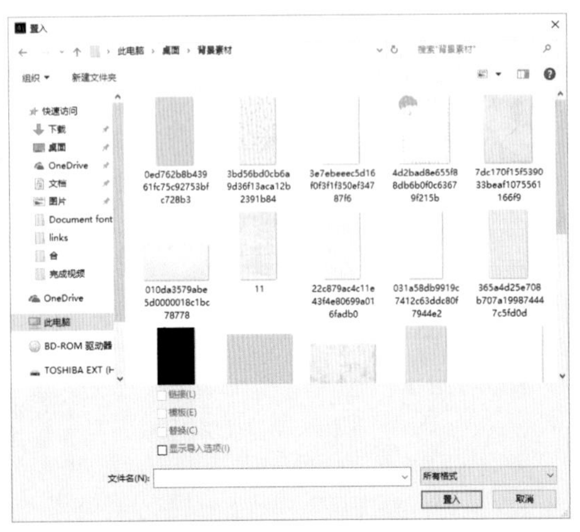

图1-37

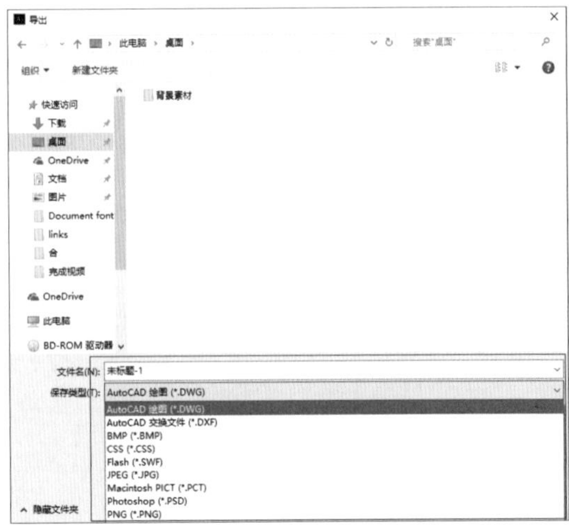

图1-38

6. 文件格式

在计算机上进行文件操作的过程中，经常会遇到某一种格式保存的图像文件在另一操作系统或应用软件中无法打开的情况。当然，不仅是图像和图形，还有许多格式的文件都需要相对应的软件才能打开。因此，了解文件格式非常重要。有许多软件可以实现不同文件格式之间的转换，这些软件同样非常重要。下面简单介绍常用的图像和图形格式。

AI格式

Illustrator创建的文件默认情况下会保存为AI格式的文件，这种文件只有使用Illustrator才可以打开。另外AI格式文件还分不同的版本，一般情况下低版本的Illustrator不能打开高版本的AI格式文件，即使打开了，也不能完整展示高版本的AI格式文件的特性。所以在保存文件时要注意选择软件的版本，例如，考虑到印刷厂的计算机设备可能没有安装高版本的软件，则需要将文件保存为低版本的AI格式文件。

首先在“存储为”对话框中选择AI格式，然后单击“保存”按钮，此时系统会弹出图1-39所示的格式选项对话框，在其中可以选择不同的版本。

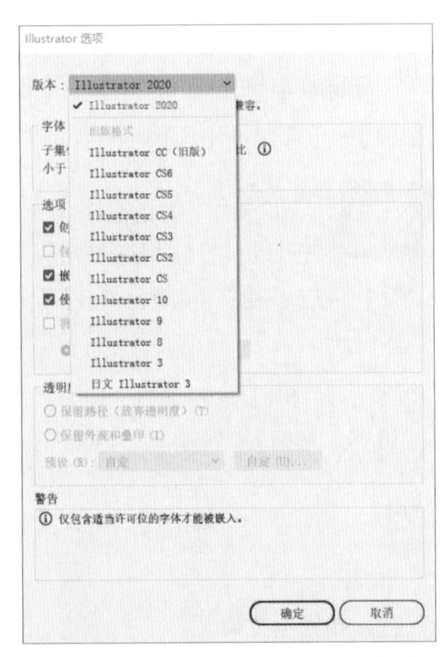

图1-39

提示　建议在保存文件时尽量选择低版本的格式，如Illustrator CS3，避免在低版本Illustrator软件中无法打开文件。

GIF格式

GIF是英文Graphics Interchange Format（图像交换格式）的缩写。GIF格式的特点是压缩比高，磁盘空间占用较少，所以这种图像格式得到了广泛的应用。最初的GIF只是简单地用来保存单幅静止图像（称为GIF87a），后来随着技术的发展，GIF已可以同时保存若干幅静止图像进而形成连续动画。这使之成为当时为数不多支持2D动画的格式之一（称为GIF89a）。目前Internet(因特网）上采用的彩色动画文件多为GIF格式文件。

此外，考虑到网络传输中的实际情况，GIF图像格式还增加了渐显方式。也就是说，在图像传输过程中，用户可以先看到图像的大致轮廓，然后随着传输过程的继续而逐步看清图像中的细节部分，满足了用户的“从朦胧到清晰”的观赏心理。

但GIF有个小缺点，即不能保存超过256色的图像。尽管如此，这种格式仍在网络上非常流行，这和GIF图像文件小、下载速度快、多个同样大小的GIF图像可组成动画等优势是分不开的。

JPEG格式

JPEG也是常见的一种图像格式，它由联合图像专家组（Joint Photographic Experts Group）开发，并于1994年获得ISO认定，成为ISO 10918-1：1994标准，JPEG仅仅是它的一种俗称而已。

JPEG文件的扩展名为.jpg或.jpeg，其压缩技术十分先进，它用有损压缩方式去除冗余的图像和色彩数据，获取极高压缩比的同时能展现十分丰富生动的图像，换句话说，就是用最少的磁盘空间得到较好的图像质量。

同时JPEG还是一种很灵活的格式，具有调节图像质量的功能，允许用不同的压缩比对文件进行压缩，例如，可以把1.37MB的位图文件压缩至20.3KB。当然使用JPEG格式可以在图像质量和文件尺寸之间找到平衡点。

由于JPEG优异的品质和杰出的表现，它的应用也非常广泛，特别是在网络和光盘读物上，经常能看到它的影子。目前，各类浏览器均支持JPEG格式，因为JPEG格式的文件体积较小，下载速度快，网站能够以较短的下载时间提供大量美观的图像，所以JPEG就顺理成章地成为网络上非常受欢迎的图像格式。

TIFF格式

TIFF（Tag Image File Format，标记图像文件格式）是计算机中广泛使用的图像格式。它的特点是图像格式复杂、存储信息多、跨平台。正因为它存储的图像细微层次的信息非常多，图像的质量也得以提高，故而它非常有利于原稿的保存。

该格式有压缩和非压缩两种形式，其中压缩可采用LZW无损压缩方案。不过，由于TIFF格式结构较为复杂，兼容性较差，因此部分软件可能无法正确识别TIFF文件（现在绝大部分软件已解决了这个问题）。

PSD格式

这是图像处理软件Photoshop的专用格式Photoshop Document（PSD）。PSD其实是用Photoshop进行平面设计时的一幅“草稿图”，它是包含所有图层、通道、遮罩等多种设计结构数据的样稿，以便于下次打开文件时可以修改或继续上一次的设计。在Photoshop所支持的各种图像格式中，PSD的存取速度比其他格式快很多，功能也很强大。

PNG格式

PNG（Portable Network Graphics，

便携式网络图形）是一种新兴的网络图像格式。PNG是目前最不失真的格式，它汲取了GIF和JPEG的优点，存储形式丰富，兼有GIF和JPEG的颜色模式。它的第二个特点是能把图像文件压缩到极限以利于网络传输，但又能保留所有与图像品质有关的信息。因为PNG是采用无损压缩方式来压缩文件的，这一点与牺牲图像品质以换取高压缩比的JPEG不同。它的第三个特点是显示速度很快，只需下载1/64的图像信息就可以显示出低分辨率的预览图像。第四，PNG同样支持透明图像的制作，透明图像在制作网页时很有用。把图像背景设为透明，用网页本身的颜色信息来代替透明的区域，这样可让图像和网页背景很和谐地融合在一起。

SWF格式

利用Animate（原Flash）可以制作出一种SWF格式的动画，这种格式的动画图像能够用比较小的体积来表现丰富的多媒体形式。在图像的传输方面，SWF格式不必等到文件全部下载才能观看，而是可以边下载边看，因此特别适合网络传输，特别是在传输速率不佳的情况下，也能取得较好的效果。SWF如今已被大量应用于网页多媒体演示与交互性设计。此外，SWF动画是基于矢量技术制作的，因此不管将画面放大多少倍，画面质量都不会有任何损失。综上，SWF格式作品以其高清晰度的画质和小巧的体积受到了越来越多网页设计者的青睐，成为网页动画和网页图片设计制作的主流文件格式。

SVG格式

SVG（Scalable Vector Graphics，可缩放的矢量图形）也是目前比较火热的图像文件格式。它是一种开放标准的矢量图形语言，可用于设计高分辨率的Web图像页面。用户可以直接用代码来描绘图像，可以用任何文字处理工具打开SVG图像，通过改变部分代码来使图像具有交互功能，并可以将图像随时插入HTML（Hypertext Markup Language，超文本标记语言）中通过浏览器来查看。

它可以任意放大图像，且不会牺牲图像质量。文字在SVG图像中保留可编辑和可搜寻的状态。SVG文件比JPEG和GIF文件要小很多，因而下载速度也快很多。SVG的开发将会为Web提供新的图像标准。

EPS格式

EPS（Encapsulated PostScript，封装式PostScript）是在采用Windows操作系统的计算机上较少见的一种格式，而采用Mac操作系统的计算机用户则用得较多。它是用PostScript语言描述的一种ASCII（American Standard Code for Information Interchange，英国信息交换标准代码）文件格式，主要用于排版、打印等输出工作。

1.4.2 视图的基本操作

有关文件视图的基本操作命令几乎全部位于“视图”菜单下，很多命令也可以通过快捷键来进行操作。下面将具体地讲解其相关的操作。

1. 放大和缩小视图

与在Photoshop中控制视图一样，使用缩放工具🔍可以放大或缩小图像。鼠标指针在画面内是一个带加号的放大镜时，单击即可实现图像的放大；按住【Alt】键并单击可实现图像的缩小。也可使用缩放工具在图像内圈出部分区域，来实现指定区域的放大或缩小操作。

2. 移动视图

当图像的显示比例较大时，图像窗口不能完全显示整幅画面，这时可以使用抓手工具来拖曳画面，以显示图像的不同部位。

3. 视图的显示模式

在Illustrator中除了正常的视图显示模式之外，还有一种“轮廓”的视图显示模式，打开一幅矢量插画作品，然后执行“视图”→“轮廓”命令即可以轮廓图的方式显示对象。图1-40所示分别为正常视图模式（左图）和轮廓视图模式（右图）的显示效果。

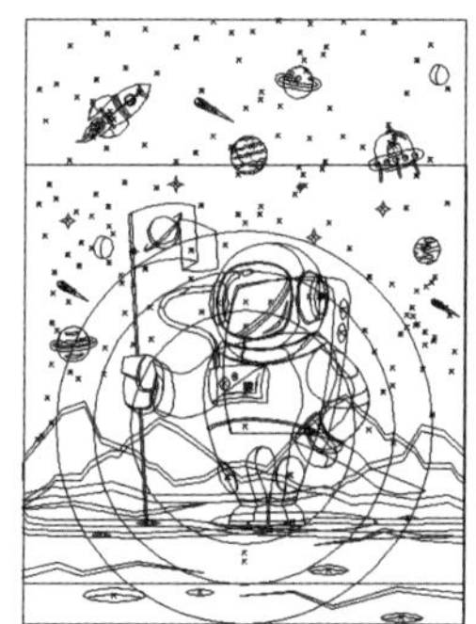

图1-40

提示　绘制比较复杂的场景时，如果一直使用正常的视图显示模式会导致画面刷新慢，如果只是为了观察版面的位置和比例，可以开启轮廓模式来加快画面的刷新速度。

1.5 辅助绘图工具的使用

1.5.1 标尺

用户可以在绘图窗口中显示标尺，以准确地绘制、缩放和对齐对象。标尺可以隐藏或移动到绘图窗口的另一位置，还可以帮助用户捕捉对象。

1. 打开和隐藏标尺

执行“视图”→“标尺”→“显示标尺”命令就可以显示标尺。在标尺显示之后，该菜单的同样位置处则会显示“隐藏标尺”命令，执行该命令后标尺就会被隐藏起来。该组命令的快捷键为【Ctrl】+【R】。

2. 改变标尺原点

在默认情况下，标尺的原点位于页面的左上角，如图1-41所示。

但有时候，因为设计的需要，还可以随意改变标尺原点的位置。这时，只要拖曳图1-42所示的标尺刻度左上角的位置，即可重新定位原点位置。

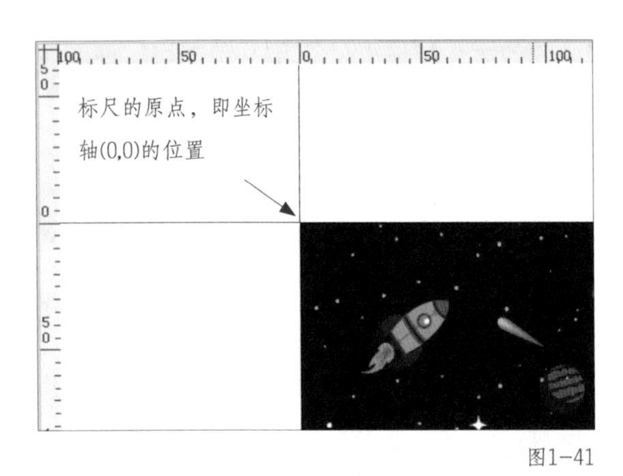

图1-41

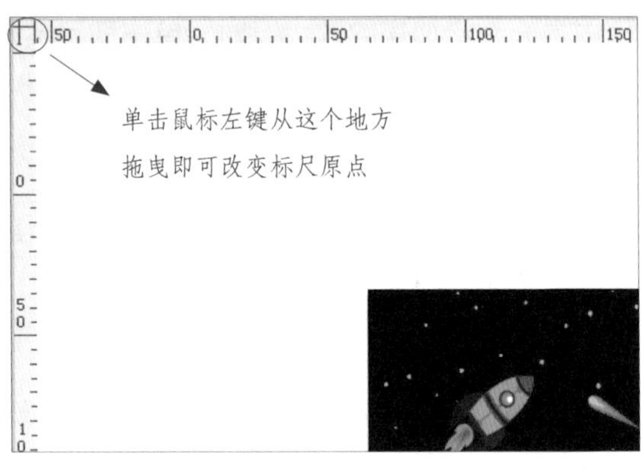

图1-42

3. 标尺单位的更改

在默认情况下，标尺的单位为像素。如果需要更改默认的标尺单位，可以在标尺的刻度上单击鼠标右键，在弹出的快捷菜单中选择其他单位，如图1-43所示。

图1-43

1.5.2 网格

网格就是一系列交叉的虚线或点，可以用来在绘图窗口中精确地对齐和定位对象。

1. 网格的显示和隐藏

执行“视图”→“显示网格”命令即可显示网格，如图1-44所示。

在网格显示之后，该菜单的同样位置处则会显示“隐藏网格”命令，执行后网格就会被隐藏起来。

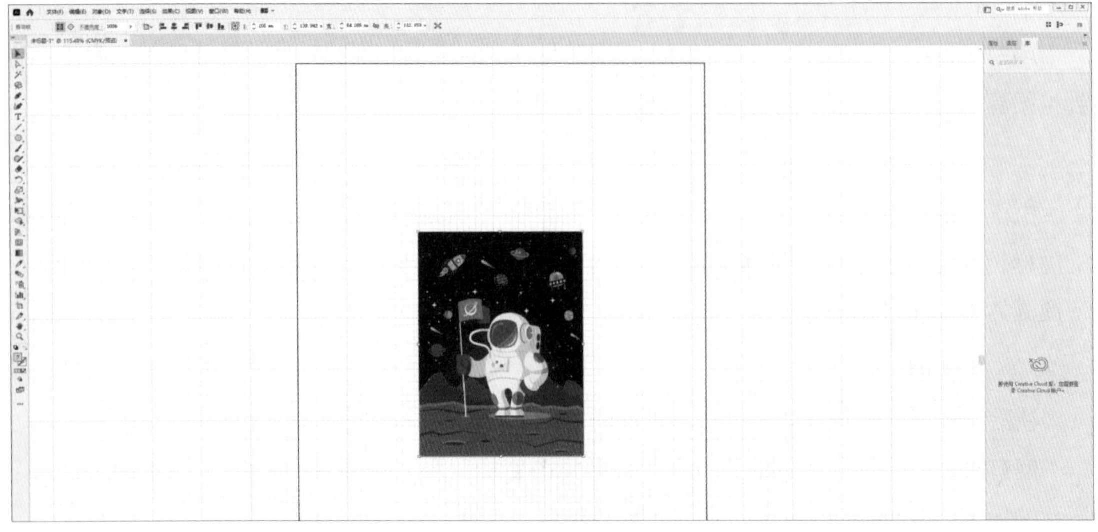
图1-44

2. 对齐网格

如果在作图时希望图形能够与网格对齐，以精确计算和控制绘图过程，则可以执行“视图”→“对齐网格”命令。

1.5.3 参考线

参考线是可放置在绘图窗口任何位置以帮助放置对象的直线。参考线共分为两种类型——普通参考线和智能参考线。其中，普通参考线分为水平参考线和垂直参考线。默认情况下，Illustrator会显示添加到绘图窗口的参考线，但是用户随时都可以将它们隐藏起来。

用户可以在任何位置添加参考线。用户可以设置让对象与参考线对齐，这样当对象靠近参考线时，可以使对象的中心与参考线对齐，或者任何一端与参考线对齐。

1. 参考线的显示和隐藏

执行“视图”→“参考线”→“显示参考线”命令就可以显示参考线。

在参考线显示之后，该菜单的同样位置处则会显示“隐藏参考线”命令，执行后参考线就会被隐藏起来。

2. 参考线的添加

可以直接从水平标尺上拖出水平的参考线，或者从垂直标尺上拖出垂直的参考线来添加。

3. 参考线的锁定与解除锁定

在作图的过程中，为了防止对参考线进行误操作，默认情况下参考线是被锁定的。执行“视图”→“参考线”→“锁定/解锁参考线”命令可对参考线进行锁定和解锁的操作。

4. 智能参考线

智能参考线是Illustrator 2022默认打开的一个功能。

它是在创建或操作对象或画板时显示的临时对齐参考线。智能参考线通过显示对齐位置和X、Y偏移值，可帮助用户参照其他对象或画板来对齐、编辑和变换对象或画板。智能参考线在实战中非常实用且高效，后面的实战案例中将对其进行详细讲解。

5. 参考线的自定义

按快捷键【Ctrl】+【K】可打开“首选项”对话框，如图1-45所示。在其中可以选择“参考线和网格”选项，然后在其中修改参考线和网格的颜色、样式等属性。同时，也可以在这个对话框中修改其他参数，包括智能参考线、用户界面、文字和单位等。

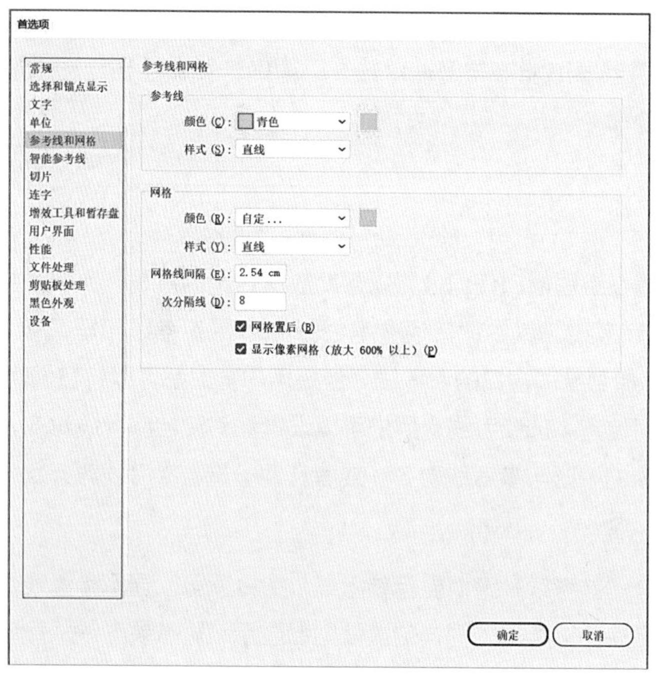

图1-45

1.6 本章快捷键

【Tab】：隐藏工具箱和面板

【Shift】+【Tab】：隐藏面板

空格键（【Space】）+【Ctrl】+单击：放大视图比例

空格键+【Ctrl】+【Alt】+单击：缩小视图比例

【Ctrl】+【+】：放大视图比例

【Ctrl】+【-】：缩小视图比例

【Ctrl】+【0】：全部适合窗口大小

【Ctrl】+【1】：实际大小

空格键：手形工具

双击手形工具：满画布显示

双击放大镜工具：实际尺寸显示

【Ctrl】+【N】：新建文件

【Ctrl】+【O】：打开文件

【Ctrl】+【S】：保存文件

【Ctrl】+【R】：显示和隐藏标尺

【Ctrl】+【"】：显示和隐藏网格

【Ctrl】+【;】：显示和隐藏参考线

【Ctrl】+【U】：开启和关闭智能参考线

第 2 章
Illustrator 2022 的基本绘图工具和命令

本章主要讲解Illustrator 2022的基本绘图工具和命令。首先讲解基本几何造型工具组、选择工具组、钢笔工具组和路径查找器等基础绘图工具，以及对象的排列与对齐、变形、锁定与解锁、显示与隐藏、编组与解组等绘图中的基本命令；接下来讲解多个实战案例的制作步骤，帮助用户更深刻地理解基本绘图工具和命令的应用。

本章核心知识点：

· 基本几何造型工具组

· 选择工具组

· 钢笔工具组

· 路径查找器

· 对象的排列与对齐

· 对象的变形操作

· 对象的锁定与解锁

· 对象的显示与隐藏

· 对象的编组与解组

2.1 知识点储备

在学习了第1章对Illustrator 2022有了初步了解后，从本章开始，用户要充分调动手和脑去应用软件。因为Illustrator是一个应用型软件，所以在学习中动手实践非常重要。只有用心地了解和体会，才可以将软件应用得非常熟练。

下面先从基本的绘图工具和命令开始学习。

2.1.1 基本几何造型工具组

基本几何造型工具组包含图2-1所示的几个工具（在工具栏底部的“编辑工具栏”中，用户可将所需工具拖曳到相应工具组中）。这些工具虽然是简单的矩形、椭圆形等基本形状，但是世界上所有复杂的形状都是由这些基本形状变化而来的。因此，掌握这些工具的使用技巧非常重要。

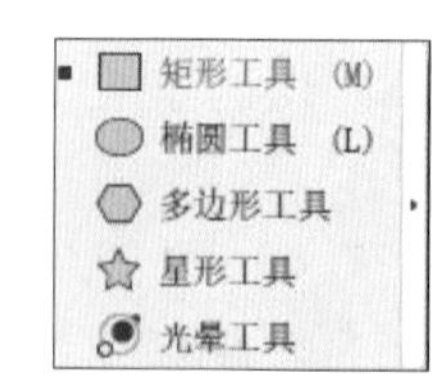

图2-1

1. 矩形工具和椭圆工具

创建矩形的方法有两种：一种是选择矩形工具后直接在工作页面上拖曳鼠标绘制出想要的矩形；另一种是在选中矩形工具的状态下单击画板，会弹出图2-2所示的对话框，在其中输入矩形的宽度和高度的数值，然后单击“确定”按钮即可完成创建。

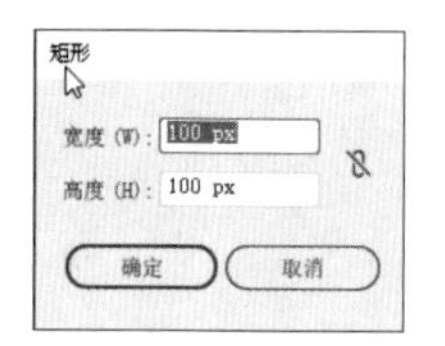

图2-2

如果需要创建正方形，把宽度和高度设置为相同的数值即可。

椭圆工具的使用方法和参数与矩形工具一样，可自行尝试操作。

> **提示** 绘制过程中，按住【Shift】键，可以绘制正方形；按住【Shift】+【Alt】键，可以绘制以鼠标指针落点为中心的正方形；按住空格键则可以挪动图形。此方法同样适用于其他的基本几何造型工具。

2. 圆角矩形工具

创建圆角矩形有两种方法：一种是选择圆角矩形工具后直接在工作页面上拖曳鼠标绘制出想要的圆角矩形；另一种是在选中圆角矩形工具的状态下单击画板，会弹出图2-3所示的对话框，在其中输入圆角矩形的宽度、高度和圆角半径的数值，然后单击“确定”按钮即可完成创建。

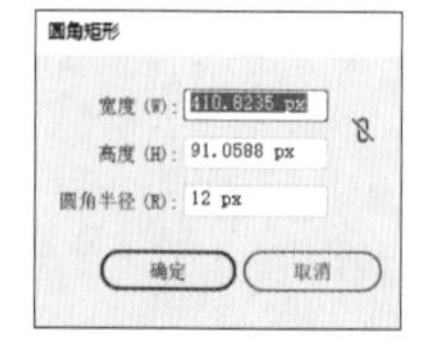

图2-3

其中圆角半径是用来确定圆角的大小的，图2-4所示的圆角矩形从左至右分别是当宽度和高度都为20px时，圆角半径是0px、5px和10px的效果。

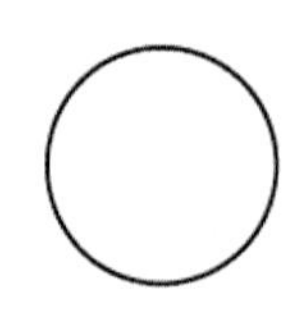

图2-4

提示 绘制圆角矩形时，在按住鼠标左键的情况下，按住键盘的【↑】键或【↓】键可以改变圆角的半径，按住【←】键可使圆角半径变成最小的值，按住【→】键则可使圆角半径变成最大的值。

3.多边形工具的使用

该工具绘制的多边形都是规则的正多边形。多边形工具的参数设置对话框如图2-5所示。该对话框中边数的最小值为3，创建的图形为正三角形。边数的数值越大，创建出的图形越接近圆形。不同边数的绘制效果如图2-6所示。

图2-5

提示 绘制多边形时，在按住鼠标左键的情况下，按住键盘的【↑】键或【↓】键可以增加或减少多边形的边数。

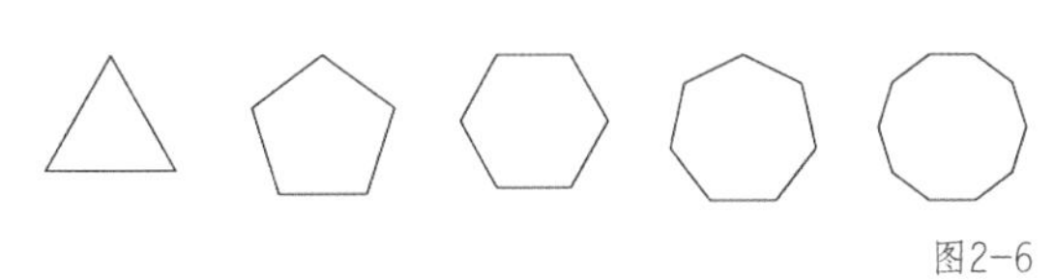

图2-6

4.星形工具的使用

该工具可以绘制角点数不同的星形图形。星形工具的参数设置对话框如图2-7所示。半径1（1）和半径2（2）的数值差越大，绘制出的星形的锐度越大，反之则越小。而角点数则决定了有多少个星角。图2-8所示的星形图形是设置不同参数得到的星形。

图2-7

图2-8

提示 绘制星形时，在按住鼠标左键的情况下，按住【Ctrl】键，可以保持星形的内接圆半径不变，效果对比如图2-9所示；按住【Alt】键可以保持星形位置不变。可使用【↑】键或【↓】键来调整星形边数。

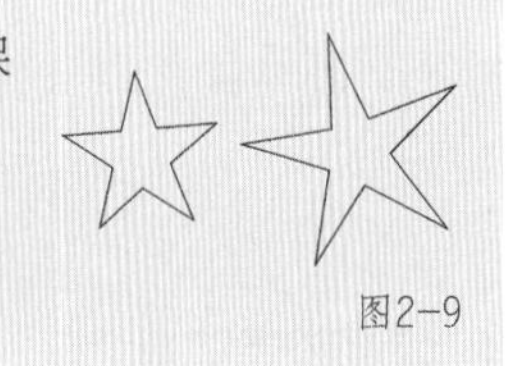

图2-9

5.光晕工具

该工具可以用来实现炫目的效果，例如阳光、珠宝的光芒等。它应用的广泛性和频率不如前面几个工具，因此，在这里不进行详细的讲解。

2.1.2 选择工具组

1.选择工具

该工具用于选择图形或图形组。虽然这个工具非常基础，但是它非常重要。使用选择工具单击或框选一个或几个对象之后，默认情况下对象的周围会出现图2-10所示的定界框。调整定界框可以对对象进行缩放、旋转等操作。

提示 由于选择工具使用非常频繁，用户有必要记住调用它的快捷键。一种调用方法是在任何情况下按【V】键，另一种是在使用其他工具的时候按住【Ctrl】键可临时切换到选择工具或直接选择工具。

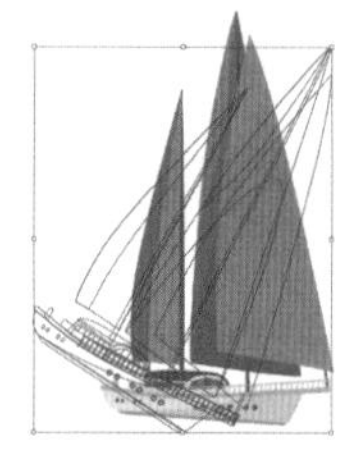

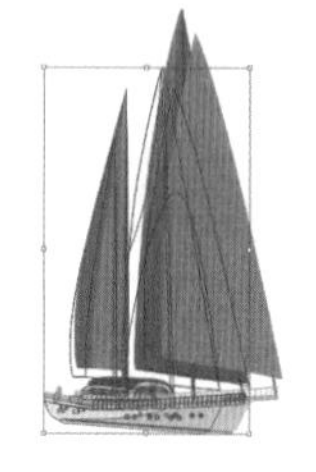

图2-10

2. 直接选择工具

该工具用于选择路径的一个或多个锚点，选中后可以改变锚点的位置和路径形状。被选中的锚点为实心状态，没有被选中的锚点为空心状态，如图2-11所示。

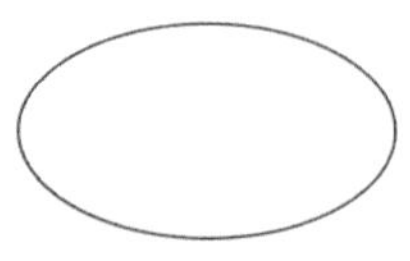

绘制的椭圆

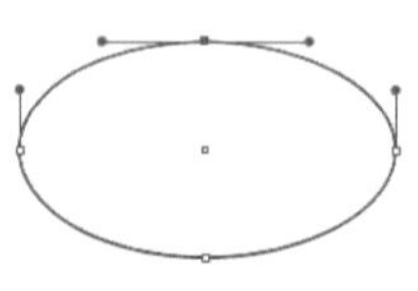

选中的锚点

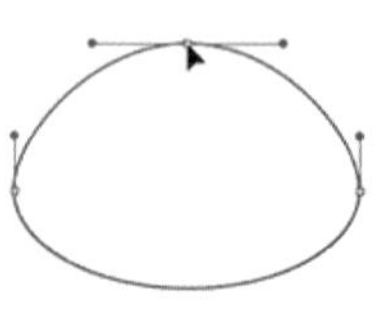

拖曳选中的锚点

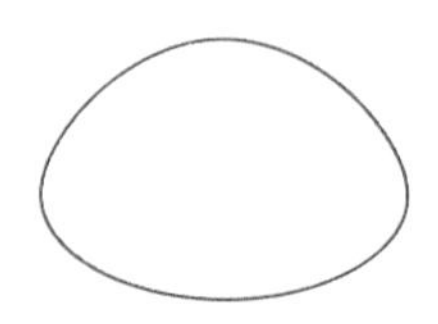

更改后的椭圆形

图2-11

提示 在某个锚点上单击，该锚点会转变为实心状态，且被选中；在图形内部单击，则整个图形的锚点都会被选中。这与选择工具的效果是一样的。

3. 编组选择工具

该工具针对的是编组的对象。如图2-12所示，这是一个编组的对象，如果使用选择工具去选择，会选中整个编组对象。而如果使用编组选择工具，则可以在不解除编组的情况下，单击某个色块选中单独的路径对象，并随意挪动它，如图2-13所示。

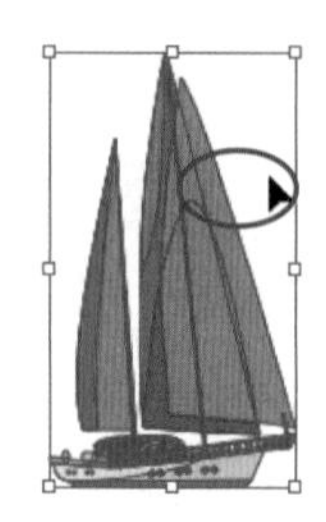

图2-12

图2-13

4. 套索选择工具

用该工具来选择图形，只有在鼠标选择的区域内的图形可被选中，如图2-14和图2-15所示。

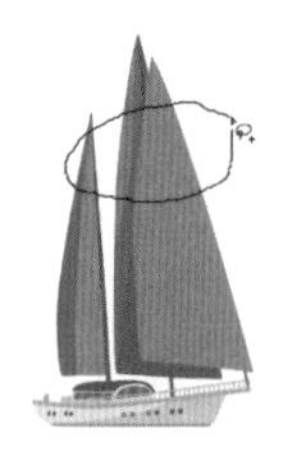

图2-14

图2-15

5. 魔棒工具

该工具可以基于图形的填充色、边线的颜色、线条的宽度等数值来进行选择。如图2-16所示，使用魔棒工具单击图中的某一个红色块后，所有的红色块路径都被选中了。

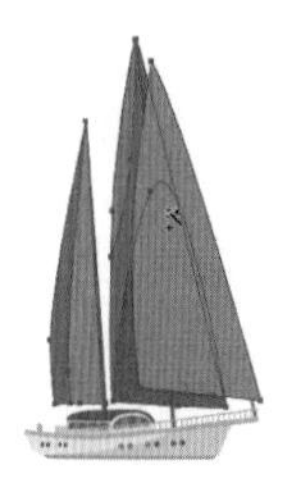

图2-16

2.1.3 钢笔工具组

钢笔工具组是在绘制路径时使用得非常频繁的一组工具，它具体包含的工具如图2-17所示。

图2-17

1. 钢笔工具的使用

该工具是非常重要且实用的绘图工具之一。在讲解钢笔工具的使用方法之前，必须要了解以下几个相关概念，只有掌握了这些概念才能更好地使用钢笔工具。

（1）路径：用于表达矢量线条的曲线叫贝塞尔曲线，而基于贝塞尔曲线概念建立起来的矢量线条就是路径。路径由锚点、锚点间的线段和控制手柄组成（直线的路径只有前两项）。

（2）锚点：有以下4种类型，锚点的类型决定了锚点之间的路径形状。

圆滑型锚点：锚点两侧有两个控制手柄，如图2-18所示。

直线型锚点：该锚点两侧没有控制手柄，一般位于直线段上，如图2-19所示。

曲线型锚点：锚点两侧有两个控制手柄，但这两个控制手柄相互独立，调整单个控制手柄的时候，不会影响到另一个手柄，如图2-20所示。

复合型锚点：该锚点的两侧只有一个控制手柄，是一段直线与一条曲线相交后产生的锚点，如图2-21所示。

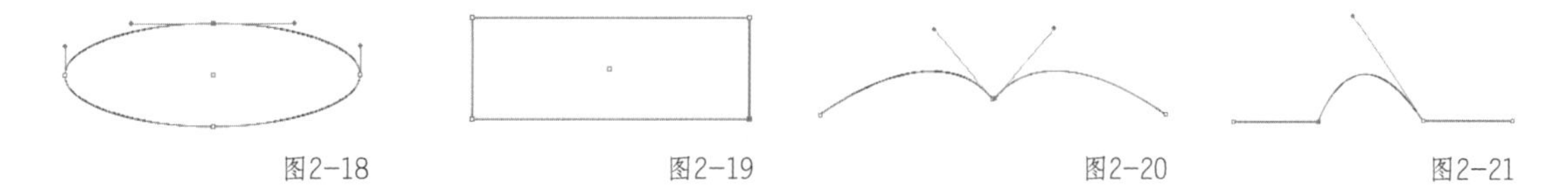

图2-18 图2-19 图2-20 图2-21

钢笔工具绘制直线的方法比较简单，只要用该工具在起点和终点处单击就可以了，按住【Shift】键则可绘制水平或垂直的直线路径。

相比而言，用该工具绘制曲线是一项较为复杂的操作，但是也较为重要。单击得到的是直线型锚点；拖曳后松开鼠标，便能得到圆滑型锚点。调整手柄的长短和方向都可以影响两个锚点间路径的曲度。

2. 添加、删除和转换锚点的工具

在绘制路径时，往往不可能一步到位，经常要调节锚点的数量，此时就需要用到添加、删除和转换锚点的工具。

使用添加锚点工具添加锚点前后的效果对比如图2-22所示。

使用删除锚点工具删除锚点前后的效果对比如图2-23所示。

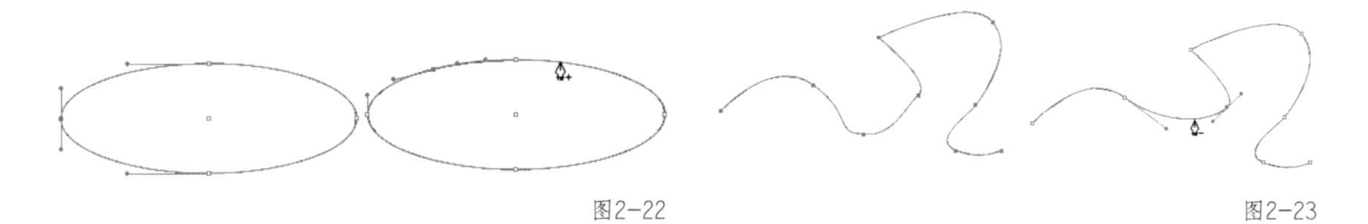

图2-22 图2-23

使用锚点工具转换锚点前后的效果对比如图2-24所示。

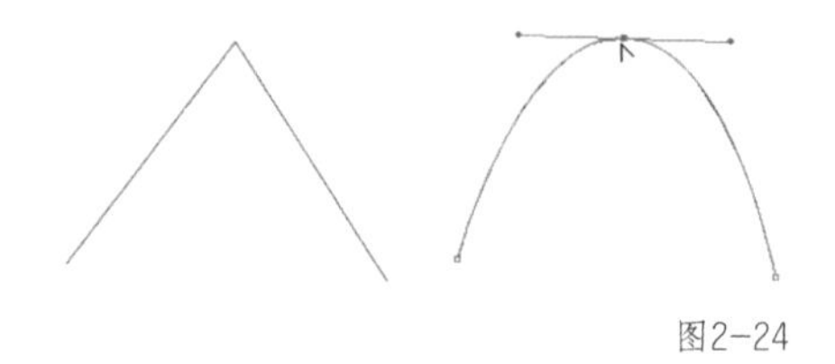

图2-24

2.1.4 路径查找器

Illustrator为广大用户提供了带有强大路径编辑处理功能的工具——路径查找器。它可以帮助用户方便地组合、分离和细化对象的路径。

执行“窗口”→“路径查找器”命令即可打开该面板，如图2-25所示。

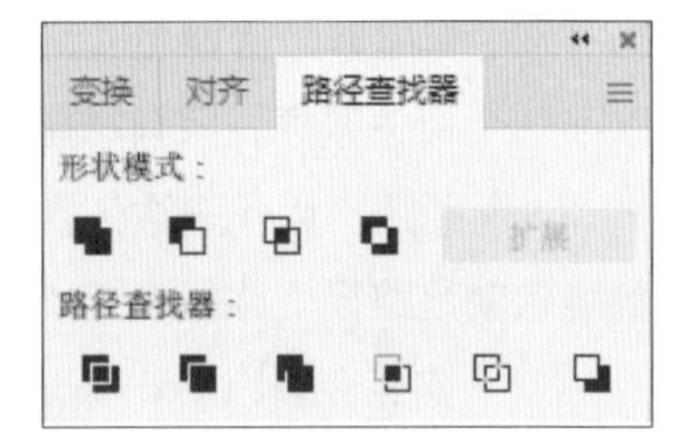

图2-25

该面板上有上下两行一共10个按钮，根据使用频率来看，主要掌握前5个就可以创建出大部分的复杂形状了。下面重点讲解这些按钮的操作效果，包括“形状模式”中的“联集”“减去顶层”“交集”“差集”按钮和“路径查找器”下的“分割”按钮。

1. 联集

用户选择路径并单击“联集”按钮后，当前的页面将产生一条围绕用户所选全部路径的外轮廓线，并且，此轮廓线还会构成一条新的路径，而用户选择的路径之间相互重叠的部分则会被忽略。如果用户选择的路径中有一条路径被另外一条路径完全包含，则这条被包含的路径将被全部忽略。

此外，最终形成的路径的填充类型由用户选择的路径中最后面的一条路径决定。选择多个对象，单击“联集”按钮后的效果对比如图2-26所示。

图2-26

2. 减去顶层

与“联集”按钮正好相反，“减去顶层”按钮可以从一条路径中减去另外一条路径。用户在选择了两条相交的路径以后，单击该按钮就可以从后面的对象中减去前面的对象。如果两个对象不相交，则后面的对象会保留，前面的对象将被删除。使用该按钮前后的效果对比如图2-27所示。

图2-27

3. 交集

该按钮可以保留选中对象的相交部分的路径，一次只可以对两个对象进行操作，使用前后的效果对比如图2-28所示。

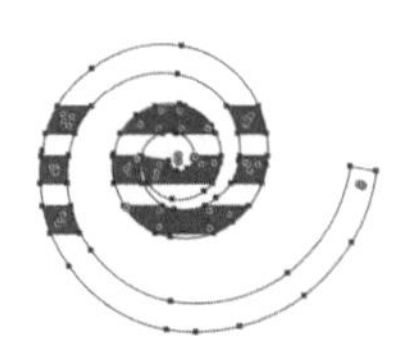

图2-28

4. 差集

该按钮和“交集”按钮正好相反，可以保留对象中所有未重叠的区域且使重叠的区域变为透明，使用前后的效果对比如图2-29所示。

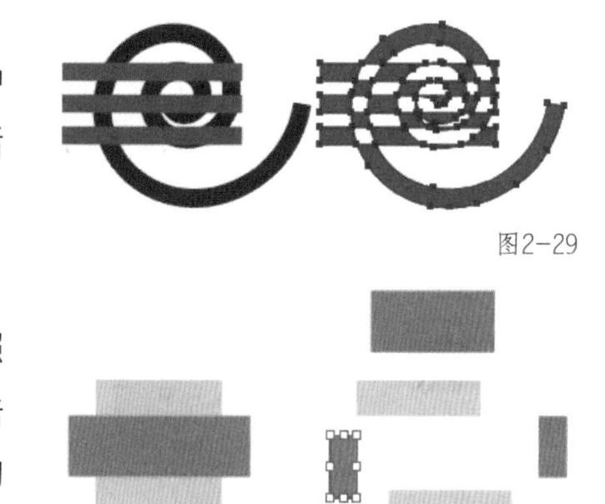

图2-29

5. 分割

使用该按钮可以将选择路径的所有重叠的对象按照边界进行分割，最后形成一个路径的编组。若接着单击鼠标右键，执行“取消编组”命令，就可以对单独的路径进行编辑修改。使用该按钮前后的效果对比如图2-30所示。

图2-30

2.1.5 对象的排列与对齐

在同一个绘图窗口中有多个对象时，这些对象会出现重叠或相交的情况，此时就会涉及调整对象之间的排列和对齐方式的问题。

1. 对象的排列顺序

可以通过执行“对象”→“排列”命令，选择“排列”子菜单中的命令来改变对象的前后排列顺序，从而改变图层上的对象的叠放顺序，以及将对象发送到当前图层，如图2-31所示。

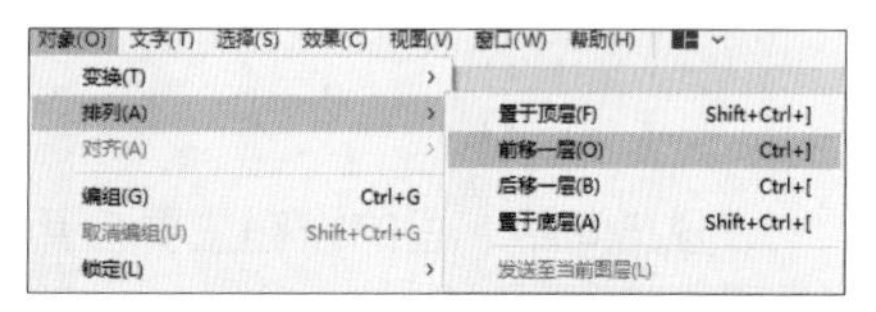

图2-31

2. 对象的分布与对齐

Illustrator允许用户在绘图中准确地分布对象，以及使各个对象互相对齐或等距。

在选择需要对齐的对象后，执行“窗口”→“对齐”命令即可打开对齐面板，如图2-32所示。

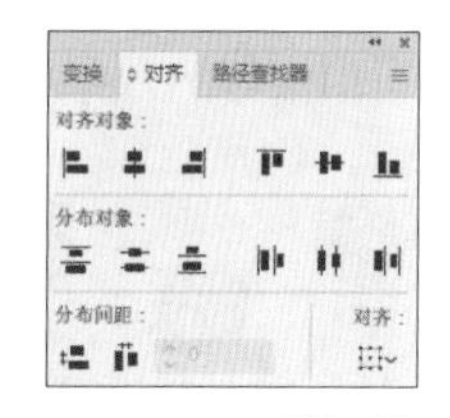

图2-32

在默认情况下，用来对齐左、右、顶端或底端边缘的基准对象是由创建顺序或选择顺序决定的。如果在对齐前已经圈选对象，则会以最后创建的那个对象为基准。图2-33所示的是各种对齐命令的效果。

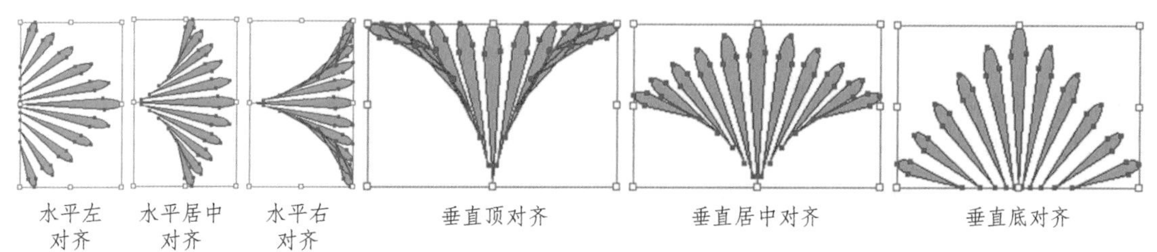

图2-33

在Illustrator 2022中可以手动指定对齐对象的基准对象。具体操作是首先选择所有需要对齐的对象，如图2-34所示，然后在需要作为基准的对象上再次单击一次，被再次单击的对象周围出现了加粗的蓝色线框，表示它成了对齐或分布对象的基准，如图2-35所示。

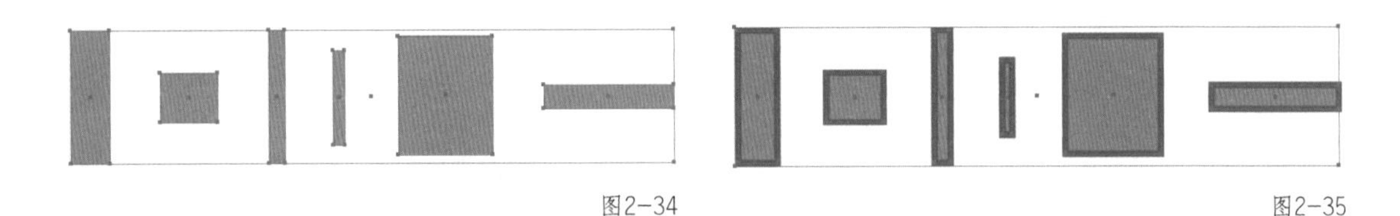

图2-34　　图2-35

单击对齐面板右上角的 ≡ 按钮，执行“显示选项”命令可以将面板完整地展开，如图2-36所示，此时面板上出现了“分布间距”的功能。

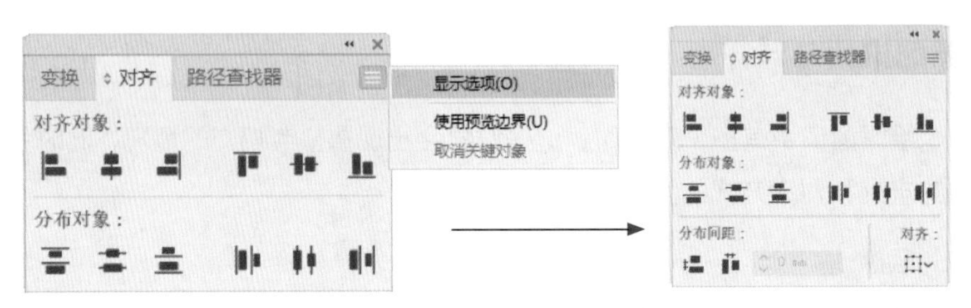

图2-36

“分布间距”里的按钮主要应用于要分布的对象的宽度和长度不统一的情况。图2-37所示的就是长度不一的几个矩形，如果使用“分布对象”里的按钮无论怎么操作都不能得到矩形之间间距相等的效果，而使用“分布间距”里的水平分布间距按钮 则能够得到矩形之间间距相等的效果。

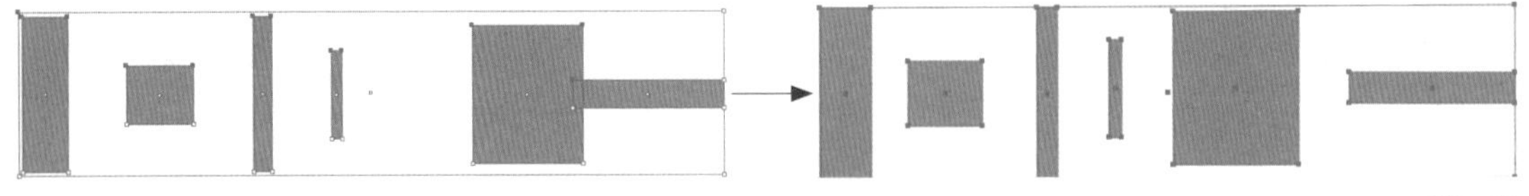

图2-37

2.1.6 对象的变形操作

Illustrator中常见的变形操作有旋转、缩放、镜像、倾斜等，它们应用的方式包括以下4种。

（1）利用对象本身的定界框和控制手柄进行变形操作。这种方式比较直观方便。

（2）利用工具箱中的专用变形工具进行变形操作，如旋转工具、镜像工具等。使用这些工具时可以进行变形参数的相关设置。

（3）利用变换面板可以进行精确的基本变形操作。

（4）选择对象，执行“对象”→“变换”子菜单中的系列命令或单击鼠标右键，执行快捷菜单中的“变换”子菜单中的系列命令。

下面将介绍一些常用的对象变形操作，并且会适当插入一些技巧和提示。

1. 旋转

如果要进行旋转操作，则需要先设置一个固定点，这个点被称为原点。系统默认的原点是对象的中心点，当然用户也可改变原点的位置。原点及其他术语的标注如图2-38所示。利用旋转工具或对话框，还可以在旋转时复制对象。

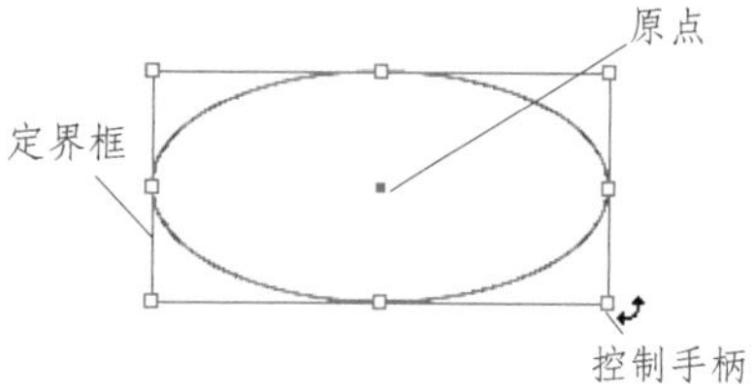

原点

定界框

控制手柄

图2-38

旋转操作有以下两种方法。

（1）使用控制手柄旋转。

选择对象，将鼠标指针移动到对象的控制手柄上，鼠标指针就会变为图2-38中的弯曲的双箭头形状，此时便可拖曳控制手柄以进行旋转。

（2）使用旋转工具旋转。

选择对象，按【R】键切换到旋转工具，单击一个位置以确定原点，拖曳鼠标即可使对象绕原点转动。

要进行精确旋转，则可以双击旋转工具来打开“旋转”对话框进行设置，如图2-39所示。

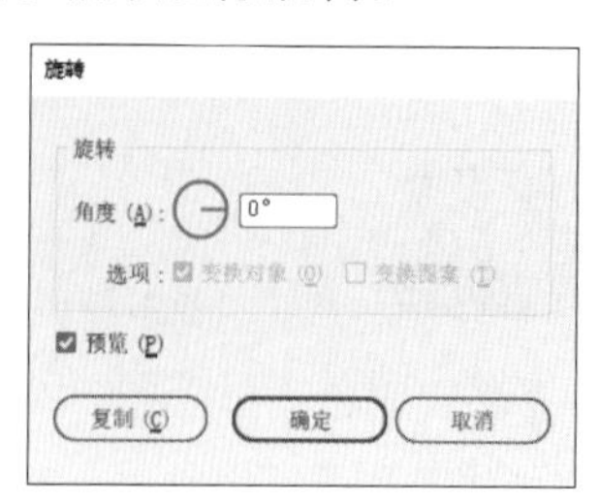

图2-39

> **提示** 旋转时按住【Shift】键，可将旋转角度限制为45°的倍数；使用旋转工具时按住【Alt】键，则可在旋转的同时复制对象。使用变换面板可以进行精确的旋转，后面将进行详细的介绍。

2. 缩放

用户不但可以在水平或垂直方向放大和缩小对象，而且可以同时在两个方向上对对象进行整体缩放。在默认情况下，原点是对象的中心点。

（1）使用定界框缩放。

首先选择对象，并确保其定界框已经显示。鼠标指针变为双向箭头时，拖曳定界框上的控制手柄即可进行缩放，如图2-40所示。也可单独沿水平或垂直方向缩放。

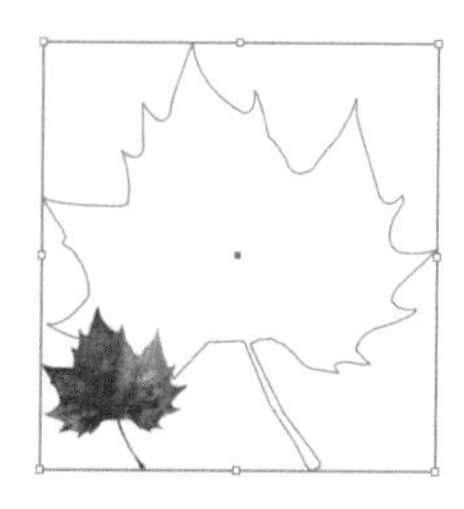

图2-40

（2）使用比例缩放工具缩放。

使用该工具，选择对象并拖曳即可进行缩放（注意鼠标指针的变化）。单击一个位置以确定缩放原点，然后以原点为固定点进行缩放。离原点越远，缩放程度越大。在新位置上单击即可确定新原点。

（3）使用对话框精确缩放。

双击比例缩放工具可打开“比例缩放”对话框，如图2-41所示。

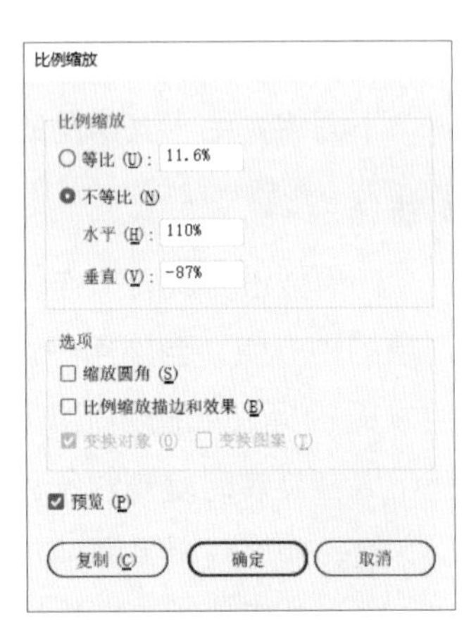

图2-41

该对话框中常用参数的具体含义如下。

· 等比：可在文本框中输入等比缩放的比例。

· 不等比：输入水平和垂直方向上的比例进行缩放。

· 比例缩放描边和效果：选中此项，笔画宽度也会随对象大小比例的改变而进行缩放。

· 变换图案：选中此项，若有填充图案，则可选择是否一并对其缩放。

· 预览：选中此项可以进行效果预览。

· 复制：单击此按钮可以在缩放时进行复制。

提示 缩放时按住【Shift】键可进行等比缩放，按住【Alt】键可从中心缩放，同时按住【Alt】和【Shift】键可从中心进行等比缩放。使用缩放工具时先进行缩放再按住【Alt】键可复制对象。此外，用变换面板还可以进行精确的缩放。

3.镜像

该操作可对所选对象按照指定的轴进行镜像。

（1）使用镜像工具。

选择对象（可选择多个对象）后，按【O】键切换到镜像工具，单击一个位置确定镜像原点（否则软件采用默认中心点），围绕镜像原点拖曳鼠标，系统将会显示镜像操作的预览图形，释放鼠标即可完成操作，如图2-42所示。

图2-42

（2）使用对话框。

双击镜像工具可打开“镜像”对话框进行设置，如图2-43所示。

图2-43

在该对话框中可选择沿水平或垂直轴生成镜像，若在“角度”文本框中输入角度，系统将沿着此倾斜角度的轴进行镜像。同样，可以根据对象填充状态设置对象和图案选项，以决定是否对填充图案进行镜像。

4.倾斜

对选择的对象进行倾斜操作时也需要指定原点。不能用定界框和控制手柄进行倾斜操作。

（1）使用倾斜工具。

选择对象和倾斜工具后，单击一个位置以确定原点，然后拖曳对象即可进行倾斜操作。在进行倾斜操作时，按住【Alt】键可以进行复制；按住【Shift】键则可使对象在水平和垂直两个方向上倾斜，如图2-44所示。

（2）使用对话框。

双击倾斜工具可打开“倾斜”对话框进行图2-45所示的设置。

图2-44

图2-45

在“倾斜角度”文本框中可输入倾斜的角度，还可以选择沿水平轴、垂直轴或指定某种角度进行倾斜操作。

5. 自由变换

自由变换工具集合了缩放、旋转、倾斜、透视等功能。

要对选中的对象进行缩放，需使用自由变换工具在定界框的控制点上进行拖曳，而在定界框之外进行拖曳则可以进行旋转。

要对选中的对象进行倾斜，在使用自由变换工具时，需要将鼠标指针放在定界框的四角或中间的一个控制点上，然后横向或竖向拖曳即可，如图2-46所示。

要对选中的对象进行透视，在使用自由变换工具时，需要将鼠标指针放在定界框四角上的控制点上，然后按住【Shift】+【Ctrl】+【Alt】键，横向或竖向拖曳鼠标即可，如图2-47所示。

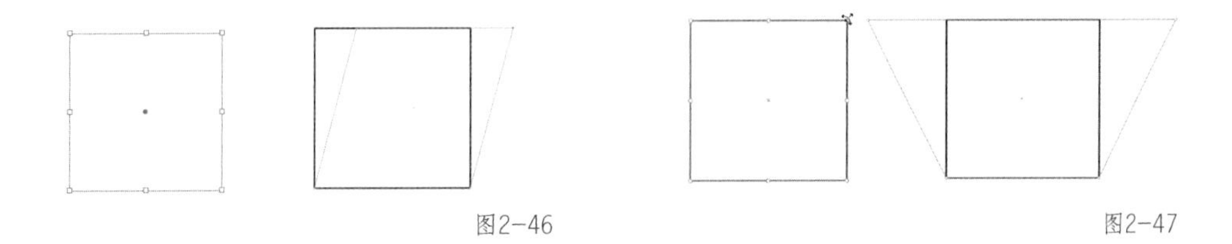

图2-46　　图2-47

6. 变换面板

执行“窗口”→“变换”命令，或按快捷键【Shift】+【F8】可以打开变换面板，如图2-48所示。选择对象后，变换面板会显示其大小位置和倾斜角度等信息，用户可输入新数值来进行变换。单击面板左侧代表定界框的控制点，即可指定相应的操作参考点。

图2-48

如果需要移动，在“X”和“Y”文本框中输入数值即可；如果要改变宽度和高度，在“宽”和“高”文本框中输入数值即可；如果需要倾斜或旋转，在倾斜和旋转文本框中输入数值即可。输入数值后按【Enter】键即可完成相应的操作。

提示 “宽”和“高”文本框的右边有一个小锁，单击它表示在对高度或宽度进行调整的时候是成比例的。

2.1.7 对象的锁定与解锁

在比较复杂的画面中，为了防止误操作的发生，Illustrator提供了锁定对象与解锁对象的功能。将对象锁定以后，将不可对对象进行任何操作。

将对象选中之后按快捷键【Ctrl】+【2】即可锁定对象，而按快捷键【Ctrl】+【Alt】+【2】即可解锁所有被锁定的对象。在图层面板中可以观察和改变对象的锁定状态，如图2-49所示。

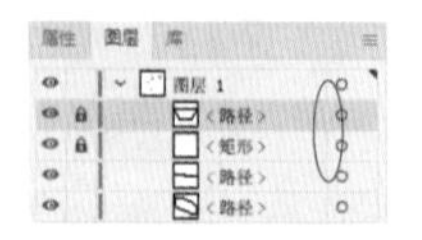
图2-49

2.1.8 对象的显示与隐藏

在处理复杂工作时，为了防止误操作带来不必要的麻烦，需要对一部分操作对象进行隐藏，减少干扰因素。

隐藏对象的快捷键是【Ctrl】+【3】，显示对象的快捷键是【Ctrl】+【Alt】+【3】。在图层面板中可以观察和设置对象的显示状态，如图2-50所示。

图2-50

2.1.9 对象的编组与解组

当画板中的对象比较多的时候，需要把其中相关的对象进行编组以便控制和操作。对多个对象进行编组的快捷键是【Ctrl】+【G】，而取消编组的快捷键是【Ctrl】+【Alt】+【G】。

提示 在软件使用过程中可以从不同图层中选择对象并进行编组，一旦编组完成，这些对象就会处于同一图层中。

当操作的对象是一个多级编组对象时，如果要取消编组，可以根据要编辑的图形状态来决定解组要进行到什么样的级别，每执行一次解组命令编组可向下一级别打散一次，多次执行则最终将编组对象打散为单独的路径或其他的对象。

2.2 实战案例

2.2.1 案例一：CDY 标志

目标：通过绘制图2-51所示的CDY标志来初步熟悉Illustrator的基本环境、操作方式，以及矩形工具、旋转工具、路径查找器的使用。

图2-51

操作步骤

01 新建一个Illustrator文件，使用矩形工具，按住【Shift】键绘制一个正方形，并在颜色面板中设置填充颜色为蓝色，将描边设置为无，如图2-52所示。

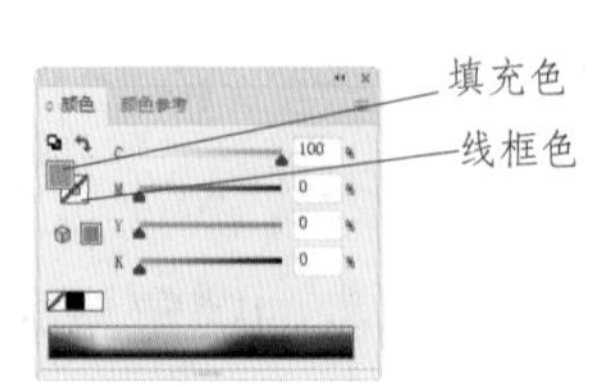

图2-52

02 按快捷键【Ctrl】+【C】和【Ctrl】+【F】可以得到一个当前正方形的副本，然后使用选择工具，按住【Alt】+【Shift】键，向左下方拖曳正方形副本右上角的控制点使其等比例缩小，如图2-53所示。

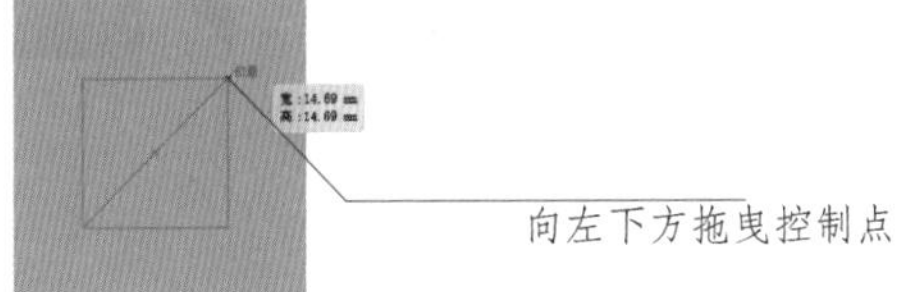

图2-53

03 同时选中两个正方形，然后单击路径查找器面板中的减去顶层按钮，得到图2-54中左图所示的中间镂空的图形。

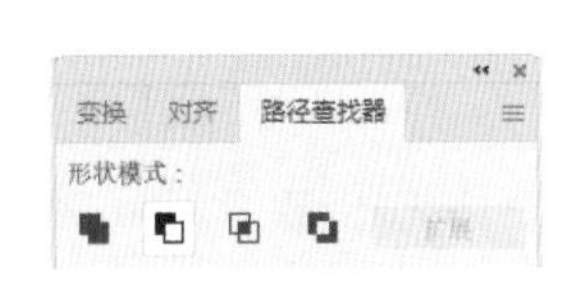

图2-54

04 使用钢笔工具绘制图2-55所示的图形，然后同时选中所有的图形，再次单击路径查找器面板中的减去顶层按钮，得到图2-56所示的图形。

图2-55　图2-56

05 复制一个当前的图形并将其旋转到对称的位置。方法是将鼠标指针移动到图形定界框的右上控制点外，出现旋转手柄后按住【Alt】键并进行顺时针旋转，如图2-57所示。

图2-57

06 使用直接选择工具向下拖曳图2-58所示的锚点到新的位置。同理，调整图2-59所示的另外一个锚点的位置。

07 使用直接选择工具选中一个锚点，然后按住【Shift】键单击加选另外一个锚点，如图2-60所示。向左移动它们的位置。

图2-58

图2-59

图2-60

08 同理，调整其他锚点的位置。使用文字工具输入“CDY”，调整其字体和大小。最终效果如图2-61所示。

提示 请仔细观察，被选中的锚点会呈现实心的状态，而未被选中的则是空心的状态。另外，移动锚点的位置除了使用直接选中工具拖曳之外，也可以使用键盘的【←】键、【→】键实现，每按一次会根据一个键盘的增量进行移动，如果想按照10倍的增量进行移动，则需要按住【Shift】键。

打开“每日设计”App，搜索关键词SP060201，即可观看“实战案例：CDY标志”的讲解视频。

图2-61

2.2.2 案例二：房地产信息网标志

目标：通过绘制图2-62所示的标志初步熟悉直接选择工具的用法，同时熟悉图形的复制技巧。

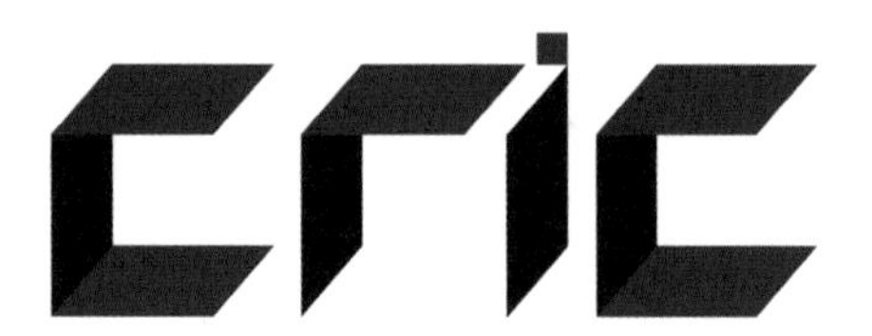

图2-62

操作步骤

01 新建一个Illustrator文件，使用矩形工具绘制一个长方形并在颜色面板中为其填充红色，描边设置为无，如图2-63所示。使用直接选择工具框选矩形上方的区域以选中上方的两个锚点，如图2-64所示。

图2-63

图2-64

02 向右拖曳选中的两个锚点以改变矩形的形状，如图2-65所示。

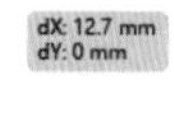

图2-65

03 也可以直接拖曳矩形的一条路径的片段进行变形，如图2-66所示。

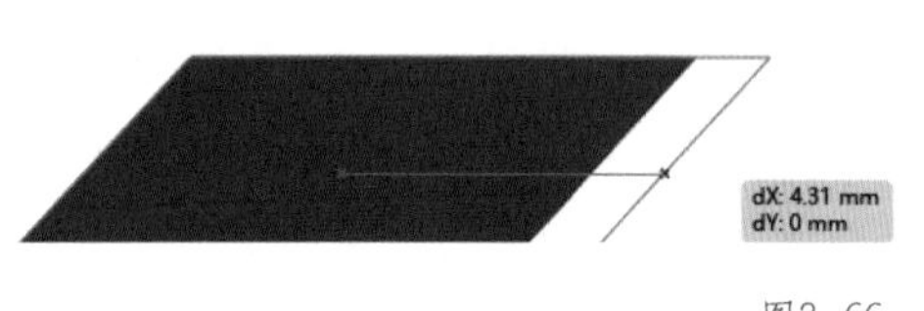

图2-66

04 使用选择工具并按住【Alt】+【Shift】键向下方拖曳平行四边形以复制得到一个新对象，如图2-67所示。

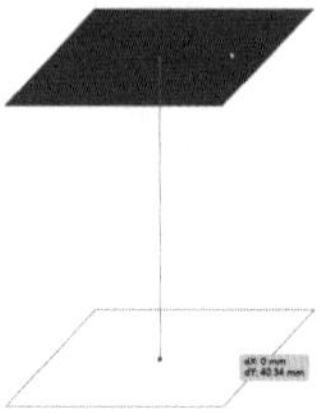

图2-67

05 使用钢笔工具贴紧已有的图形边缘绘制一个新的图形，并修改其颜色为黑色，如图2-68所示。

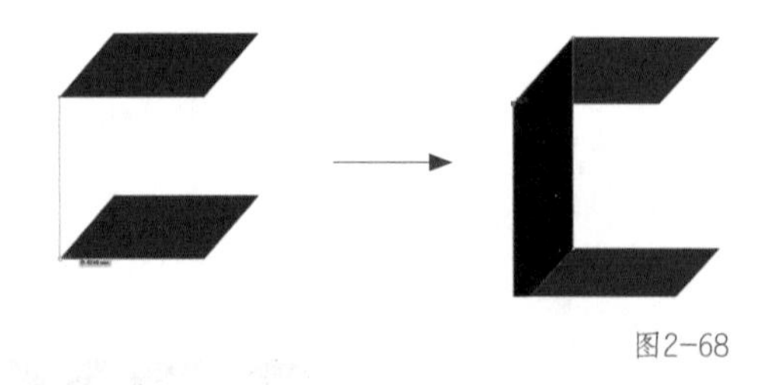

图2-68

06 选中黑色对象，按快捷键【Ctrl】+【Shift】+【[】将其放置到所有图形的后方，如图2-69所示。

图2-69

提示 在默认情况下智能参考线功能是开启的，系统会自动提示钢笔所处的位置是在锚点上。这样非常方便绘制贴紧对象的边。

07 使用选择工具框选全部图形，再按住【Alt】+【Shift】键在图形右方复制一组新的图形，如图2-70所示。然后删掉第二组图形下方的图形，如图2-71所示。

图2-70

图2-71

08 按住【Alt】+【Shift】键，按照图2-72所示复制一个平行四边形到第二组图形的右边。

图2-72

09 同理，再复制第一组图形到右边，得到图2-73所示的效果。

图2-73

10 使用矩形工具绘制图2-74所示的正方形。

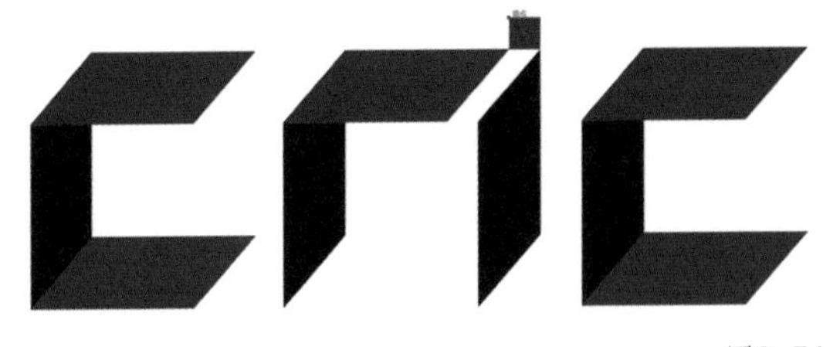

图2-74

11 调整图形之间的距离，最终效果如图2-75所示。

图2-75

打开“每日设计”App，搜索关键词SP060202，即可观看“实战案例：房地产信息网标志”的讲解视频。

2.2.3 案例三：卡通小挂牌

目标：通过绘制图2-76所示的卡通图形熟悉圆角矩形和椭圆工具的用法，并掌握对象的对齐、顺序调整与旋转的操作。

图2-76

操作步骤

01 新建一个Illustrator文件，使用圆角矩形工具绘制一个紫色的圆角矩形，如图2-77所示。在绘制的时候，按住鼠标左键的同时按键盘的【↑】键或【↓】键可以调整圆角的弧度。

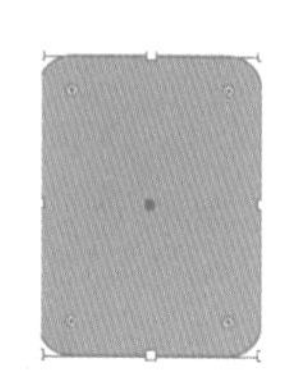

图2-77

02 使用椭圆工具，按住【Shift】键绘制一个圆形，如图2-78所示。

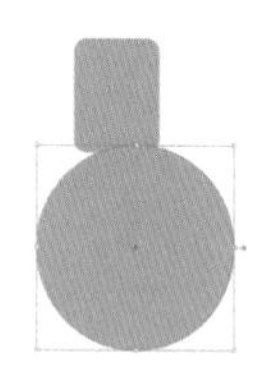

图2-78

03 同时选中两个图形，单击对齐面板中的水平居中对齐按钮，效果如图2-79所示。

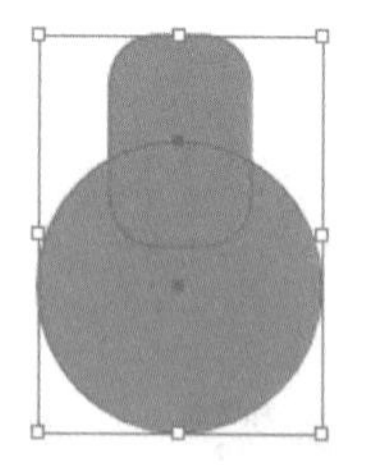

图2-79

04 单击路径查找器面板中的联集按钮，得到一个合并的路径，如图2-80所示。

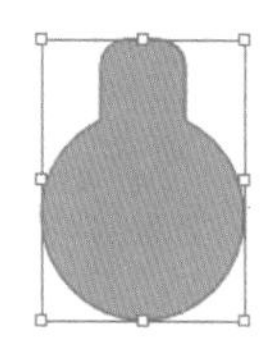

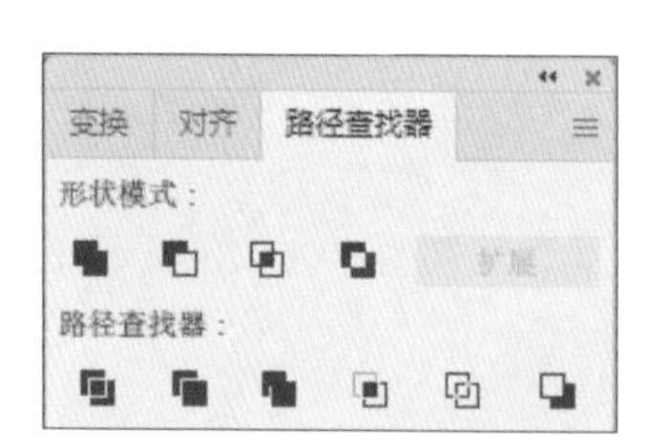

图2-80

05 使用选择工具，按住【Alt】键，在原图右侧复制出一个图形，如图2-81所示。

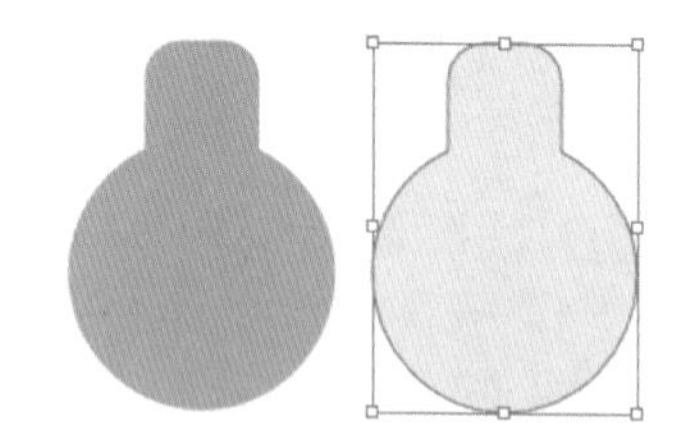

图2-81

06 按快捷键【Ctrl】+【D】可复制出多个对象，为对象填充不同的颜色，如图2-82所示。

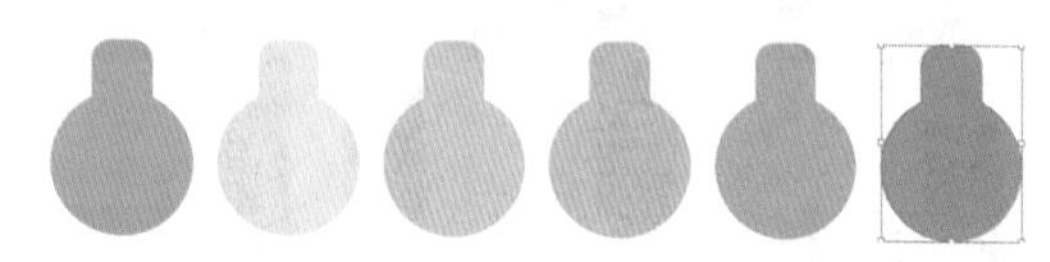

图2-82

07 使用钢笔工具绘制图2-83所示的一条曲线。根据曲线的走向，使用旋转工具调整每个彩色图形的方向，如图2-84所示。

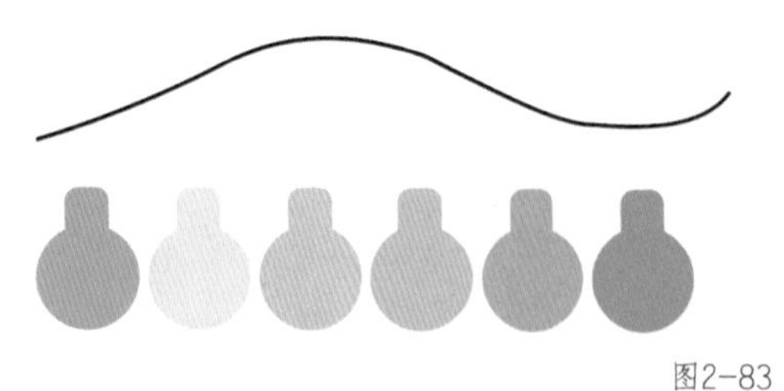

图2-83

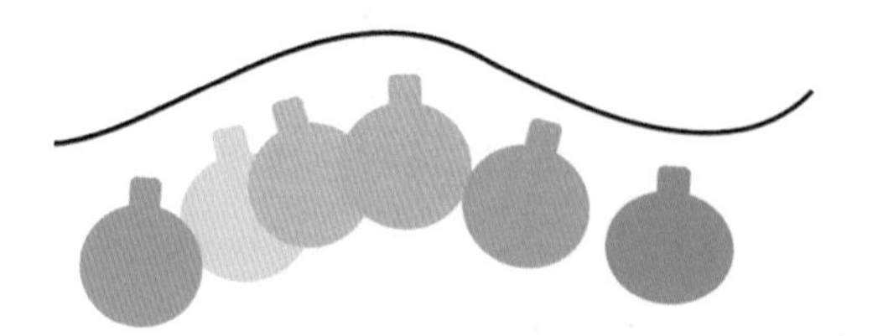

图2-84

08 使用钢笔工具绘制绳索，可放大视图比例以便于观察和绘制，如图2-85所示。恢复视图比例观察绘制效果，如图2-86所示。

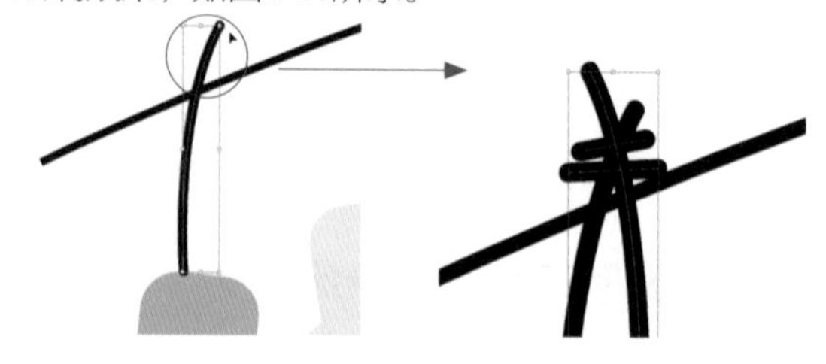

图2-85

图2-86

09 使用选择工具框选绳索，如图2-87所示。然后按住【Shift】键，单击较长的那根线将其取消选择，得到图2-88所示的选区。

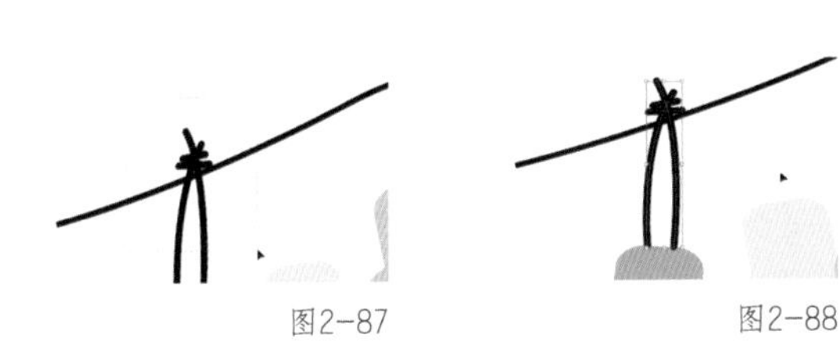

图2-87　　图2-88

10 按快捷键【Ctrl】+【G】将绳索编组，然后使用选择工具，按住【Alt】键在右侧复制编组后的绳索，并使用旋转工具调整它们的方向，如图2-89所示。

图2-89

11 使用文字工具，输入图2-90所示的数字，设置其字体为加粗的等线体。

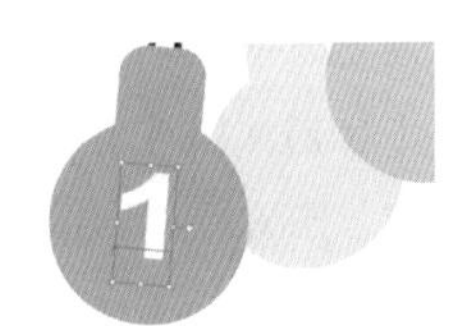

图2-90

12 将数字“1”复制到一个新的位置，并使用文字工具更改数字为“2”，再调整其方向，如图2-91所示。

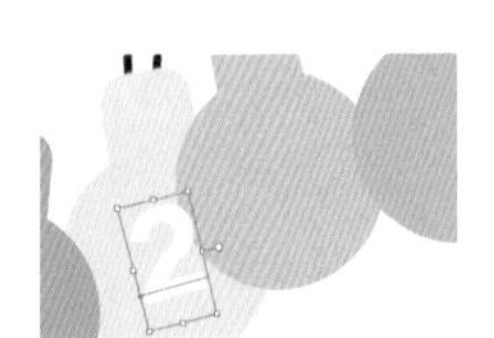

图2-91

13 按快捷键【Ctrl】+【[】调整数字“2”到红色图形的后方，如图2-92所示。

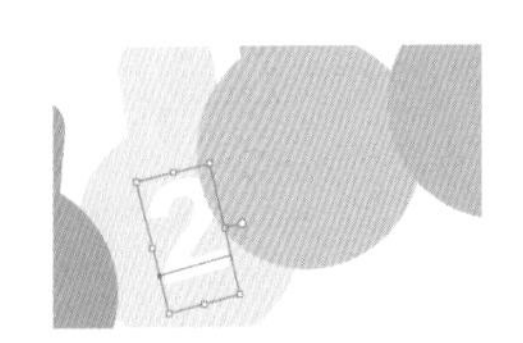

图2-92

14 同理，复制出其他的数字，调整它们的方向，得到最终的效果，如图2-93所示。

图2-93

打开“每日设计”App，搜索关键词SP060203，即可观看“实战案例：卡通小挂牌”的讲解视频。

2.2.4 案例四：圆形标志图形

目标：通过绘制图2-94所示的标志初步熟悉直接选择工具的用法，并熟悉图形的复制技巧。

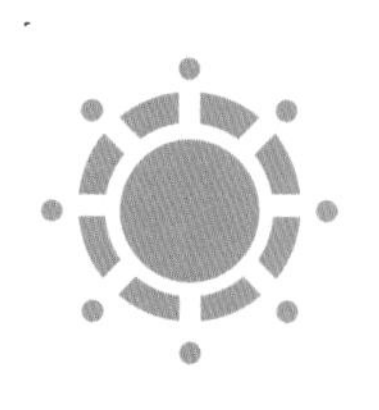

图2-94

操作步骤

01 新建一个Illustrator文件，使用椭圆工具绘制一个圆形，并为其填充浅绿色，将描边设置为无，如图2-95所示。按快捷键【Ctrl】+【C】和【Ctrl】+【F】将其原位复制，然后等比例缩小，如图2-96所示。

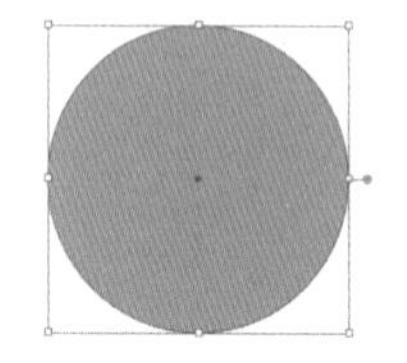

图2-95

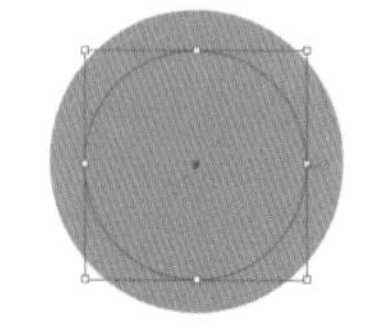

图2-96

02 同时选中它们，单击路径查找器面板中的减去顶层按钮，得到镂空的圆环，如图2-97所示。

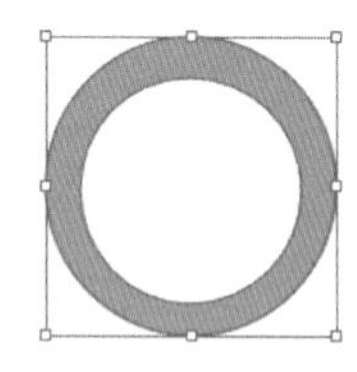

图2-97

03 选择椭圆工具，将鼠标指针放在圆环的中心，会发现软件提示鼠标指针所在的位置为圆环的“中心点”（在开启了智能参考线功能的情况下）。按住【Shift】+【Alt】键拖曳鼠标，以中心点为起点绘制一个圆形，如图2-98所示。

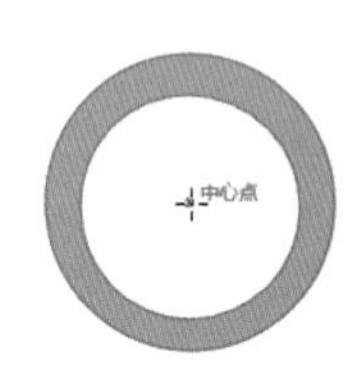

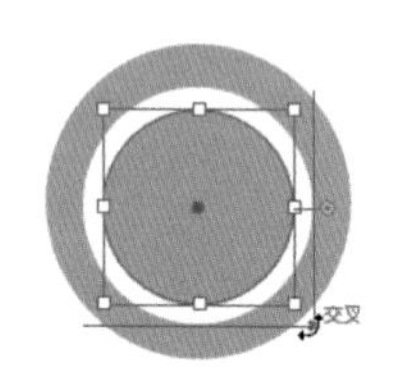

图2-98

04 同理，使用矩形工具，以中心点为起点，按住【Alt】键绘制图2-99所示的矩形。双击工具箱中的旋转工具，打开“旋转”对话框，在其中设置旋转角度为45°，单击“复制”按钮，得到一个经过旋转的新图形，如图2-100所示。

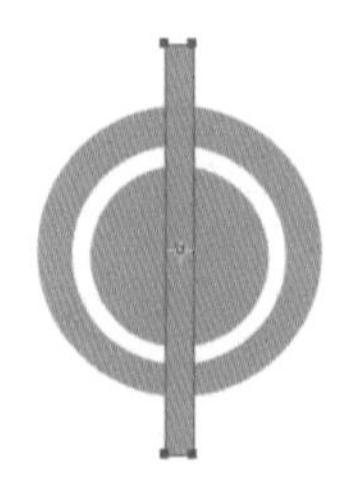

图2-99

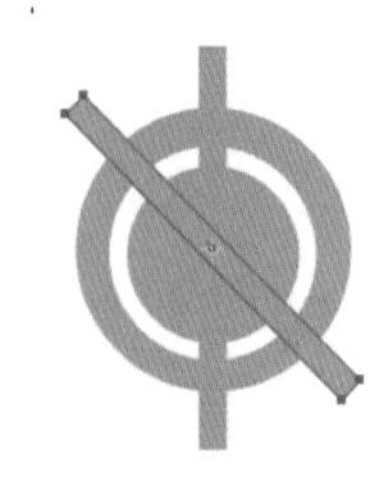

图2-100

05 按快捷键【Ctrl】+【D】两次，得到图2-101所示的效果。再次使用椭圆工具绘制图2-102所示的圆形。

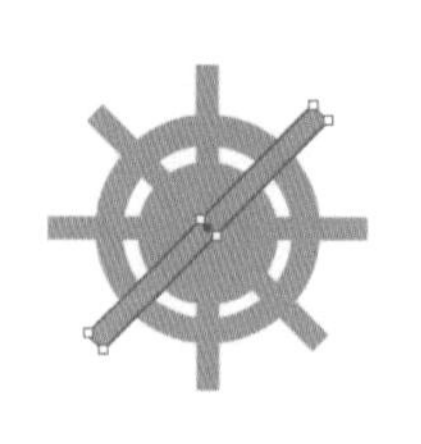

图2-101

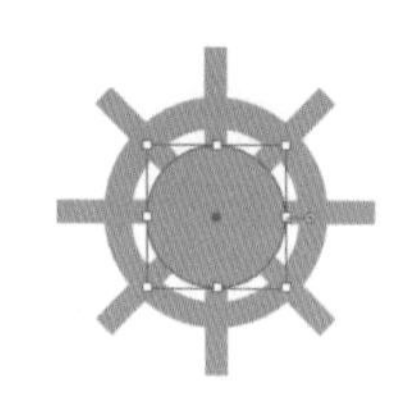

图2-102

06 按快捷键【Ctrl】+【2】将新绘制的圆形锁定，这样它就不会被选中，如图2-103示。

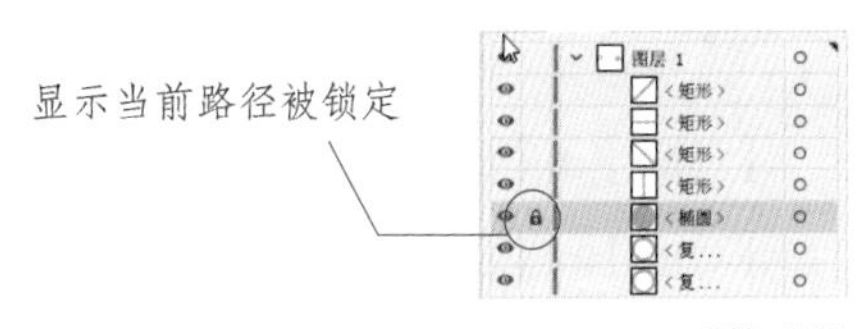

图2-103

> **提示** 按【F7】键打开图层面板，可以查看当前路径是否被锁定，还可以锁定和解锁图形。

07 按快捷键【Ctrl】+【A】将全部图形选中，然后单击路径查找器面板中的减去顶层按钮，得到图2-104所示的效果。

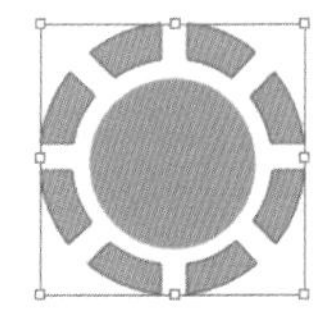

图2-104

08 选择椭圆工具，首先找到和现有图形中间对齐的位置，然后按住【Shift】+【Alt】键，在此位置绘制一个小的圆形，如图2-105所示。

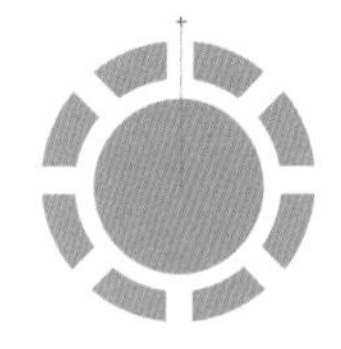

图2-105

09 选择旋转工具后，不要急着单击或拖曳，先把鼠标指针放到中间大圆形的中心点上，如图2-106所示。然后按住【Alt】键单击中心点，打开图2-107所示的“旋转”对话框，同时图形旋转的中心点将从它自身的中心点改变为鼠标单击的地方。在“旋转”对话框中输入角度为45°，单击“复制”按钮即可得到一个新的经过旋转的圆形。

图2-106

图2-107

10 连续按快捷键【Ctrl】+【D】6次，重复执行6次再次变换命令，最终得到图2-108所示的图形。

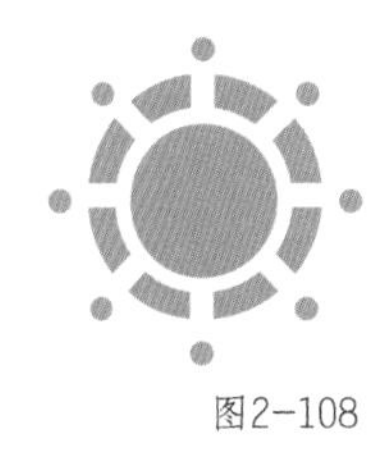

图2-108

打开“每日设计”App，搜索关键词SP060204，即可观看“实战案例：圆形标志图形”的讲解视频。

2.3 本章快捷键

【Ctrl】+【F】：贴在前面

【Ctrl】+【D】：再次变换

【Ctrl】+【Shift】+【]】：置于顶层

【Ctrl】+【Shift】+【[】：置于底层

【Ctrl】+【]】：前移一层

【Ctrl】+【[】：后移一层

【Ctrl】+【3】：隐藏所选对象

【Ctrl】+【Alt】+【3】：显示所有对象

【Ctrl】+【2】：锁定所选对象

【Ctrl】+【Alt】+【2】：解锁所有对象

【Ctrl】+【G】：编组对象

【Ctrl】+【Shift】+【G】：取消编组对象

第 3 章
Illustrator 2022 的高级绘图工具和命令

本章主要讲解Illustrator 2022的高级绘图工具和命令：首先讲解各个高级绘图工具组（如线形工具组、自由画笔工具组、变形工具组等）的使用，以及图层面板和描边面板的使用，让用户进一步掌握Illustrator 2022的高级绘图功能；接着通过实战案例的分步讲解，帮助用户灵活运用本章学习到的高级绘图工具和命令。

本章核心知识点：

- 线形工具组
- 自由画笔工具组
- 变形工具组
- 橡皮擦、剪刀和美工刀工具组
- 形状生成器和实时上色工具组
- 透视工具组
- 图层面板
- 描边面板

3.1 知识点储备

3.1.1 线形工具组

线形工具组一共有5个工具，包括直线段工具、弧形工具、螺旋线工具、矩形网格工具和极坐标网格工具，如图3-1所示。

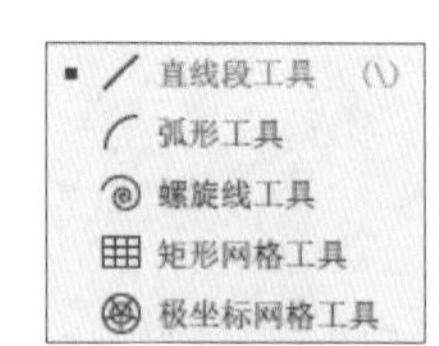

图3-1

1. 直线段工具

直线段工具的使用非常简单，只需在工具箱中选择该工具，就可以在工作页面上绘制直线了。在绘制时，按住【Alt】键，可以绘制一条由某一点出发的直线；按住空格键，可以移动直线；按住【Shift】键，可将绘制直线的角度限制为45°，如图3-2所示；而按住【`】键，则可以绘制很多条直线，如图3-3所示。

图3-2

图3-3

2. 弧形工具

选择弧形工具后在工作页面上直接拖曳，就可以绘制出图3-4所示的弧线。

图3-4

在绘制时按住【Alt】键，可以得到从当前点出发绘制的对称的圆弧；按住【`】键可以得到很多条圆弧，如图3-5所示；按【C】键可以在开放弧线类型和封闭弧线类型之间进行切换；按住【F】键，可以翻转所绘制的圆弧；按【↑】键或【↓】键则可以调整圆弧的曲率。

图3-5

3. 螺旋线工具

选择螺旋线工具后可以直接在工作页面上拖曳鼠标指针来完成绘制工作。绘制的时候鼠标指针拖曳的方向不同可得到不同方向的螺旋线，如图3-6所示，而按住【↑】键可以增加螺旋线的圈数，按住【↓】键可以减少螺旋线的圈数。

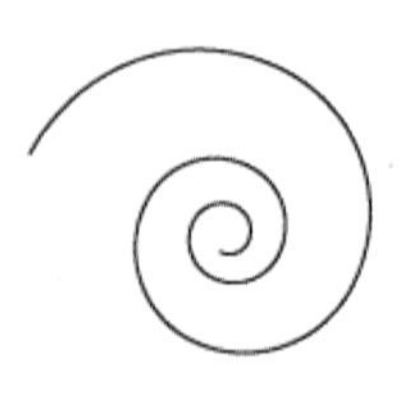

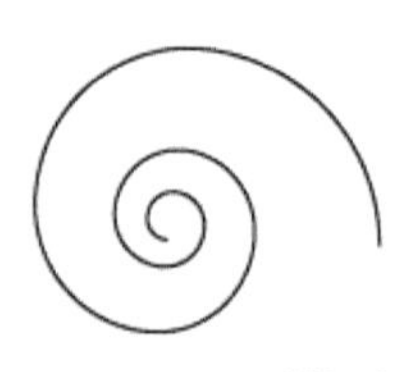

图3-6

4. 矩形网格工具

使用该工具可以快速地绘制网格图形，如图3-7所示。在绘制的过程中按【←】键可以在水平方向上减少网格的数量，按【→】键可以在水平方向上增加网格的数量，按【↑】键可以在垂直方向上增加网格的数量，按【↓】键可以在垂直方向上减少网格的数量。

图3-7

5. 极坐标网格工具

使用该工具绘制的图形类似于同心圆的放射线效果，如图3-8所示。在绘制的过程中按【←】键可以减少放射线的数量，按【→】键可以增加放射线的数量，按【↑】键可以增加同心圆的数量，按【↓】键可以减少同心圆的数量。

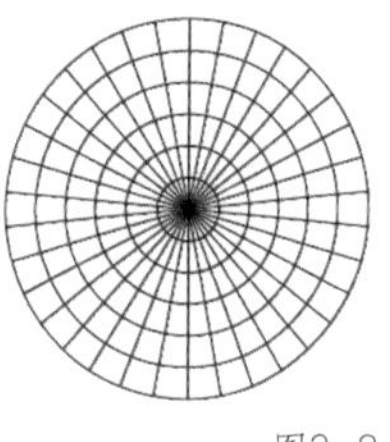

图3-8

3.1.2 自由画笔工具组

自由画笔工具组包含铅笔工具、平滑工具、路径橡皮擦工具和连接工具，如图3-9所示。这里对常用的铅笔工具、平滑工具和路径橡皮擦工具进行讲解。

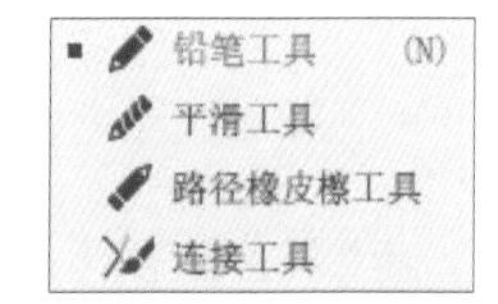

图3-9

1. 铅笔工具

铅笔工具实现了手工绘画和计算机绘画的平整过渡。不论使用该工具绘制开放路径还是封闭路径，都可以像在纸上绘制那样方便，因为Illustrator可以通过跟踪手绘的痕迹来创建路径。

如果需要绘制一条封闭的路径，可以在选择该工具以后一直按住【Alt】键，直至绘制完毕。

> **提示** 使用该工具得到的路径形状与绘制时鼠标指针的移动速度有关。当鼠标指针在某处停留的时间过长时，系统将在此处插入一个锚点；反之，鼠标指针移动得过快，系统就会忽视某些线条方向的改变。

2. 平滑工具和路径橡皮擦工具

平滑工具可以对路径进行平滑处理，而且会尽可能地保持路径的原始状态。使用平滑工具时，需要确保待处理的路径处于选中状态，然后在工具箱中选择该工具，沿着路径上要进行平滑处理的区域拖曳。平滑工具使用前后的效果对比如图3-10所示。

路径橡皮擦工具可用来清除路径或笔画的一部分，使用前后的效果对比如图3-11所示。

图3-10　　图3-11

3.1.3 变形工具组

变形工具组一共有8个工具，如图3-12所示。

该工具组的功能非常强大，使用该组中的工具可以使图形的变形操作更加多样化和灵活化。这些工具的使用和Photoshop中的手指涂抹工具有些相像，不同的是，使用手指涂抹工具得到的只是颜色的延伸，而使用该组工具可以对矢量图形进行扭曲甚至夸张的变形。

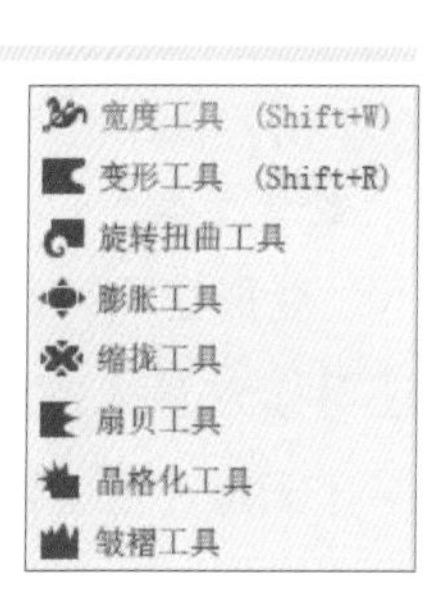

图3-12

1. 宽度工具

宽度工具能方便地改变路径上任何一个地方的宽度，路径的两边距离中心的宽度还可以不一样（在操作中按住【Alt】键即可）。图3-13所示的是先用钢笔工具绘制一个曲线路径，然后使用宽度工具拖曳其中的锚点来改变路径的宽度。

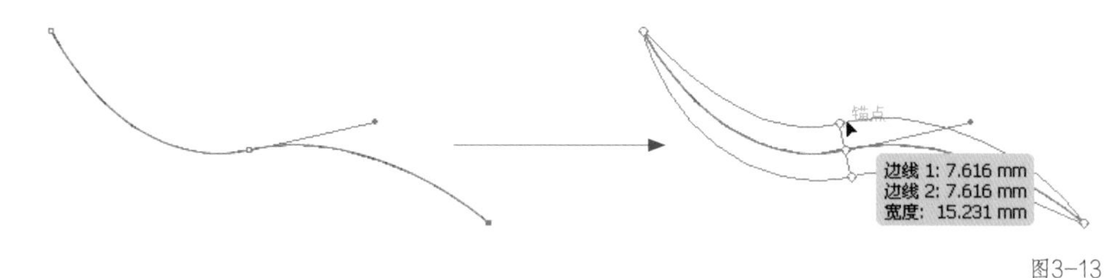

图3-13

下面使用宽度工具绘制一条鱼的形状。

（1）绘制一条直线，如图3-14所示。

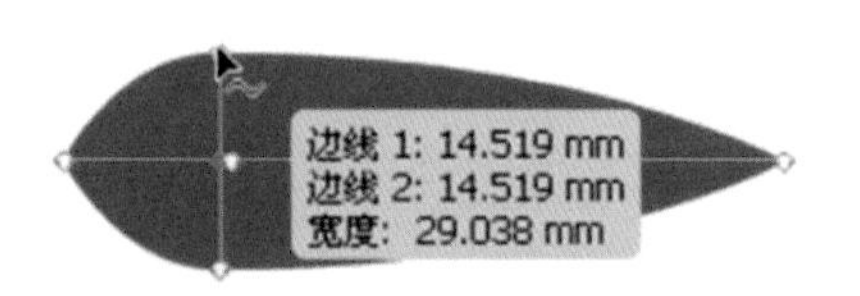

图3-14

（2）使用宽度工具在路径上按图3-15所示的位置向上拖曳，得到路径加宽的效果。

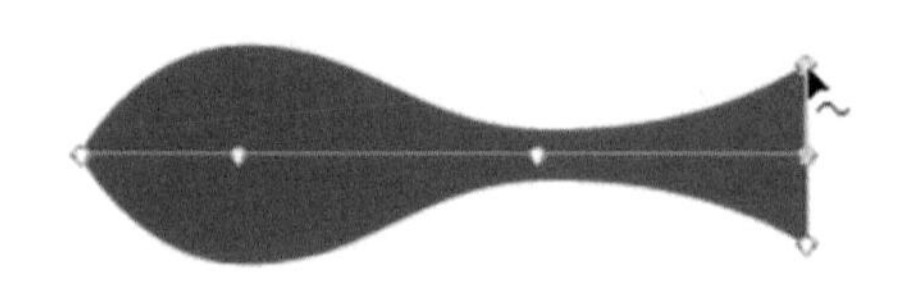

图3-15

（3）继续使用宽度工具调整其他的部位，如图3-16所示。

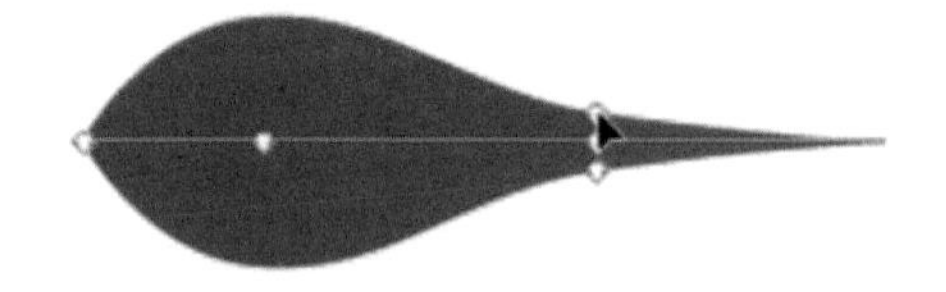

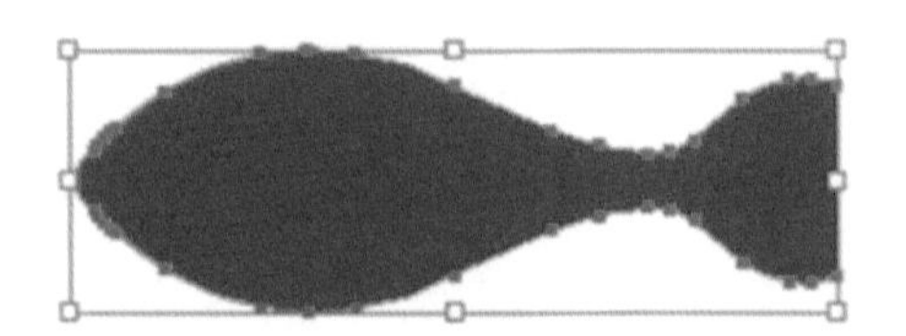

图3-16

（4）调整之后的形状如图3-17所示。

（5）虽然鱼的形状出来了，但它的路径还是一条直线。执行“对象”→“扩展外观”命令，则可以将路径扩展开，如图3-18所示。

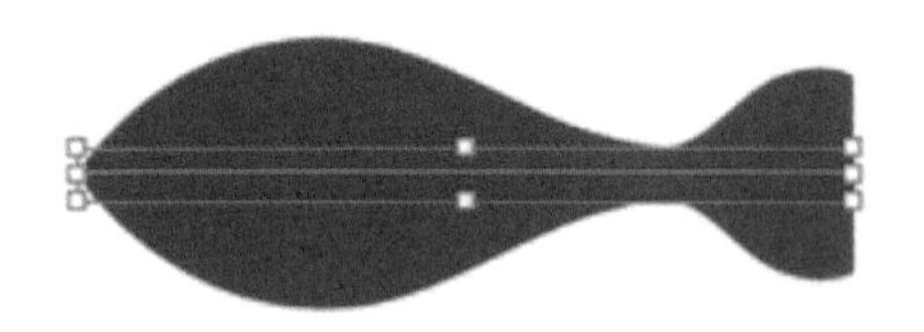

图3-17

图3-18

2. 变形工具

变形工具可用手指涂抹的方式对矢量线条做改变，还可以对置入的位图图像进行变形，以得到有趣的效果。矢量、位图皆可使用该工具。图3-19所示的是对矢量图进行变形前后的效果对比。

图3-19

当想对导入的位图进行变形时，会弹出图3-20所示的提示。

图3-20

提示 在Illustrator中，位图默认情况下是以“链接”的方式导入的，即这幅位图其实并不在当前的文件中，只是从硬盘的某一个路径位置中打开了它，而“嵌入”才是真正将位图导入当前的文件中了。

单击控制面板上的“嵌入”按钮，然后就可以对位图进行变形了。图3-21所示的是导入位图后对其变形前后的效果对比。

图3-21

提示 使用变形工具时，按住【Alt】键的同时按住鼠标左键向不同的方向拖曳变形工具，即可调整变形工具笔刷的宽度和高度。这种方法也适用于下面讲到的其他几个工具。

3. 旋转扭曲工具

旋转扭曲工具可对图形进行旋转扭曲变形。进行相关设置后，即可随意旋转扭曲和挤压扭曲图形，作用区域和力度由预设决定。图3-22所示的是对矢量图进行旋转扭曲变形前后的效果对比。

图3-22

4. 膨胀工具和缩拢工具

膨胀工具和缩拢工具可以对图形的局部进行放大或缩小，图3-23和图3-24所示的分别是对图形进行局部膨胀和缩拢的效果对比。

图3-23

图3-24

5. 扇贝、晶格化、皱褶工具

扇贝、晶格化、皱褶工具的使用方法和上面的工具大同小异，效果分别如图3-25、图3-26和图3-27所示。

图3-25

图3-26

图3-27

3.1.4 橡皮擦、剪刀和美工刀工具组

橡皮擦、剪刀和美工刀工具组如图3-28所示。

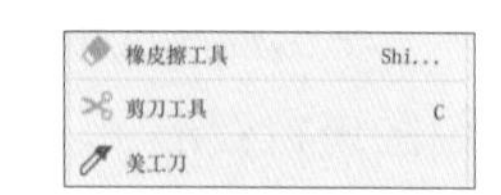

图3-28

1. 橡皮擦工具

橡皮擦工具可以快捷、方便、直观地删除不需要的路径，如图3-29所示。

图3-29

2. 剪刀工具

使用剪刀工具在一条路径上单击，即可将一条开放路径分成两条开放路径，或者将一条封闭路径拆分成一条或多条开放路径。

单击的位置不同，操作后的结果也不尽相同。如果单击路径的位置位于一条路径的中间，则单击位置处会有两个重合的新锚点；如果在一个锚点上单击，则原来的锚点上面还将出现一个新的锚点。

对于剪切后的路径，用户可以使用直接选择工具或编组选择工具进行进一步的编辑。图3-30所示的是使用剪刀工具将一条螺旋线剪断之后使用编组选择工具将其移动的效果。

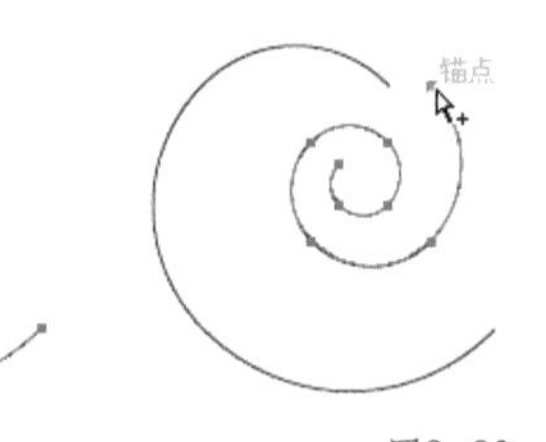

图3-30

3. 美工刀工具

美工刀工具的用法类似于用刀切蛋糕。输入一个中文字，再按快捷键【Ctrl】+【Shift】+【O】，可将文字转换为图形，如图3-31所示。

图3-31

然后将美工刀工具放在需要断开的地方，按住鼠标左键拖曳，使美工刀贯穿过去。在使用美工刀工具的时候按住【Alt】+【Shift】键可保证美工刀的倾角为90°、45°或180°。

使用选择工具，先单击图形外部的任意地方以取消其选中状态，再单击被割开的笔画部分可单独选中它，然后将其移动到新的位置，如图3-32所示。

图3-32

3.1.5 形状生成器和实时上色工具组

形状生成器和实时上色工具组如图3-33所示。

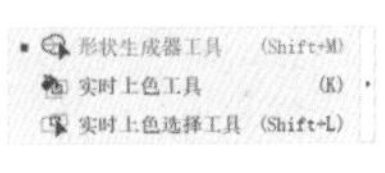

图3-33

形状生成器工具可以将绘制的多个简单图形合并为一个复杂的图形，还可以分离、删除重叠的形状，快速生成新的图形，使复杂图形的制作更加灵活、快捷。图3-34所示的是绘制的两个矩形对象，选中它们，然后使用形状生成器工具在需要合并的区域拖曳，如图3-35所示。图3-36所示的是生成的合成图形。

实时上色工具组分为实时上色工具和实时上色选择工具。将多个重合的对象选中之后执行“对象”→“实时上色”→“建立”命令，即可将普通的路径转换为实时上色的对象，然后使用实时上色工具选中不同的颜色对其不同的区域进行填充即可。图3-37所示的是使用实时上色工具填充对象的过程。

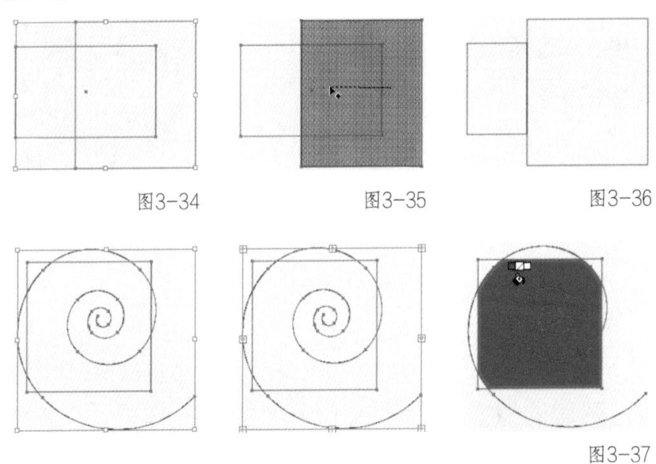

图3-34　图3-35　图3-36

图3-37

3.1.6 透视工具组

透视工具组包含透视网格工具和透视选区工具，如图3-38所示。

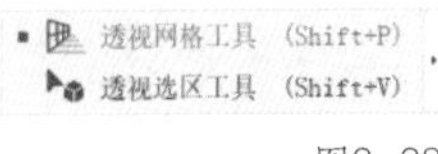

图3-38

在工具箱中单击透视工具后，就启动了当前画笔的透视网格功能，在画布中会出现图3-39所示的透视网格。

默认情况下透视网格是两点透视的，可以通过执行“视图”→“透视网格”→“一点透视”命令改变为一点透视类型，如图3-40所示。同理还可以改变为三点透视类型。

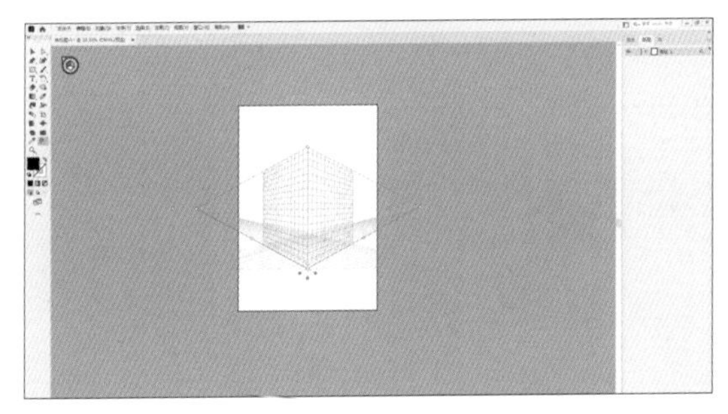

图3-39

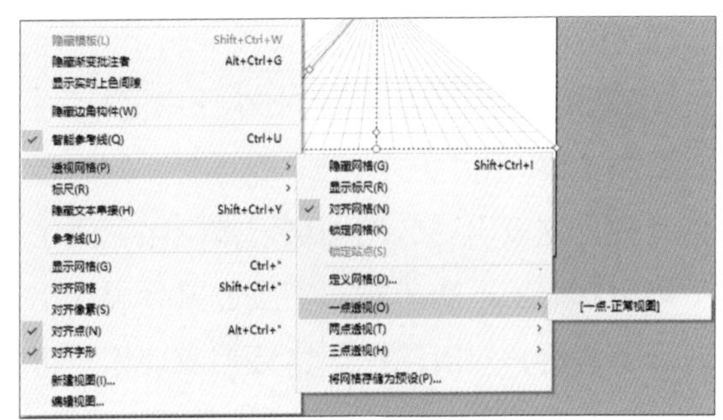

图3-40

图3-41和图3-42所示的分别是一点透视和三点透视网格的显示效果。

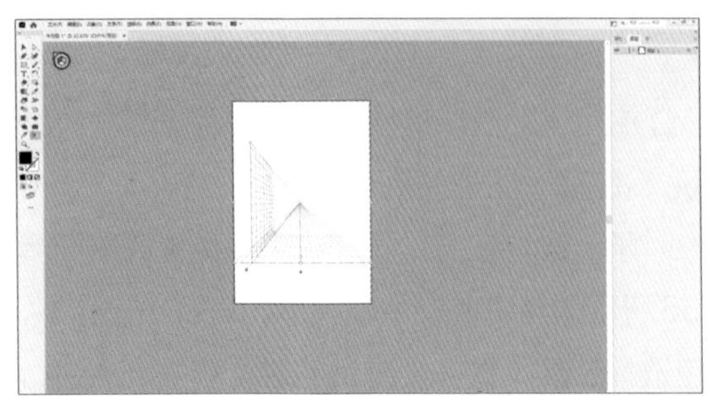

图3-41

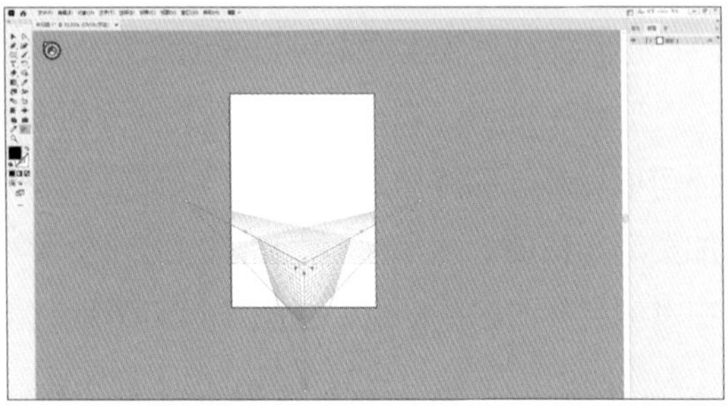

图3-42

可利用透视网格在精准的一点、两点或三点直线透视中绘制形状和场景，创造出真实的景深和距离感。图3-43所示的就是用透视网格工具绘制的简单场景。

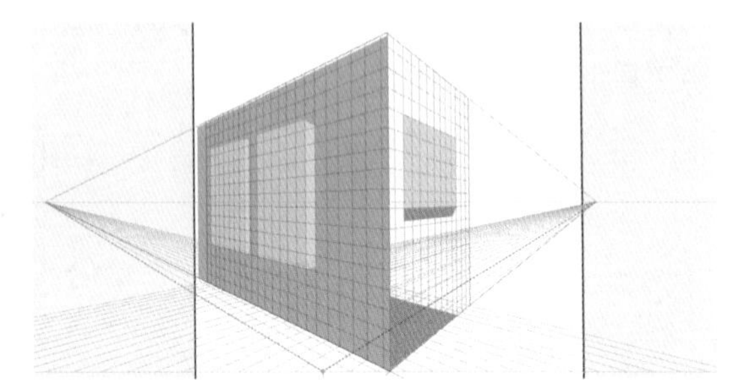

图3-43

3.1.7 图层面板

在Illustrator中，图层的概念和Photoshop中的是一样的，只不过在操作上有些区别。另外，由于Illustrator可以在同一个图层里管理对象的上下关系，所以图层没有在Photoshop中那么重要，使用也没那么频繁，只有在设计比较复杂的场景时或者其他必要的时候才会新建图层。用户更多的时候是利用图层来进行锁定和隐藏对象的操作。

按快捷键【F7】可打开图层面板，图层的相关操作都位于该面板上，如图3-44所示。

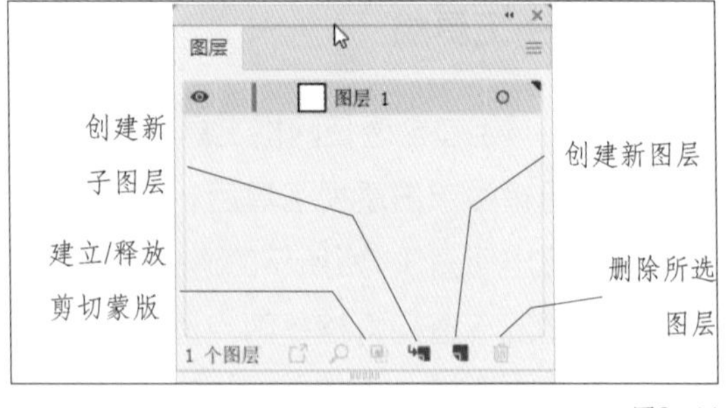

图3-44

1. 通过图层显示和隐藏对象

在图层面板的最左边有一个眼睛图标，如图3-45所示。如果单击眼睛图标，则眼睛会消失，这表明对应的图层已被隐藏，成了不可见状态。再次单击，相应位置会再次出现眼睛图标，对应的图层也会相应地恢复可见状态。

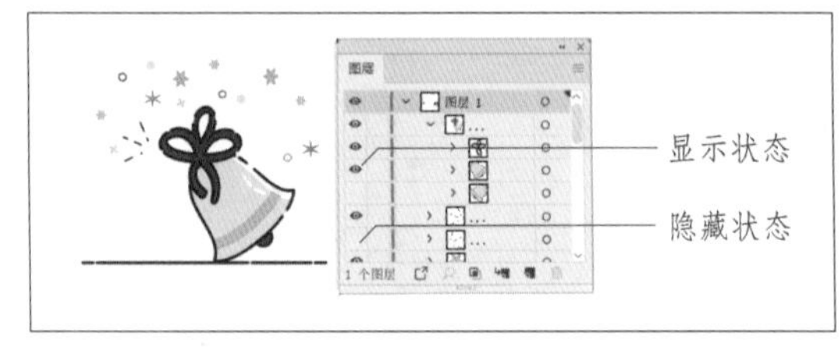

图3-45

2. 通过图层锁定和解锁对象

如图3-46所示，在图层面板中，眼睛图标的右边有一列灰色的按钮，单击相应位置会呈现锁定状态，这表示该层的对象已被锁定，不可以进行编辑、修改或删除等任何操作。再次单击即可解锁，之后便可进行正常的编辑了。

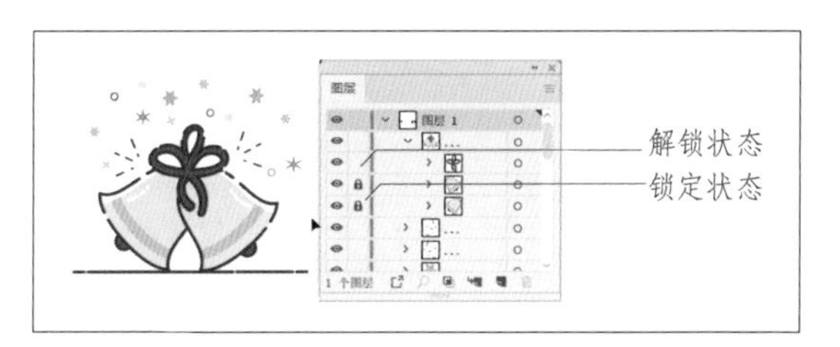

图3-46

3. 选择图层中的对象

在软件中每一个对象都处于一个图层，要选中该图层中的对象就要单击图层右侧的圆圈，如图3-47所示。

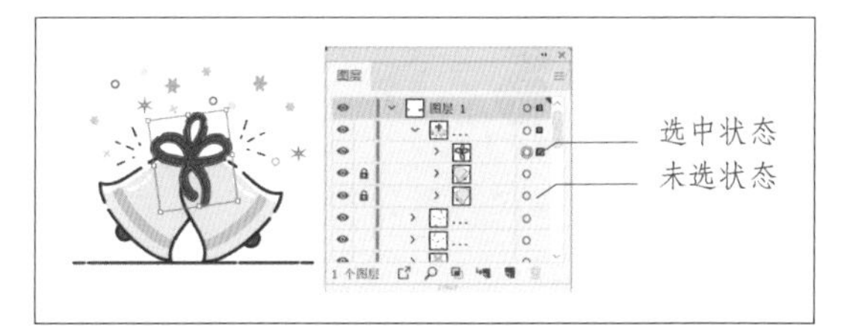

图3-47

3.1.8 描边面板

描边面板可以用来定义图形边框的粗细、端点样式、边角样式等属性，还可以自由定义各种虚线的效果。描边功能的强大还体现在沿路径缩放的描边效果和为路径添加箭头的效果。

下面详细讲解一下描边面板中的常用参数。

（1）端点：为线的起点和终点设置不同的端点效果，图3-48左图所示的分别是平头端点、圆头端点、方头端点的效果。

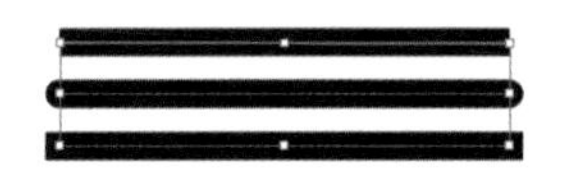

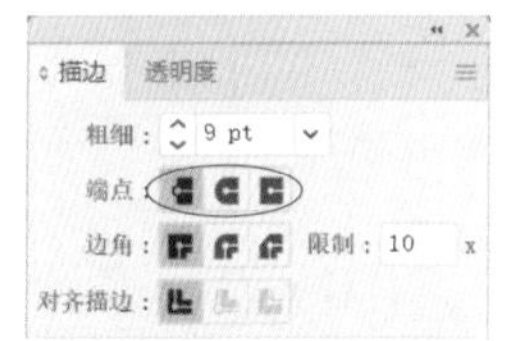

图3-48

（2）边角：当线条有转角的时候，可以为转角设置不同的效果，图3-49左图所示的分别是斜接连接、圆角连接、斜角连接的效果。

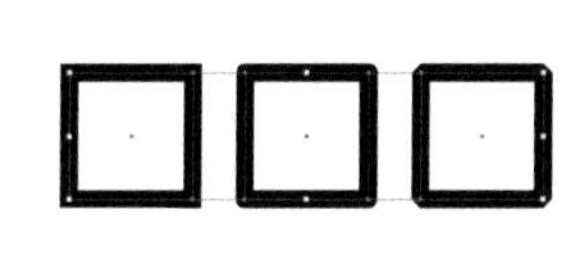

图3-49

（3）对齐描边：设置描边的宽度和路径的对齐方式，图3-50左图所示的分别是居中对齐、内侧对齐、外侧对齐的效果。

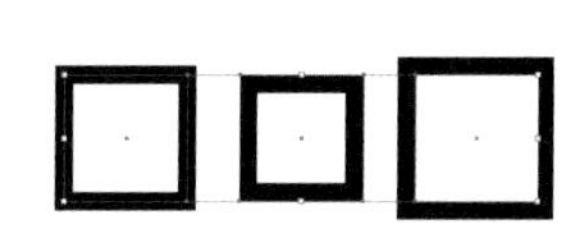

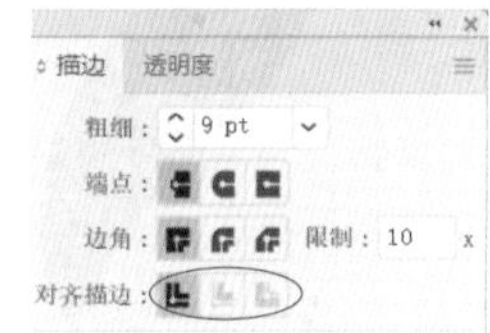

图3-50

（4）虚线：勾选这个选项，然后在其下的6个文本框中输入相应的数值可得到不同效果的虚线。结合上面讲到的端点可得到更多的效果。

图3-51左图所示的是设置粗细为80pt、虚线为12pt、端点为平头端点的前后效果对比。

图3-51

图3-52左图所示的是设置粗细为80pt、虚线为0pt、间隙为80pt、端点为圆头端点的前后对比效果。

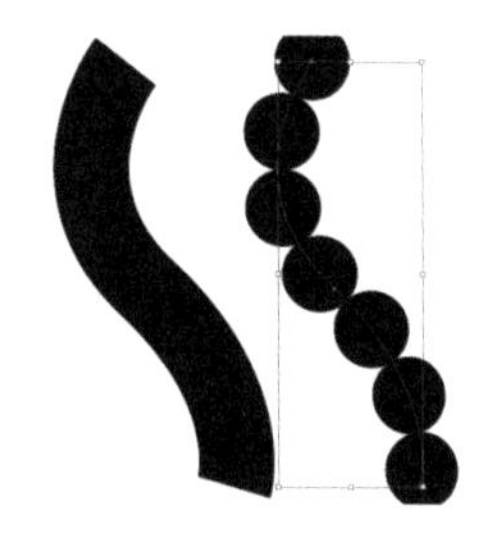

图3-52

图3-53左图所示的是设置粗细为80pt、虚线为0pt、间隙为160pt、端点为圆头端点的前后对比效果。

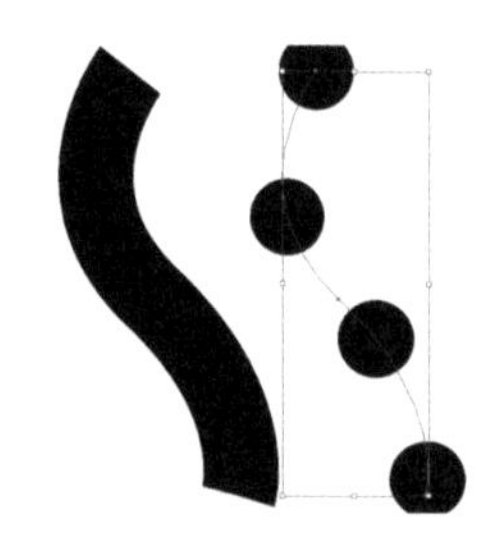

图3-53

（5）箭头：可为线条添加前端箭头和末端箭头效果，还可以更改箭头的缩放比例和对齐端点的方式，如图3-54所示。

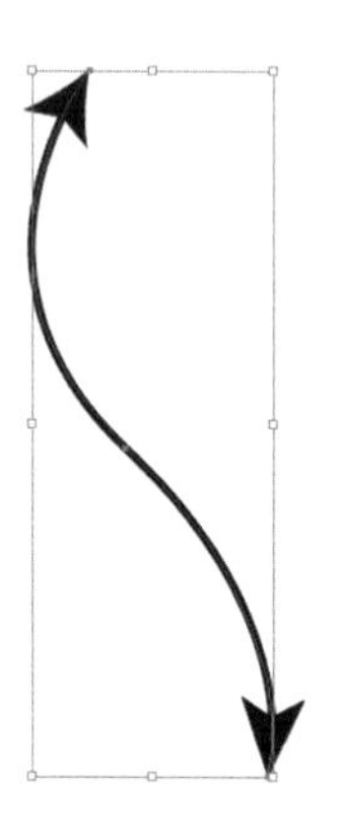

图3-54

（6）沿路径缩放的描边：这个参数非常强大，能够使路径的描边不再缺少变化。Illustrator 2022中包含若干种描边样式，图3-55左图和图3-56左图所示的分别是选择了不同描边样式的效果。

图3-55

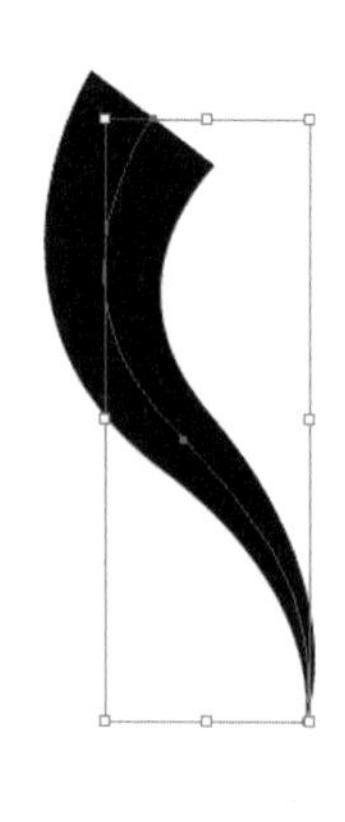

图3-56

3.2 实战案例：产品标签设计

下面将讲解绘制图3-57所示的产品标签的具体步骤。其中会应用到Illustrator的沿路径排文、铅笔绘图、文字转换为轮廓等命令。用户练习本案例的操作方法可以熟悉Illustrator 2022高级绘图工具和命令的使用。

图3-57

操作步骤

01 使用星形工具绘制图3-58所示的多角星形，为其填充蓝色。

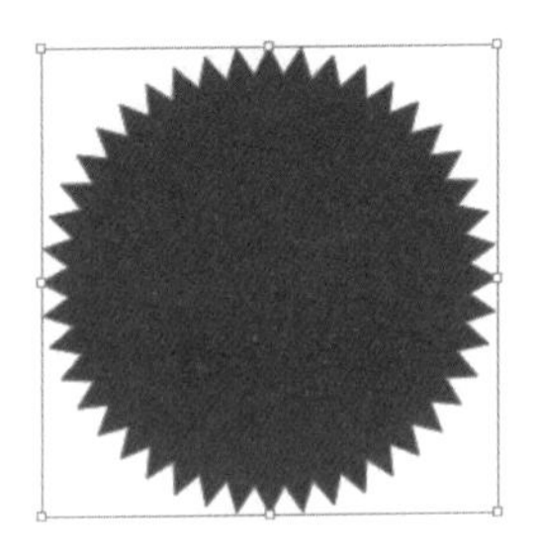

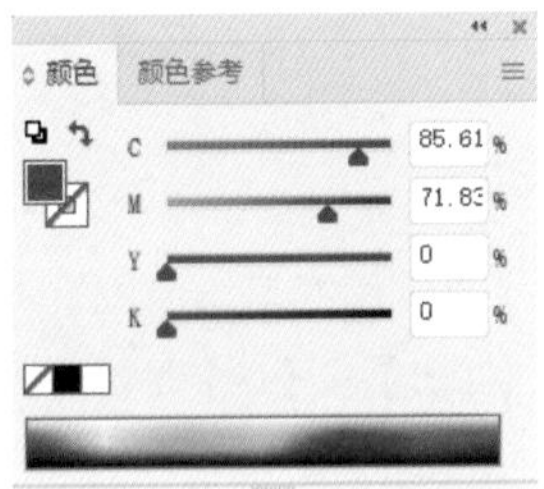

图3-58

02 利用智能辅助线功能找到多角星形的中心点，然后将椭圆工具放在中心点上，按住【Shift】+【Alt】键，绘制出图3-59所示的圆形，设置描边为白色。

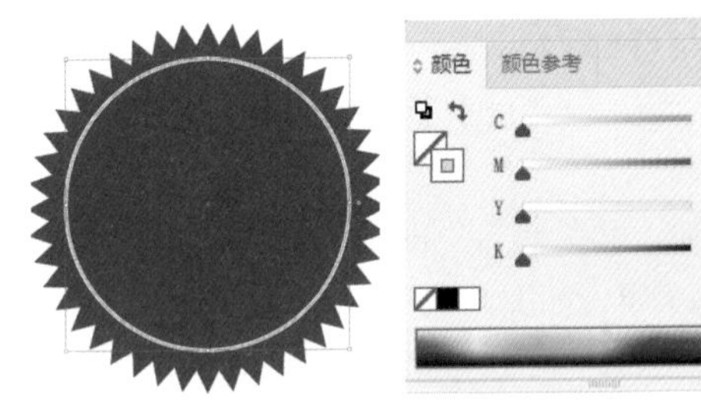

图3-59

03 将圆形选中，按快捷键【Ctrl】+【C】和【Ctrl】+【F】对其进行原位复制，然后按住【Alt】+【Shift】键将其等比例缩小，如图3-60所示。

图3-60

04 使用沿路径排文工具在这个圆形上单击，然后输入文字“There's a gallon of deliciousness in every drop”。设置其字体为“Baskerville Old Face”，如图3-61所示。

图3-61

05 将文字旋转到路径的下方，如图3-62所示。

图3-62

06 使用直接选择工具还可以改变文字在路径上排列的方向，如图3-63所示。

图3-63

07 在字符面板中将基线偏移数值设置为-6pt，文字就排到了路径的下方，如图3-64所示。

图3-64

08 选中文字后，按快捷键【Alt】+【Shift】+【→】，增加字间距，使文字占据更大的范围，如图3-65所示。

图3-65

09 同理，再绘制一个圆形并输入文字，得到路径上方的文字，如图3-66所示。接着双击工具箱中的铅笔工具，在弹出的图3-67所示的对话框中勾选“保持选定”，以保证下一步绘图时各个笔画不会相互影响。

图3-66

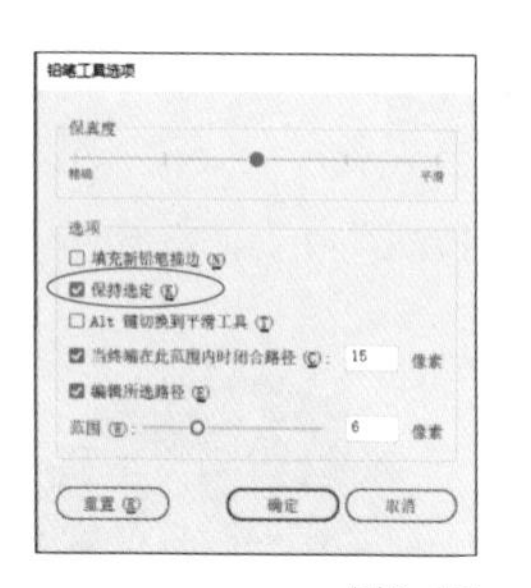

图3-67

10 使用铅笔绘制图3-68所示的图案，按快捷键【Ctrl】+【G】对这些图案进行编组。将图案移到标签的圆形中间并将其颜色修改为白色，如图3-69所示。

图3-68

图3-69

11 使用文字工具输入图3-70所示的文字，设置一个比较欧式的字体。

图3-70

12 将其移到标签之上，将其颜色修改为白色，如图3-71所示。

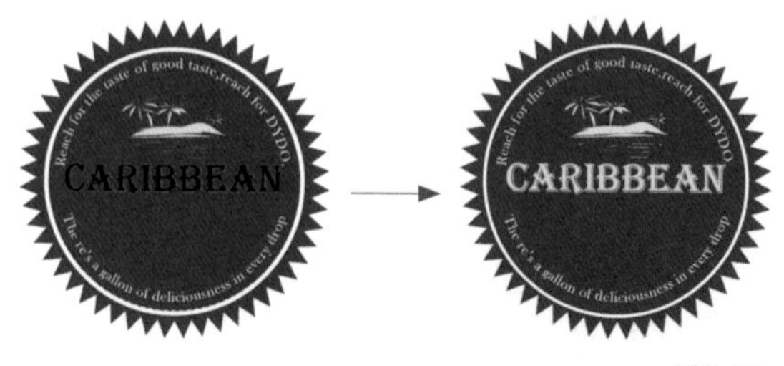

图3-71

13 使用文字工具，输入图3-72所示的文字，设置对齐方式为居中对齐。

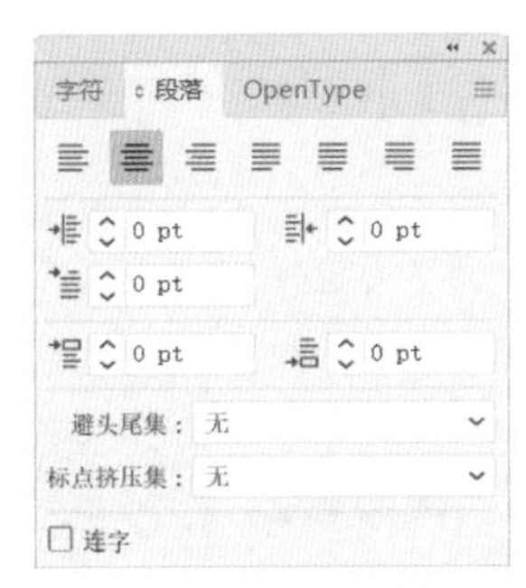

图3-72

14 选中白色描边的圆形，设置其描边效果为图3-73所示的虚线。

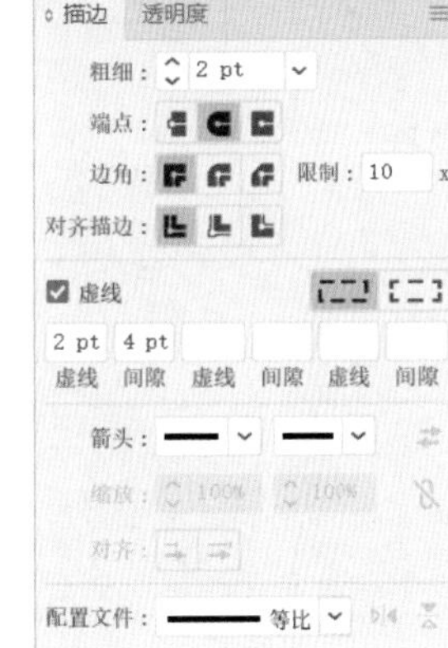

图3-73

15 调整各个元素的位置和大小，最终效果如图3-74所示。

图3-74

打开“每日设计”App，搜索关键词SP060301，即可观看“实战案例：产品标签设计”的讲解视频。

第 4 章
Illustrator 2022 的颜色系统和颜色工具

本章将系统地讲解Illustrator 2022中颜色的各相关知识，包括颜色的理论知识和颜色相关工具的使用等。此外，本章还将通过实战案例，帮助用户熟悉Illustrator 2022中颜色工具的使用方法及技巧。

本章核心知识点：

- 颜色的基础认识
- 色彩的3个基本属性
- 颜色模型
- 颜色相关面板
- 吸取颜色属性
- 渐变网格工具

4.1 知识点储备

4.1.1 颜色的基础知识

熟悉和掌握色彩的理论以及它的相关术语，对更好地理解颜色，以及理解Illustrator中的颜色运用大有好处。

色彩的三要素为：明度、纯度（又称饱和度）以及色相（指具体的颜色），它是人类视觉器官对反射的光波的感受，也就是说色彩总是和光相伴的。

光实际上是一种电磁波，绝大部分的光是人类无法用肉眼看到的，人类只可以看到很有限的光，例如太阳光。通过一个三棱镜可以将太阳光分解为赤橙黄绿青蓝紫7种单色光，与图4-1所示的色谱相似。在众多自然现象中，我们熟悉的彩虹也是基于这个原理形成的。

图4-1

颜色的介质分为色光介质和色料介质两种，这两种介质的呈色方式都离不开光。

色光介质的呈色方式是色光直接刺激人眼；色料介质的呈色方式则是可见光照射在色料上，经色料吸收后的剩余色光刺激人眼。

色光和色料都有它们各自的原色。色光的三原色是R（红）、G（绿）、B（蓝），色料的三原色是C（青）、M（品红）、Y（黄）。

对于色光来说，把两种或两种以上的单色光混合在一起便会产生其他颜色的复合光。光满足亮度相加规律，即混合的光越多得到的光就越亮。将所有的光比例均匀地混合到一起，就变成了白色光。

对于色料来说，把两种或两种以上的色料混合在一起便产生了其他颜色的色料。色料满足亮度相减规律，即混合的颜色越多得到的色料就越暗。将所有的原色比例均匀地混合到一起，就变成黑色。

4.1.2 色彩的 3 个基本属性

色彩具有3个基本属性（又称三要素），即色相（Hue）、饱和度（Saturation）和明度（Brightness），下面将一一对它们进行讲解。

1. 色相

色相是色彩所呈现出来的相貌，由物体反射光的波长或通过物体吸收后的光的波长决定。

色相在色轮上的显示如图4-2所示。

在色轮上，每一种颜色都与它相应的补色成180°的对应关系，如图4-3所示。

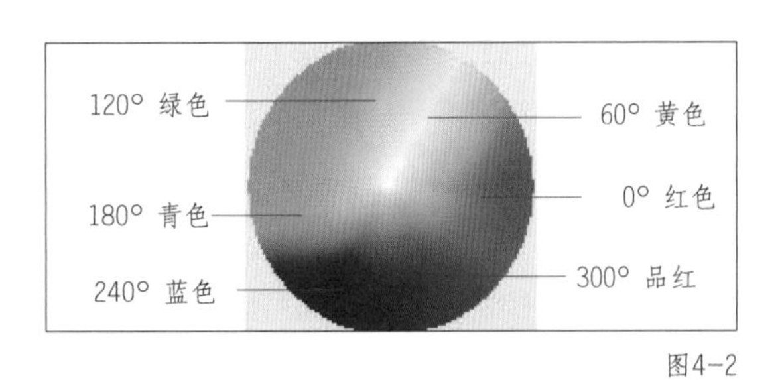

图4-2

图4-3

2. 饱和度

饱和度是指色彩的强度或纯度。饱和度的高低，实际上反映了色彩中含有灰度成分的多少，饱和度高，灰度成分少，反之则灰度成分多。它的范围是0%~100%，如图4-4所示。

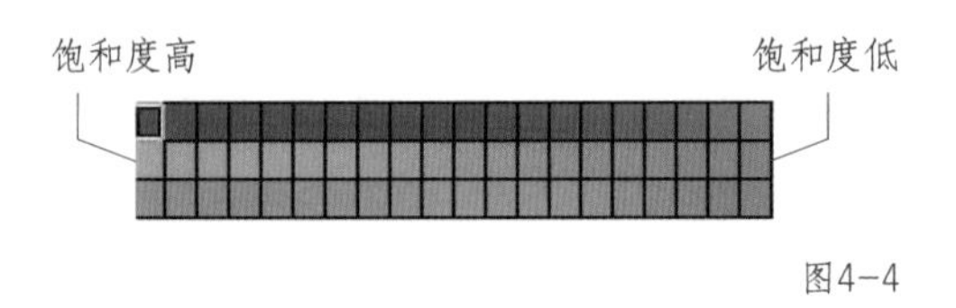

图4-4

3. 明度

明度是指色彩的明亮度，是相对的亮度或暗度。它的范围也是0%~100%，0%是黑色，100%是白色，如图4-5所示。

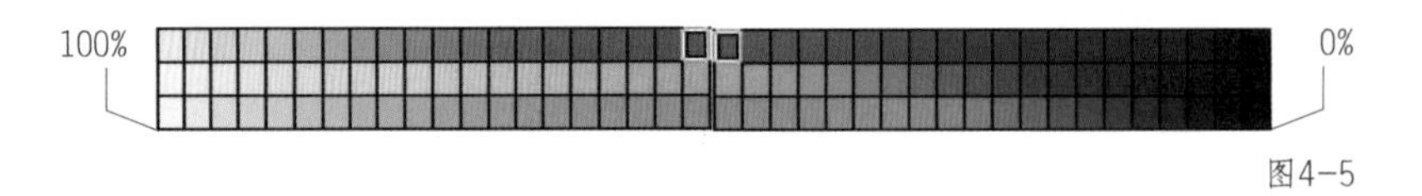

图4-5

4.1.3 颜色模型

颜色模型可提供各种定义颜色的方法，每种模型都是通过使用特定的颜色组件来定义颜色的。在创建图形时，有多种颜色模型可供选择。

1.CMYK颜色模型

CMYK颜色模型的组件如图4-6所示。

CMYK颜色包含的青色（C）、品红（M）、黄色（Y）和黑色（K）的相应值，范围为0%~100%。

CMYK颜色模型为减色模型，减色模型使用反射光来显示颜色。在生活中我们可以使用CMYK颜色模型生产各种打印材料。如果青色、品红、黄色和黑色组件的值都为100%，那么结果为纯黑色；如果每个组件的值

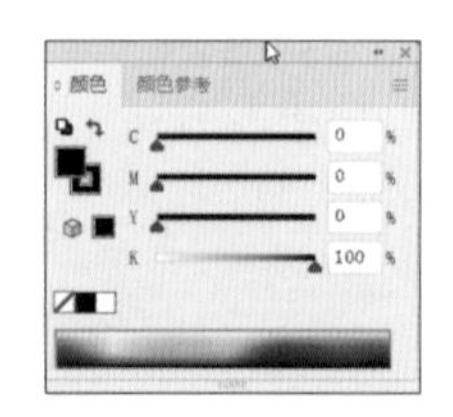

图4-6

都为0%，则结果为纯白色。

CMYK也叫作印刷色，印刷品中的各种各样的颜色都是由青、品红、黄、黑这4种颜色的油墨合成出来的（专色除外）。但是，为什么人们看不到这4种颜色的单独存在呢？这是由人类视觉的特性所决定的，网点与网点之间的距离远远小于人眼能辨别的距离，但可以使用专用的网点放大镜查看效果。

在印刷前，一般都会将制作的CMYK图像送到出片中心出片，以获得青、品红、黄、黑4张菲林片。得到菲林片以后，印刷厂便可以根据胶片印刷。

提示　每一张菲林片实际上都是相应颜色色阶关系的黑白胶片，如图4-7所示。

图4-7

2.RGB颜色模型

RGB颜色模型的组件如图4-8所示。

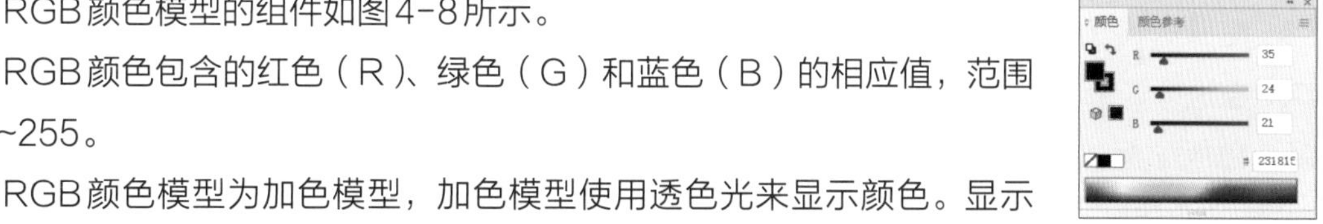

图4-8

RGB颜色包含的红色（R）、绿色（G）和蓝色（B）的相应值，范围为0~255。

RGB颜色模型为加色模型，加色模型使用透色光来显示颜色。显示器使用的就是RGB颜色模型。如果将红色、绿色和蓝色的光添加在一起，且每个组件的值都为255，那么显示的颜色为纯白色；如果每个组件的值都为0，则结果为纯黑色。

该模型的图像用于电视、网络、投影和多媒体，也是计算机中最直接的颜色表示法，而且计算机中的24位真彩色图像，也适合使用该颜色模型来精确记录。

3. 灰度颜色模型

灰度颜色模型只使用一个组件，即亮度（K）组件，用来定义颜色，数值范围为0~255。每种灰度颜色都有相等的RGB颜色模型的红色、绿色和蓝色组件的值，如图4-9所示。

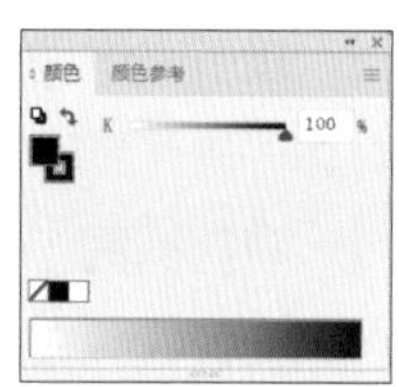

图4-9

4.HSB颜色模型

HSB颜色模型的组件如图4-10所示。

色度（H）描述颜色的色素，数值范围为0°~359°（如0°为红色，60°为黄色，120°为绿色，180°为青色，240°为蓝色，而300°则为品红）；饱和度（S）描述颜色的鲜明度或阴暗度，数值范围为0%~100%（百分比越大，颜色就越鲜明）；亮度（B）描述颜色中包含的白色的值，数值范围为0%~100%（百分比越大，颜色就越明亮）。

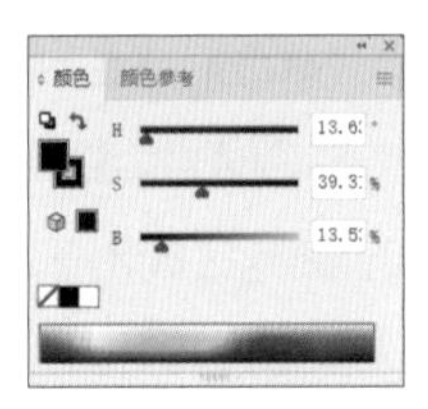
图4-10

5.Web安全RGB颜色模型

Web安全RGB是保证颜色可以在网络上正确显示的颜色模型，其组件如图4-11所示。该模型的值的范围为0~9和A~F的组合。6位数字及字母的组合即可代表一种颜色，例如，000000代表黑色，FFFFFF代表白色。

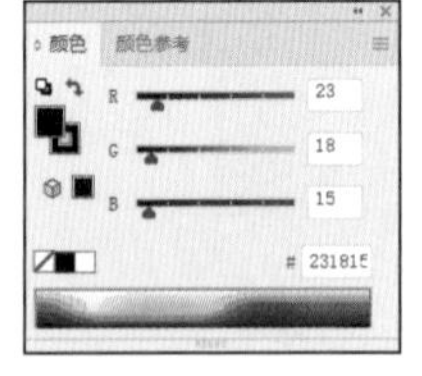
图4-11

4.1.4 颜色相关面板

在本小节将介绍与颜色填充相关的工具的使用方法。

1. 颜色面板

颜色是绘图软件中永恒的主题，任何一幅成功的作品在颜色的处理方面都是独具匠心，且与主题息息相关的。

在Illustrator中可以使用颜色面板来处理颜色。该面板不仅可以对操作对象进行内部和轮廓的填充，也可以用来创建、编辑和混合颜色，还可以从色板面板、对象和颜色库中选择颜色。执行“窗口”→“颜色”（快捷键为【F6】）命令即可打开该面板，该面板的外观如图4-12所示。

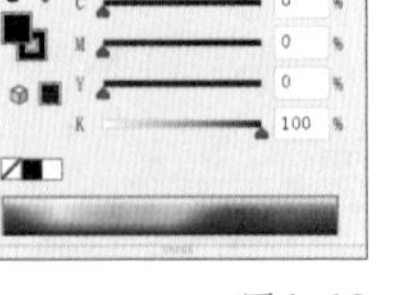
图4-12

2. 渐变面板

渐变面板可以对对象进行连续的色调的填充，该面板经常要与颜色面板结合使用。双击工具箱中的渐变按钮即可打开该面板，如图4-13所示。渐变面板如图4-14所示。

在色板面板上可以选择已经设置好的渐变类型。渐变的类型有线性、径向和任意形状3种。

接下来讲解怎样利用色板面板选择已经设置好的渐变类型，具体的操作步骤如下。

利用椭圆工具绘制一个椭圆，如图4-15所示。打开渐变和色板面板，并在色板面板中选择一种渐变的样式，效果如图4-16所示。

图4-13

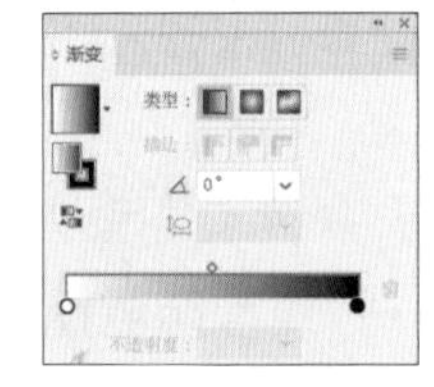
图4-14

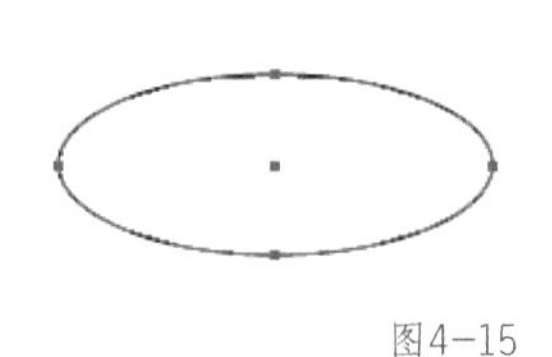
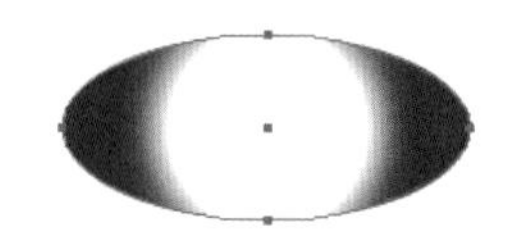

图4-15

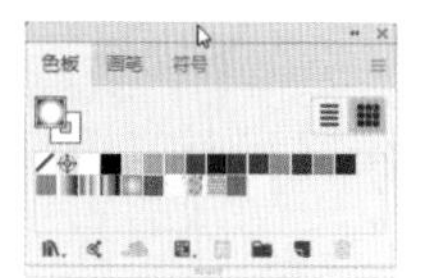

图4-16

如果要更改渐变的颜色，首先单击渐变面板上要更改的颜色滑块，被选中的颜色滑块将显示为蓝色边框的双层圆形，没有被选中的则仍处于实心状态，如图4-17所示。

双击选中的颜色滑块，在其右下角会弹出颜色面板，通过更改该面板的颜色即可调整颜色滑块的颜色，如图4-18所示。

图4-17

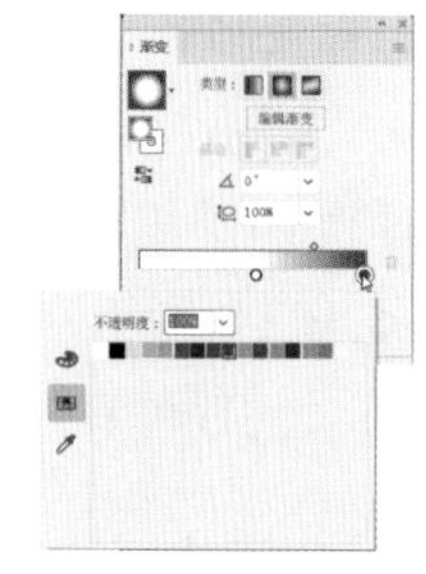

图4-18

如果要更改渐变中各颜色所占的比例，有两种方法：一种是直接拖曳颜色条上方的菱形；另一种是选中一个要更改的颜色的菱形后，在“位置”文本框中输入数值精确定位，如图4-19所示。

如果要更改颜色填充的角度，在“角度”文本框中输入角度即可，如图4-20所示。

还可以将自定义的渐变保存到色板面板上，以便使用到其他的图形上。保存自定义的渐变的方法是在渐变面板的缩览图上按住鼠标左键不放，拖曳到色板面板上，如图4-21所示。

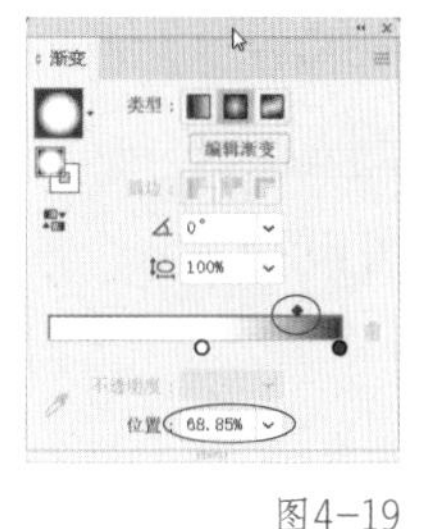
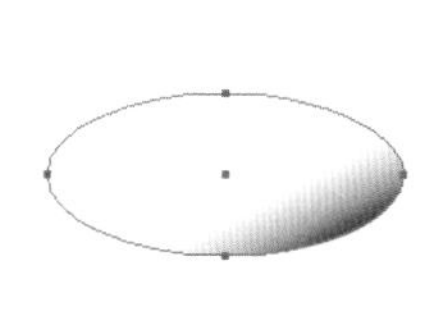

图4-19

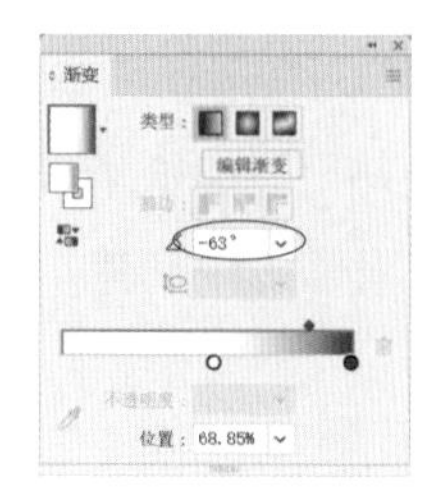

图4-20

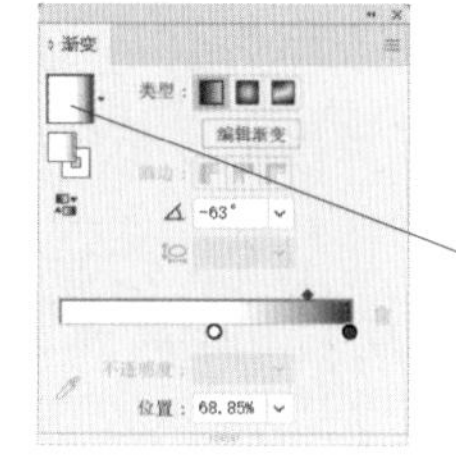
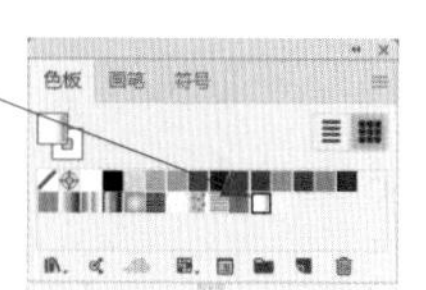

图4-21

4.1.5 吸取颜色属性

利用工具箱中的吸管工具可以吸取对象的颜色属性。具体操作时，使用吸管工具在设定好颜色属性的对象上单击即可，如图4-22所示。

图4-22

4.1.6 渐变网格工具

渐变网格工具是Illustrator中比较神奇的工具之一，它把贝塞尔曲线网格和渐变填充完美地结合在了一起，通过贝塞尔曲线来控制锚点和锚点之间丰富、光滑的色彩渐变，可以形成让人惊叹不已的华丽效果。图4-23所示的是使用渐变网格工具绘制的一幅插画。

图4-23

1. 渐变网格对象结构

画一个椭圆，填充一个颜色，然后从工具箱中选取渐变网格工具，在椭圆内部单击几次，这样就可以生成一个标准的渐变网格物体，如图4-24所示。

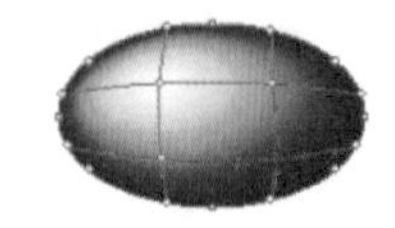

图4-24

渐变网格对象是由网格点和网格线组成的，4个网格点即可组成一个网格片，当然，在非矩形对象的边缘，3个网格点就可以组成一个网格片。之所以可以看到每一个网格点之间颜色柔和地渐变过渡，就是因为网格点和网格点上手柄的移动会影响颜色的分布，如图4-25所示。

（1）a是一个在边缘的网格点，未被选中时显示为一个空心的菱形；

（2）b是对象内部的网格点，因为处于被选中状态，所以是一个实心的菱形，四周具有与贝塞尔曲线一样的调节手柄；

（3）c是网格线；

（4）d是一个标准的4个点构成的网格片；

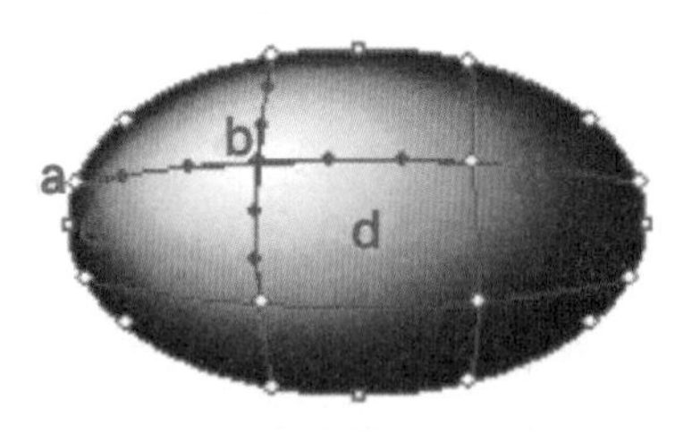

图4-25

（5）e是路径的锚点，它是一个小方块，请注意它和网格点在形状上的区别。

网格点和路径的锚点很相似，但是它们在形状和本质上都不相同。网格点的形状是菱形方块，而对象路径的锚点是正方形方块，并且不能被填充颜色。网格线和贝塞尔曲线路径相似，每一个锚点都有两个控制手柄，交叉的网格线中则有4个相互交叉的手柄，它们可以在4个方向上控制色彩过渡的方向和距离。

2. 创建渐变网格对象

渐变网格对象的创建有两种方式。

（1）直接使用渐变网格工具创建渐变网格对象。

把渐变网格工具放在填充了一个颜色的对象上，鼠标指针就会变成，之后在对象上单击，就可以把它转化为一个最简单的渐变网格对象。如果在图形的边缘单击，路径上的锚点就会变成可以填充的网格点；如果在图形内部单击，单击的地方就出现网格点和交叉的网格线，并且Illustrator会自动给网格点填上当前的前景色，若不想让它自动填充，可以在单击的时候按住【Shift】键，这样，通过单击就可以决定网格的数量和密度了，如图4-26所示。

提示 在图4-26中，a、b、c 3个点都自动填充了当前的前景色白色；d、e两个点是按住【Shift】键的同时单击而得的，所以保持了原有的渐变过渡。

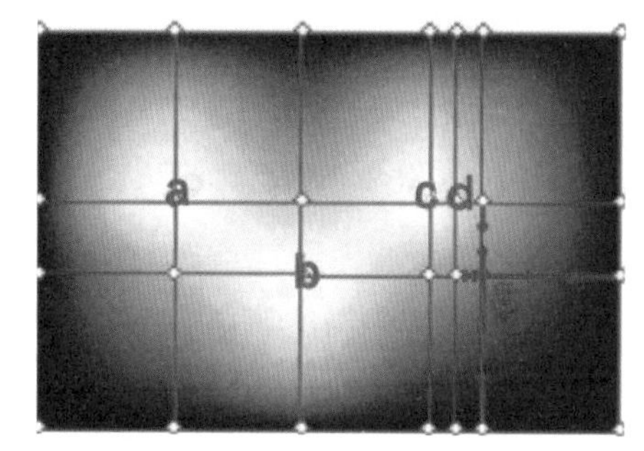

图4-26

（2）用菜单命令创建渐变网格物体。

选中一个对象，执行“对象”→“创建渐变网格”命令，弹出“创建渐变网格”对话框，可在其中设置渐变网格的行数和列数等参数，如图4-27所示。

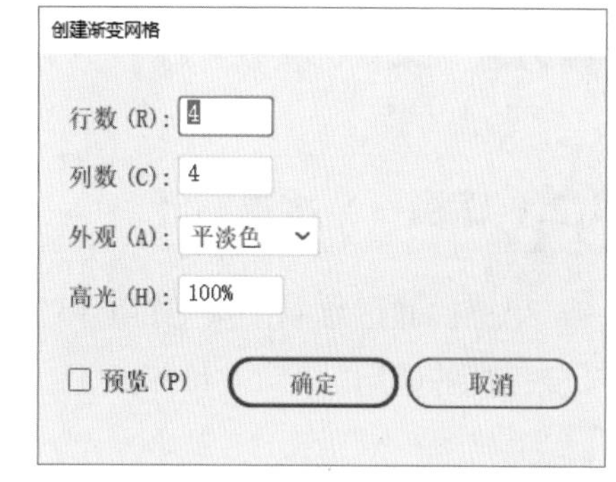

图4-27

3. 由渐变填充创建渐变网格对象

Illustrator中的渐变填充对象可完美地转换成网格填充对象。这说明渐变填充和网格填充关系密切。这种转变往往可以产生使用渐变网格工具和命令难以达到的渐变填充效果。

选定一个渐变填充对象，执行“对象”→“扩展”命令，弹出“扩展”对话框，如图4-28所示。

在“将渐变扩展为”选项区域中选择“渐变网格”，单击“确定”按钮后，渐变填充对象就会变成渐变网格对象，如图4-29所示。

图4-28

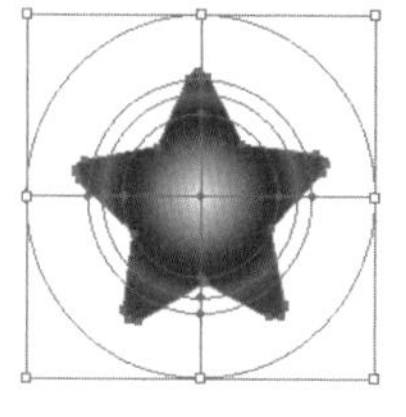
图4-29

4. 渐变网格对象的修改

通过上述方式创建的渐变填充对象，一般都需要使用渐变网格工具进行进一步的调整。如果要增大和减小网格密度，使用渐变网格工具在对象内部单击，就可以增加网格点以及与它相连的网格线，填充复杂的区域往往需要较多的网格线来控制；而选用渐变网格工具，按住【Alt】键的同时单击网格线就可以删除网格线，如果在网格点上单击则可以一次性删除与该网格点相连的网格线。

如果要调整网格点的位置和方向等，则可以使用直接选择工具。按住【Shift】键的同时单击可一次选中多个网格点进行调整，调整的效果如图4-30所示。

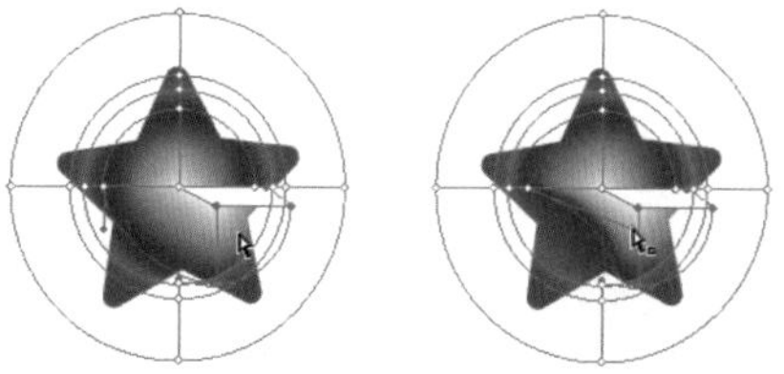

图4-30

选中的网格点会显现出它的调节手柄，与贝塞尔曲线的调节方法相似，可以通过拖曳锚点与手柄来调节曲线的形状和颜色的过渡变化。

5. 渐变网格对象的颜色调整

使用直接选择工具选中一个或多个网格点之后，可在颜色或色样面板中选取它们的颜色来调整渐变网格对象的颜色；也可以在编辑过程中使用吸管工具吸取其他对象的颜色来改变渐变网格对象的颜色。

4.2 实战案例

4.2.1 案例一：水晶树叶

目标：通过绘制图4-31所示的水晶树叶图形，熟悉渐变网格工具和渐变工具的使用。

图4-31

操作步骤

01 新建一个Illustrator文件，使用钢笔工具绘制一个树叶的形状，其形状和颜色数值参考图4-32所示。

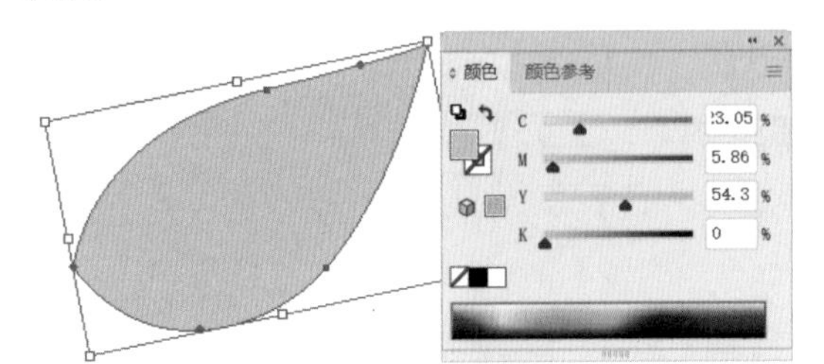

图4-32

02 执行“对象”→“创建渐变网格”命令，设置“行数”和“列数”都为3，单击“确定”按钮生成渐变网格对象，如图4-33所示。

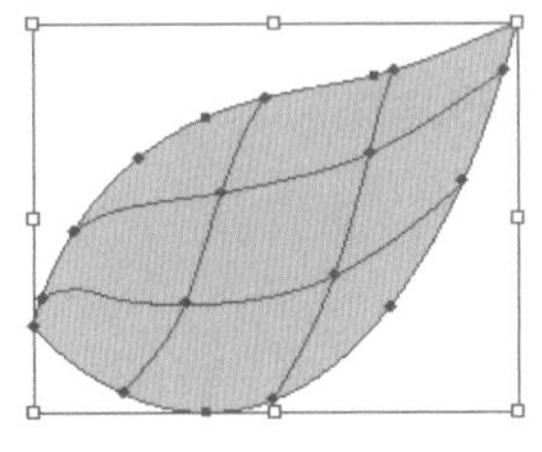
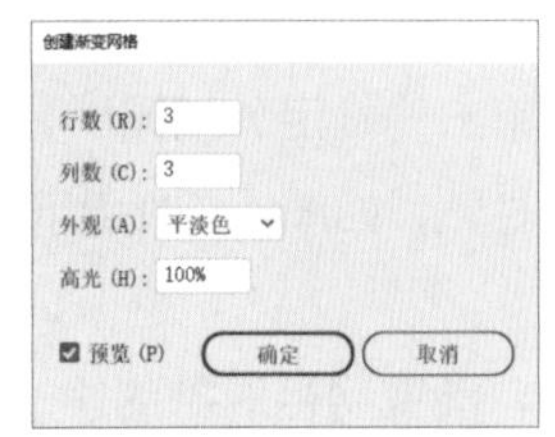

图4-33

03 使用直接选择工具，单击图4-34所示的网格片，然后在颜色面板中设置深一些的绿色；还可以使用直接选择工具，单击图4-35所示的渐变网格点改变其颜色。同理，调整其他的网格点或者网格片的颜色，最终得到图4-36所示的效果。

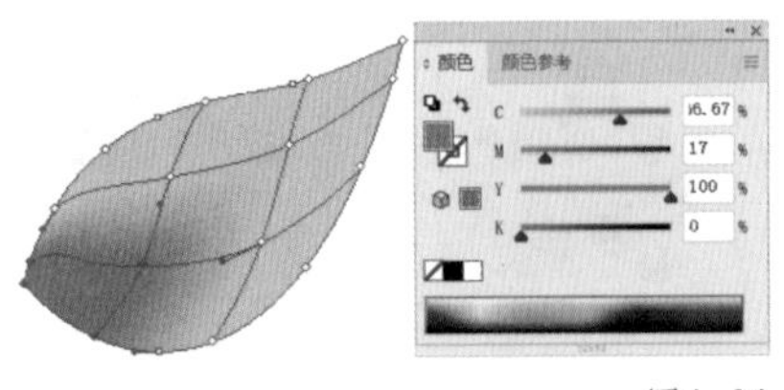

图4-34

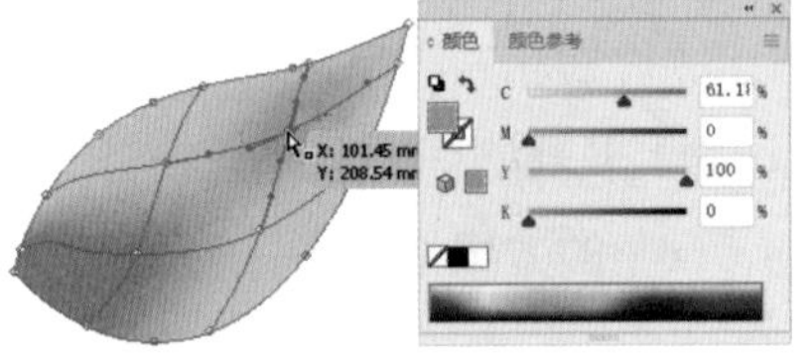

图4-35

图4-36

04 使用钢笔工具绘制图4-37所示的曲线作为树叶的高光部分，为其填充浅黄色。同理，绘制另外一边的高光，如图4-38所示。再使用钢笔工具绘制图4-39所示的叶脉，在描边面板中设置其“粗细”为4pt，如图4-40所示。

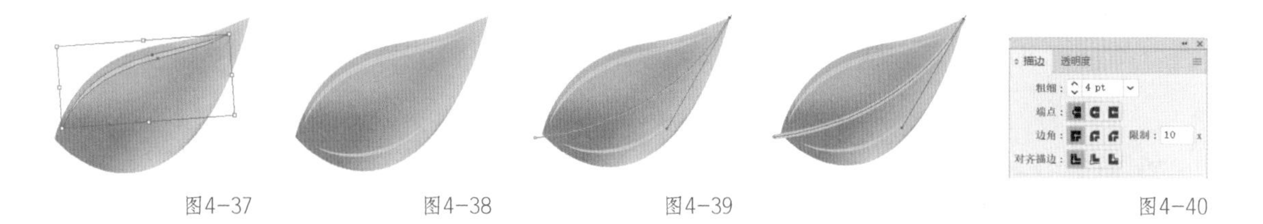

图4-37　图4-38　图4-39　图4-40

05 执行“对象”→“路径”→“轮廓化描边”命令，得到展开的填充颜色的图形，如图4-41所示。使用钢笔工具单击图4-42所示的锚点将其减掉，然后使用直接选择工具调整叶脉形状，如图4-43所示。

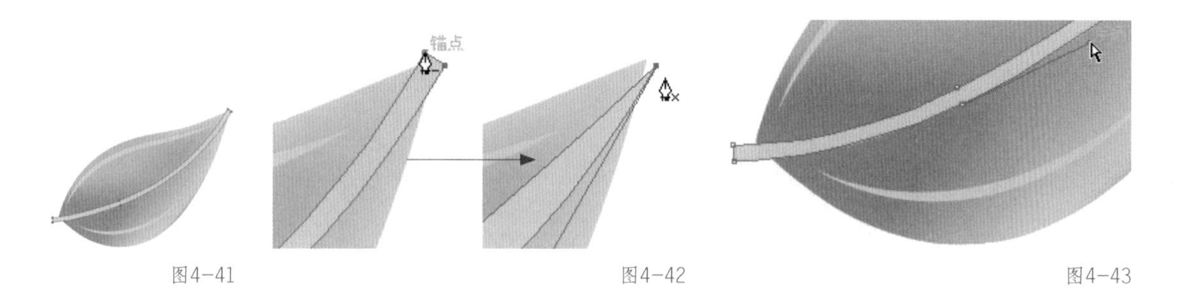

图4-41　图4-42　图4-43

06 使用钢笔工具继续绘制叶脉的分支，如图4-44所示。

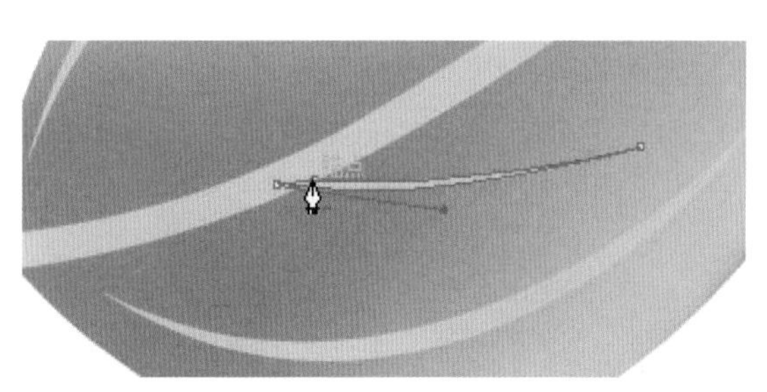

图4-44

07 使用选择工具同时选中叶脉的主干和分支，单击路径查找器面板上的联集按钮将它们合并，如图4-45所示。

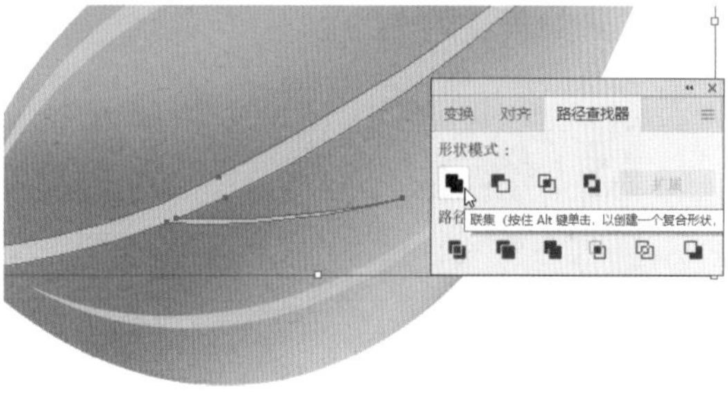

图4-45

08 同理，绘制其他的叶脉分支，并和主干进行合并，如图4-46所示。

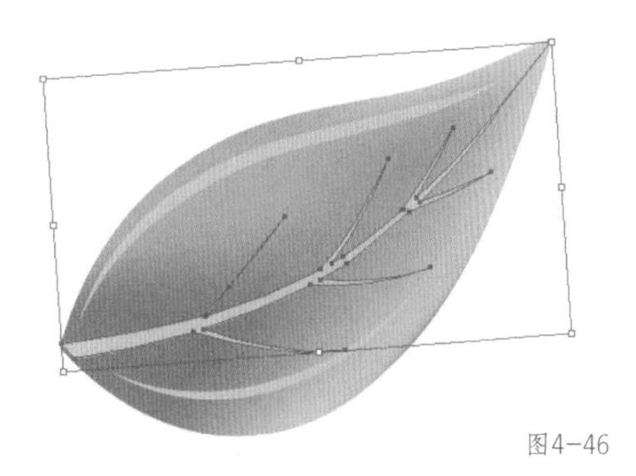

图4-46

09 设置叶脉的颜色为深一些的带渐变的绿色，如图4-47所示。

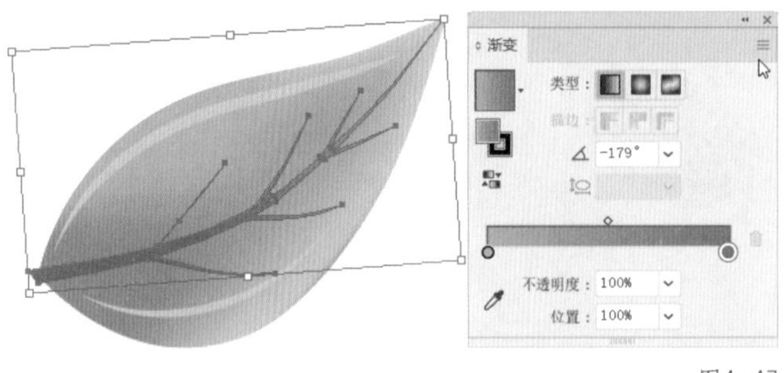

图4-47

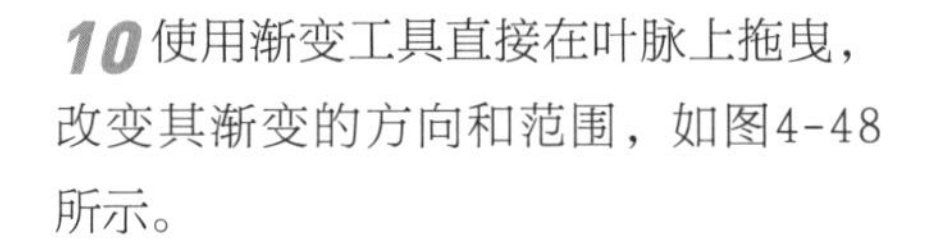

10 使用渐变工具直接在叶脉上拖曳，改变其渐变的方向和范围，如图4-48所示。

图4-48

11 为树叶加上水珠的效果。使用椭圆工具绘制一个圆形，如图4-49所示。将其设置为图4-50所示的径向渐变效果。

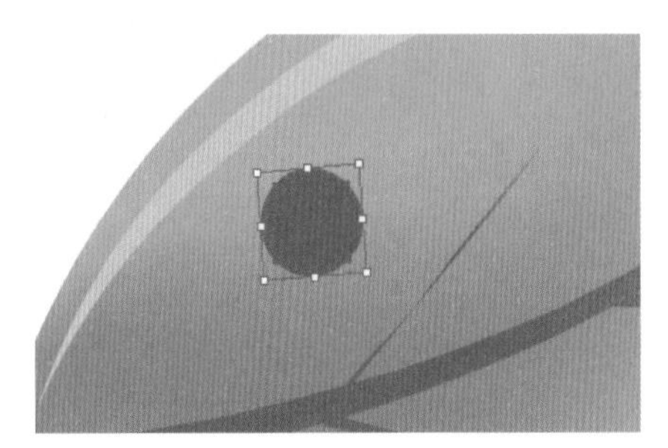

图4-49

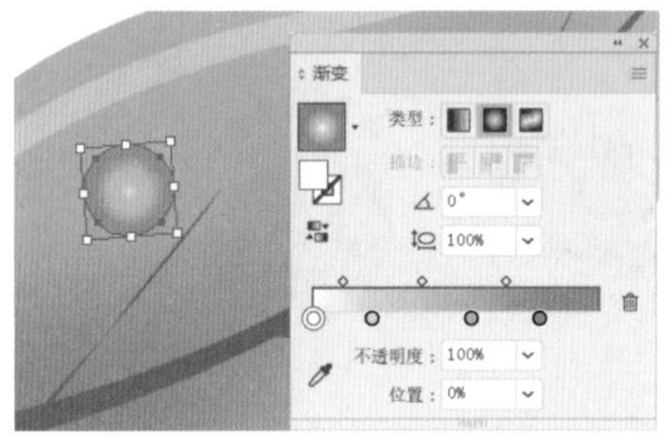

图4-50

12 使用渐变工具拖曳，改变渐变的中心点和范围，效果如图4-51所示。同理，绘制另外一个水珠。

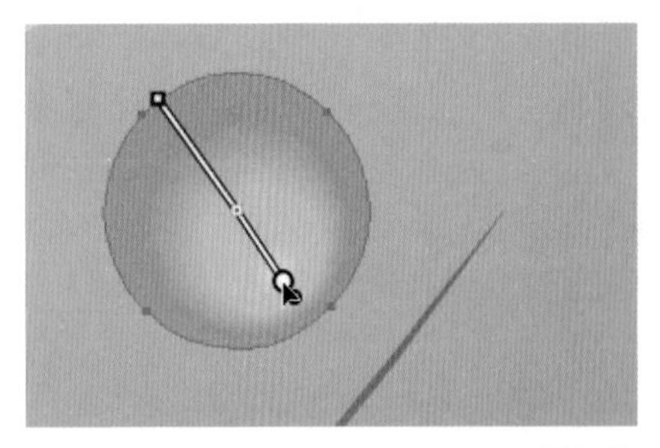

图4-51

13 将所有对象框选，按快捷键【Ctrl】+【G】将它们编组，如图4-52所示。按快捷键【Ctrl】+【C】和快捷键【Ctrl】+【V】，可得到另外一片树叶，调整其大小和方向，最终的效果如图4-53所示。

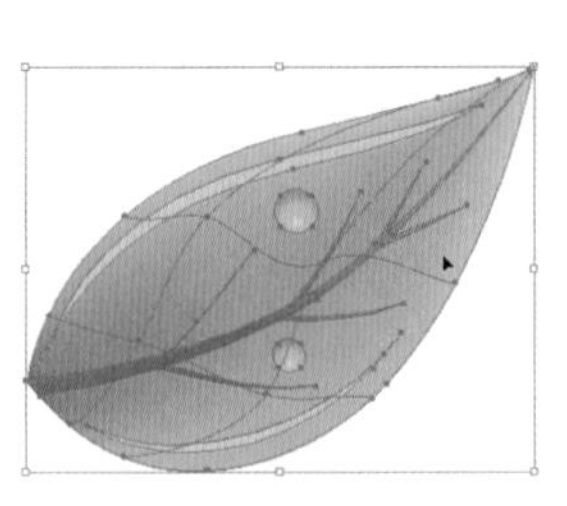

图4-52

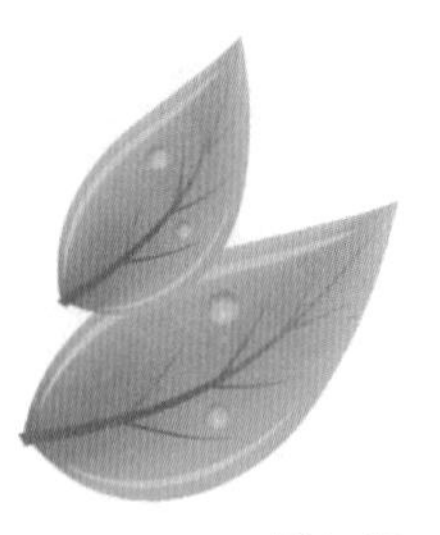

图4-53

打开“每日设计”App，搜索关键词SP060401，即可观看“实战案例：水晶树叶”的讲解视频。

4.2.2 案例二：轻质感图标

下面使用渐变工具来制作图4-54所示的轻质感图标。

图4-54

操作步骤

01 创建一个210mm（宽度）×210mm（高度）的文件，更改文件名称为“轻质感图标”，无须设置“出血”的值，如图4-55所示。

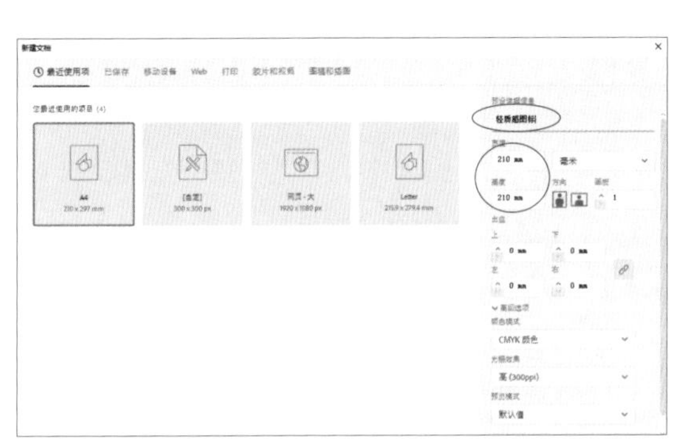

图4-55

02 使用左边工具栏中的椭圆工具，在画布的中间按住【Shift】+【Alt】键的同时拖曳鼠标，画出一个圆形，如图4-56所示。

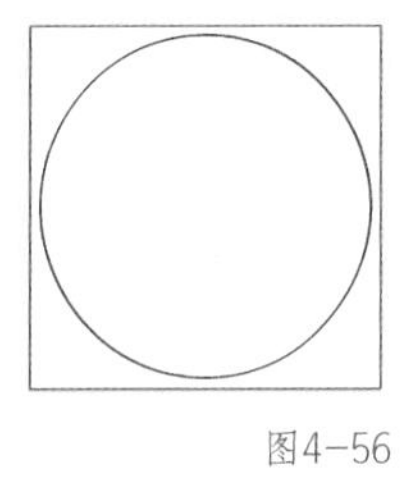

图4-56

03 制作软件图标需要立体的感觉，要为这个圆形制作渐变效果，使它看起来不是平面的。首先，选中图形，选择渐变工具，在刚制作的图形中填充一个渐变效果，如图4-57所示。

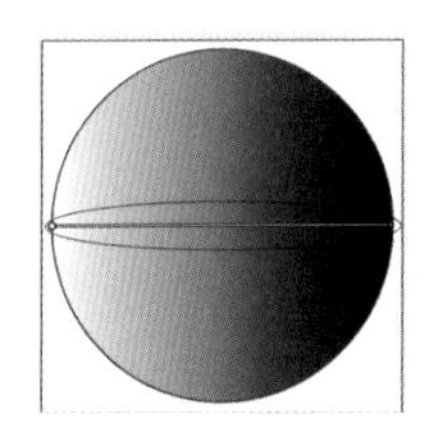

图4-57

> **提示**　在Illustrator中，默认的渐变一般为黑白两色的线性渐变，图4-57中标记的位置为渐变轴，可以拖曳轴中的原点来改变图形渐变区域的范围。

04 双击右边工具栏中的渐变工具，调出渐变面板，从色板面板中选取一种颜色拖曳到渐变面板的渐变色条上，改变渐变的颜色，如图4-58所示。

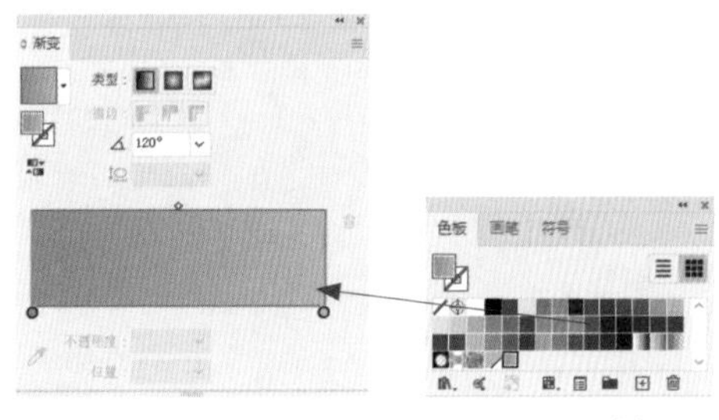

图4-58

> **提示**　可以直接将颜色从色板面板拖曳到渐变色条中，同时，也可以直接将不需要的颜色的色块拖曳到色条外，颜色则自动消失。

05 调整渐变角度，将渐变角度调整到120° ，如图4-59所示。

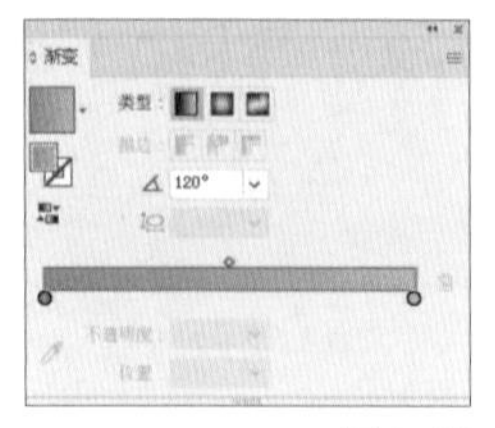

图4-59

06 取消图形的描边颜色，一个带渐变色的圆形就制作完成了，如图4-60所示。

图4-60

07 使用圆角矩形工具和椭圆工具，如图4-61所示，画出案例中的图形组合并填充适合的颜色，如图4-62所示。

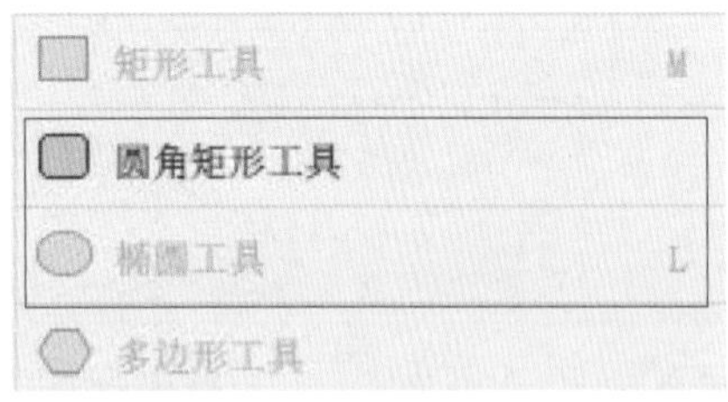

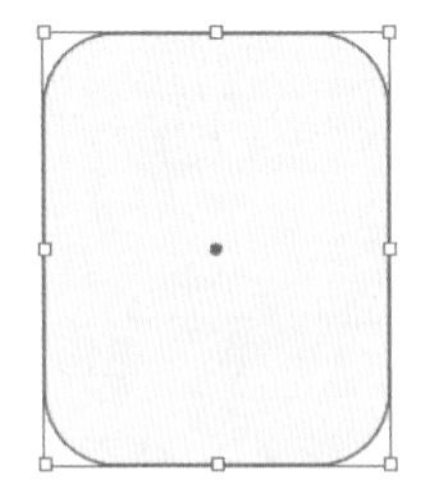

图4-61

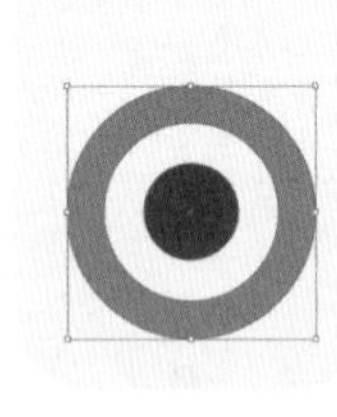

图4-62

08 将调整好的图形组合放到之前做好的圆形当中，调整位置，使其居中，最后的效果如图4-63所示。

图4-63

打开“每日设计”App，搜索关键词SP060402，即可观看“实战案例：轻质感图标”的讲解视频。

第 5 章
画笔的应用

本章主要讲解Illustrator 2022中画笔的应用，其中包括画笔面板各项功能的讲解、画笔路径的创建、画笔选项的设置、自定义画笔的创建等。学会灵活运用画笔可以在绘制图形时事半功倍。

本章核心知识点：

· 画笔面板的使用

· 画笔路径的创建

· 画笔选项的设置

· 创建自定义画笔

5.1 画笔面板

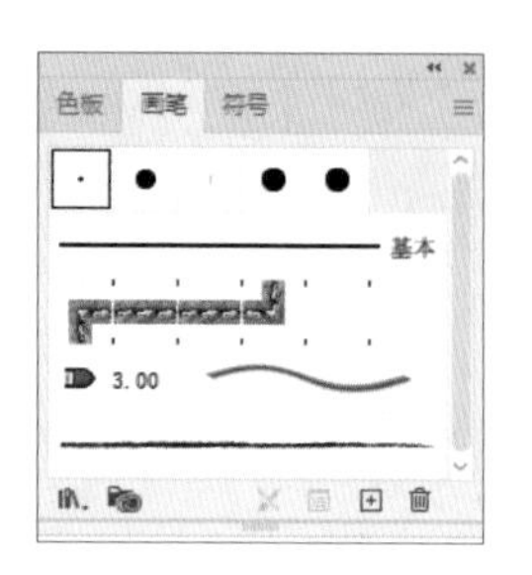

图5-1

用户可以在画笔面板中选择画笔效果、编辑画笔的属性。同时还可以自行创建和保存画笔，如图5-1所示。

5.1.1 画笔库

在画笔面板中，执行图5-2所示的命令，打开更多的画笔库来丰富可用的画笔。

用户可使用画笔工具在画布上涂抹来感受不同画笔的效果。其中毛刷画笔是Illustrator 2022中经常用到的画笔，毛刷画笔能够模仿自然绘画的笔触，可以结合带压感、方向感应的数位板使用。图5-3所示的就是使用毛刷画笔绘制的一个矢量格式的苹果。

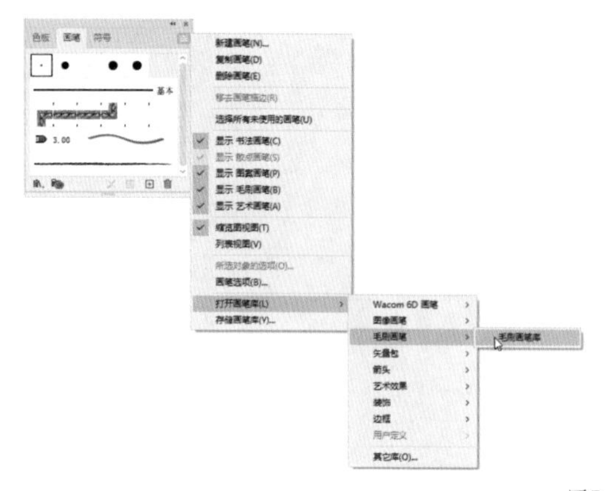

图5-2

图5-3

5.1.2 画笔类型

按照功能特征的不同效果，画笔分为5种类型，分别是书法画笔、散点画笔、图案画笔、毛刷画笔和艺术画笔，如图5-4所示。

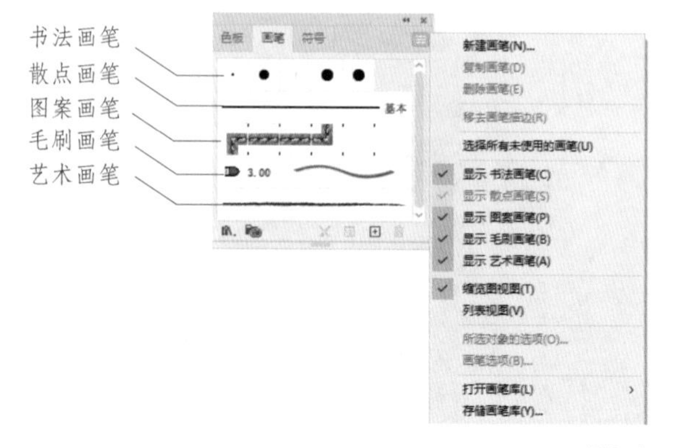

图5-4

5.2 创建画笔路径

可以使用工具箱中的画笔工具绘制路径，也可以使用铅笔工具、椭圆工具、多边形工具、星形工具、矩形工具等来绘制路径，选择画笔面板中想要应用的画笔即可，如图5-5所示。

图5-5

5.2.1 用画笔工具创建画笔路径

用画笔工具创建画笔路径，是所有创建画笔路径的方法中较简单的一种，用户只需在使用此工具之前选择一种画笔即可。

双击该工具，会弹出图5-6所示的对话框。

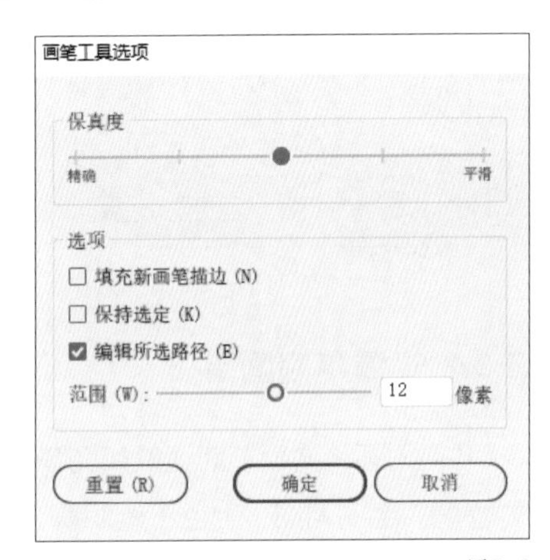

图5-6

该对话框中各项参数的含义如下。

（1）保真度：可以移动滑块控制画笔聚散于路径的程度。滑块越靠近“精确”一边，画笔路径就越逼真；滑块越靠近“平滑”一边，画笔路径就越平滑。

（2）填充新画笔描边：如果未勾选该项，即使用户在工具箱的填充色块中进行了填充设置，所绘制的路径也不会进行填充。

（3）保持选定：勾选该项，绘制出的路径将自动保持选中状态。

（4）编辑所选路径：勾选该项，即可以利用各种工具编辑选中的路径。

5.2.2 扩展画笔

在画笔路径被选中的情况下，执行“对象”→“扩展外观”命令，将画笔的状态转换为路径的状态以便于修改。图5-7所示的是路径扩展前后不同状态的对比。

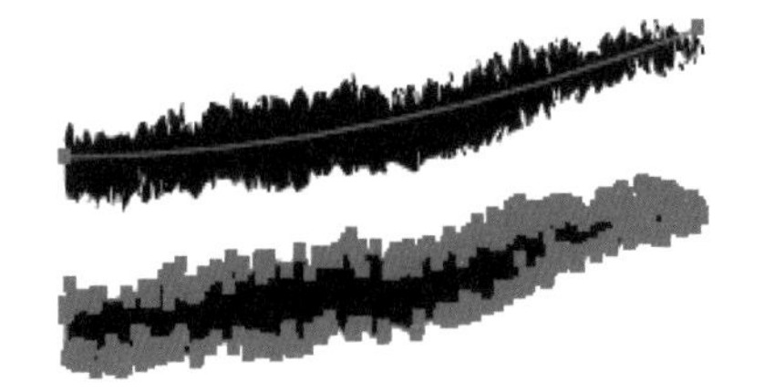

图5-7

5.3 设置画笔选项

如果对预置的画笔效果不是十分满意，可以对画笔的选项进行调整。

5.3.1 设置书法画笔和散点画笔

在画笔面板中双击某个需要设置的画笔，如书法画笔，打开图5-8所示的“书法画笔选项”对话框。在该对话框中可以调节画笔的角度、圆度和大小等参数。

“散点画笔选项”对话框如图5-9所示，在其中可以修改散点画笔的大小、间距、分布等参数，设置后画笔效果如图5-10所示。

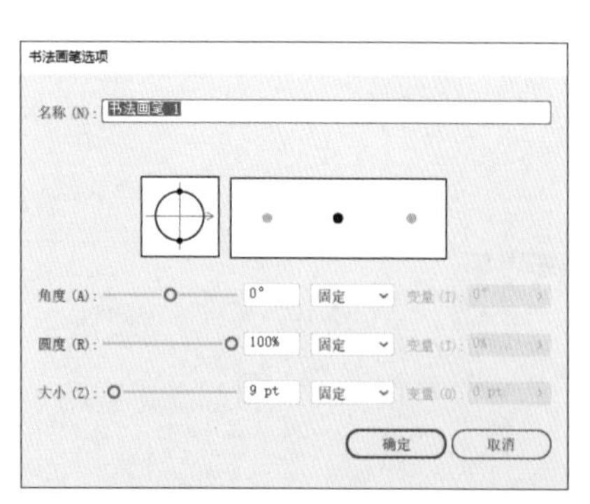

图5-8

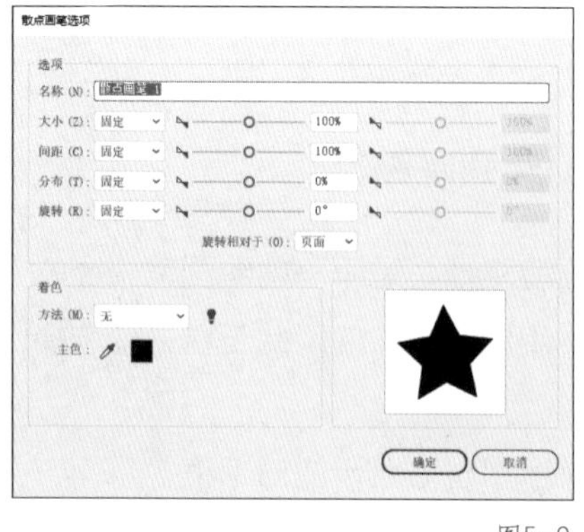

图5-9

图5-10

5.3.2 设置毛刷画笔

“毛刷画笔选项”对话框如图5-11所示，在其中可以修改毛刷画笔的大小、毛刷长度、毛刷密度、毛刷粗细、上色不透明度、硬度等参数。

5.3.3 设置图案画笔

“图案画笔选项”对话框如图5-12所示。图案画笔一共有5个拼贴的图案，它们组合起来就组成了画笔的对象，它们分别是外角拼贴、边线拼贴、内角拼贴、起点拼贴和终点拼贴。

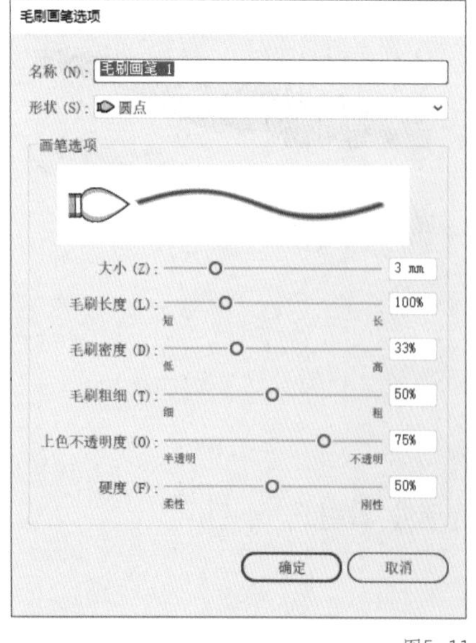

图5-11

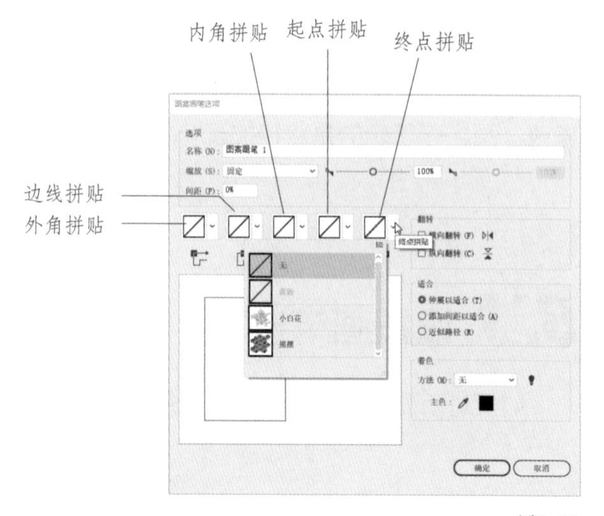

图5-12

对于开放的路径来说，前3种拼贴的图案将依次被用在路径的开始、路径的中间、路径的结尾。如果应用画笔的路径有拐角，还将用到外角拼贴和内角拼贴。首先选择拼贴类型，然后可在拼贴图案框中选择、修改每个拼贴的图案，如修改图案的基本元素、间距、大小等参数。

5.3.4 设置艺术画笔

“艺术画笔选项”对话框如图5-13所示，在其中可以修改画笔的缩放选项、方向、翻转等参数。

图5-13

5.4 创建自定义画笔

虽然Illustrator提供了很多的预置画笔，但是有时候仍需要自定义一些画笔效果来满足设计需求。

5.4.1 创建书法画笔

单击画笔面板右上角的按钮，执行面板菜单中的“新建画笔”命令可弹出图5-14所示的对话框，在“选择新画笔类型”中选中“书法画笔”，单击“确定”按钮之后会出现图5-15所示的书法画笔的具体参数设置对话框，设置好参数后单击“确定”按钮，即可得到新的书法画笔。

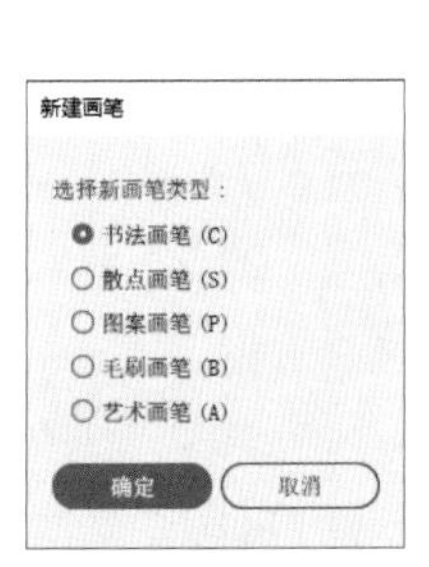

图5-14

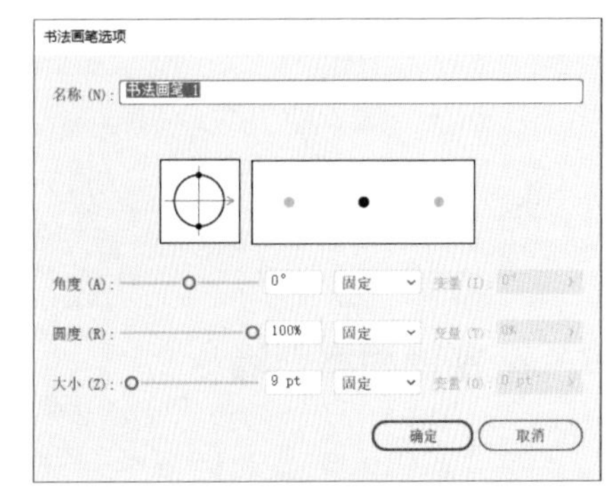

图5-15

5.4.2 创建散点画笔和艺术画笔

创建散点画笔和艺术画笔之前必须先选中一个对象，在没有选中对象时，在“新建画笔”对话框中无法选中这两种类型的画笔，如图5-16所示。选中一个对象，执行“新建画笔”命令，在弹出的对话框中选中“散点画笔”，单击“确定”按钮，弹出图5-17所示的对话框，在对话框中设置相关参数，单击“确定”按钮即可生成新的散点画笔。同理，选中一个对象，新建“艺术画笔”，弹出图5-18所示的对话框，在对话框中设置相关的参数，单击“确定”按钮即可生成新的艺术画笔。

图5-16

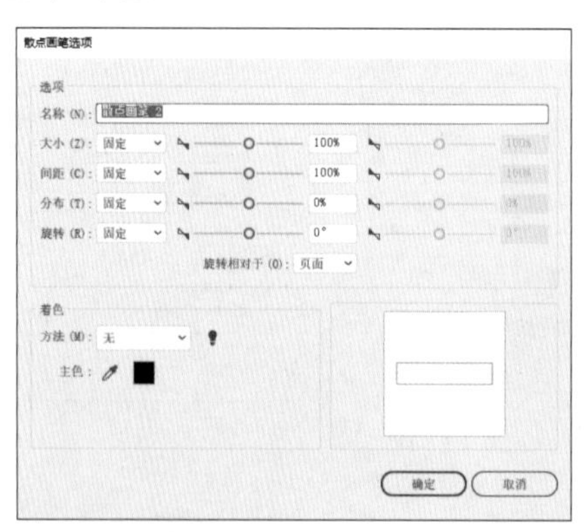

图5-17

图5-18

5.4.3 创建毛刷画笔

在“新建画笔”对话框中选中“毛刷画笔”，单击“确定”按钮之后，会弹出图5-19所示的毛刷画笔的具体参数设置对话框，在其中设置好参数，单击“确定”按钮，即可得到新的毛刷画笔。

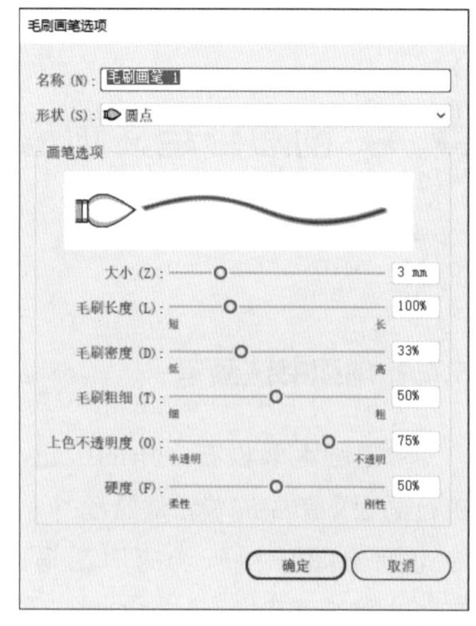

图5-19

5.4.4 创建图案画笔

在“新建画笔”对话框中，选择创建的画笔类型为“图案画笔”，单击“确定”按钮之后，会出现图5-20所示的图案画笔的具体参数设置对话框，在其中设置好参数，单击“确定”按钮，即可得到新的图案画笔。

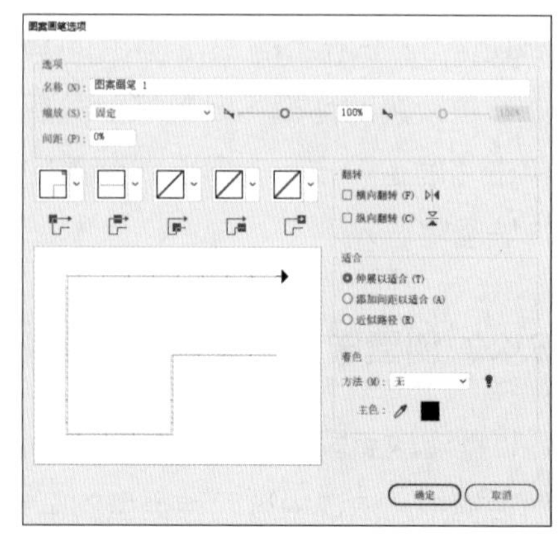

图5-20

第 6 章
符号的使用和立体图标

本章主要讲解Illustrator 2022中符号的使用，以及如何运用符号制作立体图标。学习符号的使用，需要掌握符号工具组的功能和使用、自定义符号，以及如何在3D命令中调用符号等。通过实战案例的介绍，可帮助用户熟悉符号的使用。

本章核心知识点：

· 符号工具组的功能和使用

· 自定义符号

· 符号面板和符号库的使用

· 在3D命令中调用符号

6.1 知识点储备

符号工具是Illustrator中应用得比较广泛的工具之一。它最大的特点是可以方便、快捷地生成很多相似的图形，例如一片树林、一群游鱼、水中的气泡等。同时，用户还可以通过符号工具组来灵活、快速地调整和修饰符号图形的大小、距离、色彩、样式等。使用符号工具，不仅对于群体、簇类的物体不必通过复制命令一个一个地复制，还可以有效地减小设计文件的大小。除此之外，用户还可以结合3D滤镜命令，调用符号作为贴图来使用。

6.1.1 符号工具组的功能和使用

符号工具组包含8个具体的工具，如图6-1所示。用户可以从中选择自己要使用的符号工具，也可以在按住【Alt】键的同时单击符号工具来切换。

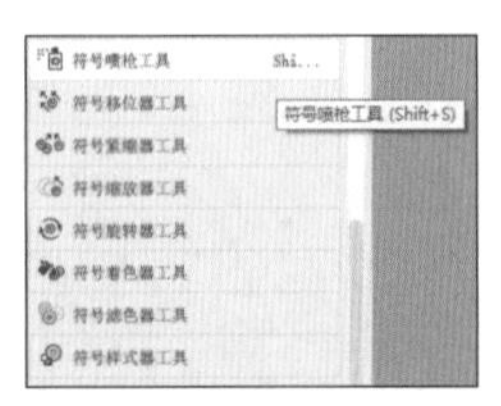

图6-1

符号工具组只作用于用户正在编辑的符号或在符号面板里选择的符号，这些符号工具均拥有一些相同的选项，如直径、强度、密度等。这些选项详细地说明了最近选中的或者即将被建立和编辑的符号的参数。在工具栏里的符号工具上双击，就会弹出图6-2所示的“符号工具选项”对话框。

图6-2

“符号工具选项”对话框中一些参数的含义如下。

（1）直径：符号工具的画笔直径大小，大的画笔可以在使用符号修改工具时选择更多的符号。

（2）强度：符号变化的比率，也就是符号绘制时的强度，较大的数值将产生较快的改变。

（3）符号组密度：符号集合的密度，即符号集的引力值，较大的数值可导致符号图形密实地堆积在一起。它可作用于整个符号集，并不仅只针对新加入的符号图形。

（4）显示画笔大小和强度：绘制符号图形时显示符号工具的大小和强度。

1.符号喷枪工具

执行“窗口”→“符号”命令可打开图6-3所示的符号面板。在“符号”菜单命令中选择一个符号后即可进行喷绘，喷绘效果如图6-4所示。

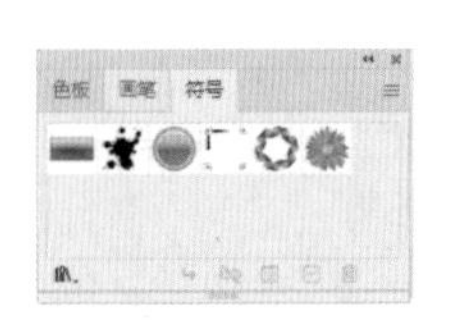

图6-3

图6-4

> **提示** 如果用户想减少绘制的符号，可以在使用符号喷枪工具的同时按住【Alt】键，这时的喷枪就类似于一个吸管，能把经过的地方的符号都吸回喷枪里，当然在使用时必须先选中一个存在的符号集。

2.符号移位器工具

使用符号喷枪工具以外的所有符号工具之前，必须在工作区域选中一个符号集对象。使用符号移位器工具可移动符号集对象中每个符号的位置，方法是将它放在符号上，然后按住鼠标拖曳，效果如图6-5所示。

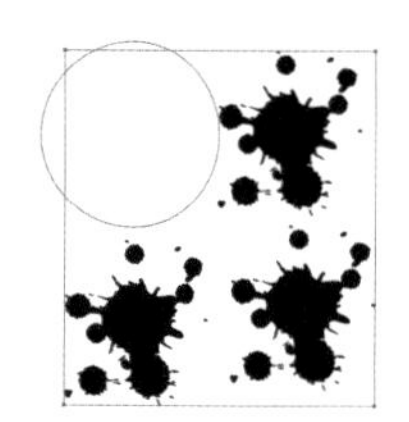

图6-5

3.符号紧缩器工具

使用符号紧缩器工具后，所有位于画笔范围内的符号图形将相互堆叠、聚集在一起。若想扩散这些符号图形，可按住【Alt】键再使用这个工具。符号紧缩器工具及之后的除了旋转工具以外的所有工具，都可以借助按住【Alt】键的方法来减弱相应工具的效果。

符号紧缩器工具及之后的所有工具的选项对话框中的“方法”下拉列表中都有图6-6所示的3个选项。这3个选项的含义如下。

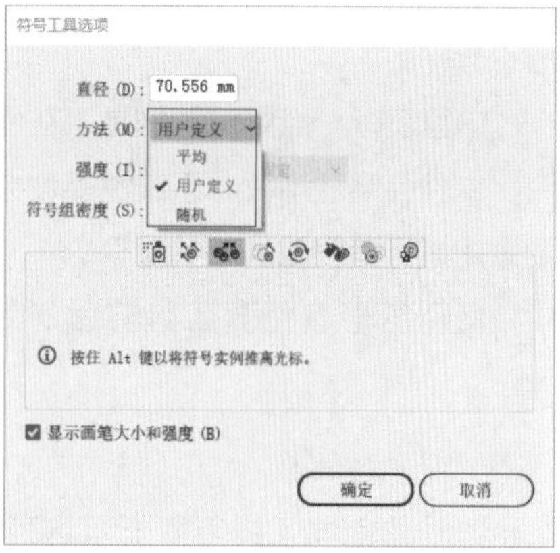

图6-6

（1）用户定义：非常平滑、缓慢地作用于符号图形。

（2）平均：在画笔范围内逐渐地、明显地作用于符号图形。

（3）随机：在画笔范围内随机地作用于符号图形。

4.符号缩放器工具

使用符号缩放器工具前后的效果对比如图6-7所示。这个工具的选项配置中含有“等比缩放”和“调整大小影响密度”这两个复选项，它们一般都处于选中状态，如图6-8所示。这两个复选项的含义如下。

（1）等比缩放：在调整符号大小时，图形不因鼠标移动方向的改变而改变，宽高始终保持相同的比例

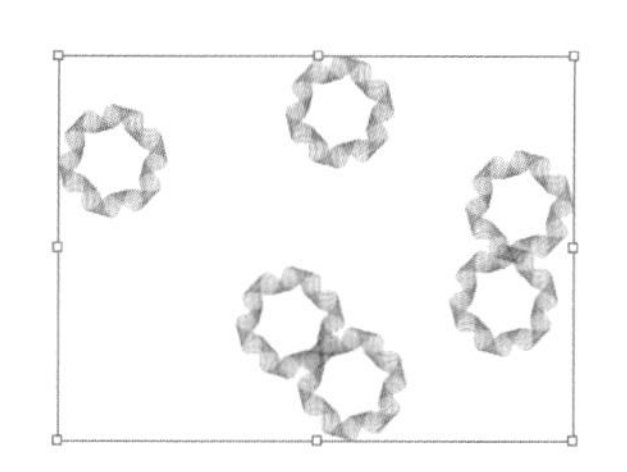

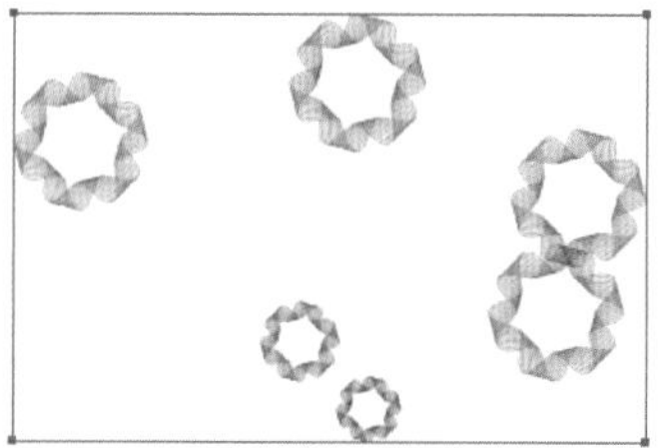

图6-7

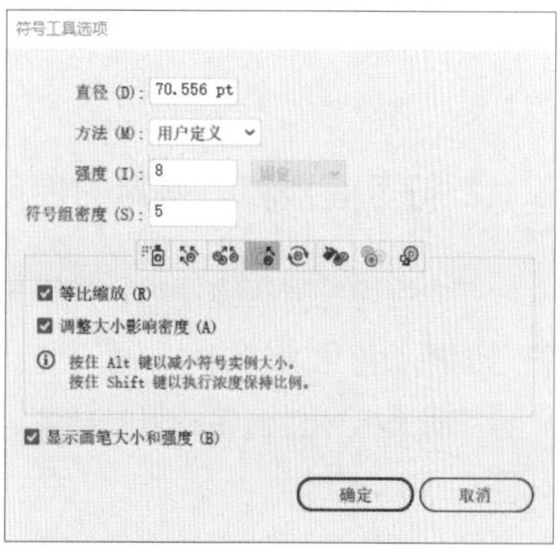

图6-8

变化。

（2）调整大小影响密度：勾选该选项时，系统将以画笔圆心为中心点调整符号的大小；未勾选该选项时，系统将以单个符号图形的中心为中心点调整符号的大小。

5. 符号旋转器工具

符号旋转器工具可将所选范围内的符号根据鼠标指针的方向分别旋转。使用符号旋转器工具前后的效果对比如图6-9所示。

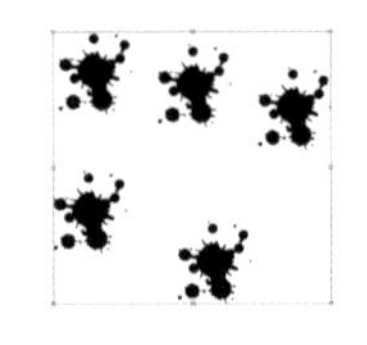
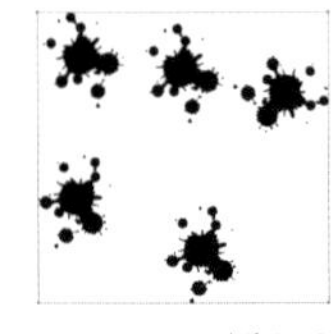

图6-9

6. 符号着色器工具

符号着色器工具使用填充色来改变图形的色相，同时可以保持原始图形的明暗度。不论使用色相很高还是很低的色彩，其明暗度都只受到很小的影响。但它对只有黑白颜色的符号图形不起作用。

这里还有一点要注意的是，在使用符号着色器工具后，文件会明显增大，系统性能也会显著降低，因此需要采用运行速度较快的计算机。

使用符号着色器工具前后的效果对比如图6-10所示。

图6-10

7. 符号滤色器工具

符号滤色器工具可降低所选范围内的符号的不透明度。使用符号滤色器工具前后的效果对比如图6-11所示。

图6-11

8. 符号样式器工具

符号样式器工具可将图形样式面板中选中的某种样式效果应用到符号上。使用符号样式器工具前后的效果对比如图6-12所示。

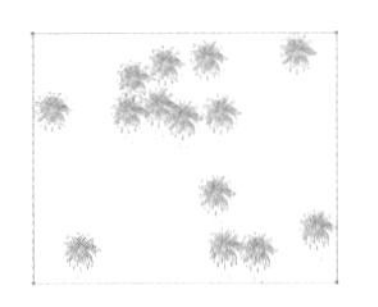
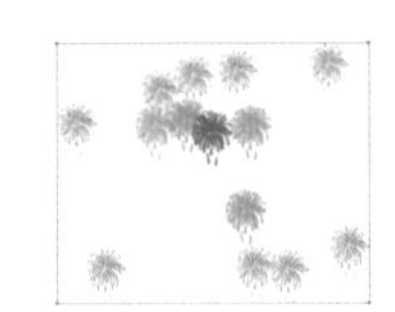

图6-12

6.1.2 符号面板和符号库的使用

在介绍完符号工具组后，接下来要讲解的是另外两个与符号相关，且比较重要的内容——符号面板和符号库。

符号面板中包含了符号的放置、新建、替换、中断链接、删除等功能，如图6-13所示。

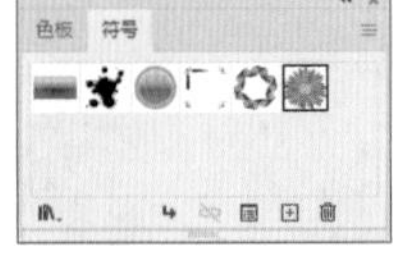

图6-13

符号面板下方按钮的含义如下。

（1）符号库菜单按钮 ：单击它可导入Illustrator提供的内容丰富的符号库，图6-14所示的是单击它弹出的列表的一部分，图6-15所示的是导入的几个符号库。

图6-14

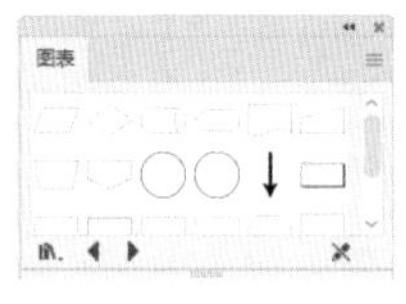

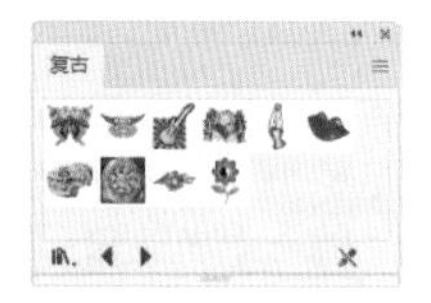

图6-15

（2）放置符号实例按钮 ：放置符号实例时使用。当用户在符号面板中选择一个符号后，单击该按钮，就会在屏幕的工作区中央（而非用户设定的页面区域）绘制一个符号图形。要生成单个符号图形，也可以按住鼠标，将相应的符号从面板拖曳到工作区中。

（3）解除符号链接按钮 ：中断工作区的单个符号图形或符号集与符号面板的联系。另外，符号面板的菜单中有一个重定义符号命令，对中断后的符号图形重新编辑后，就可以使用这个命令重新定义符号。

（4）符号选项按钮 ：修改符号的名称和类型。

（5）新建符号按钮 ：新建符号时使用。

（6）删除符号按钮 ：删除符号时使用。

6.1.3 自定义符号

可通过将路径、导入的位图等对象拖曳到符号面板中，将其定义为一个新的自定义符号。先绘制一个图形或者导入一个位图，例如将图6-16所示的图形拖曳到符号面板中，就会弹出图6-17所示的“符号选项”对话框，在其中将其命名为“小方块”，单击“确定”按钮即可完成创建。

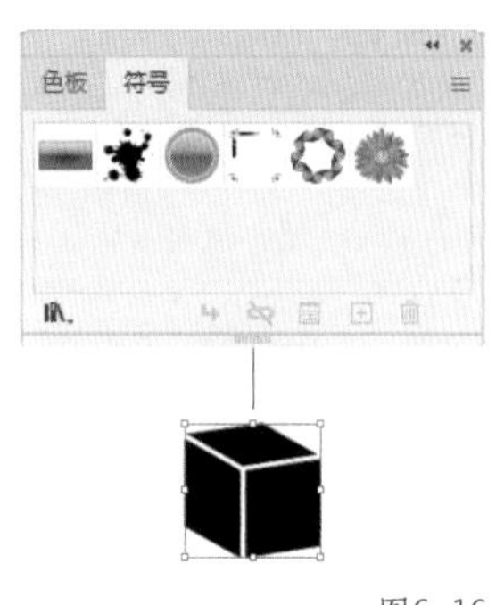

图6-16

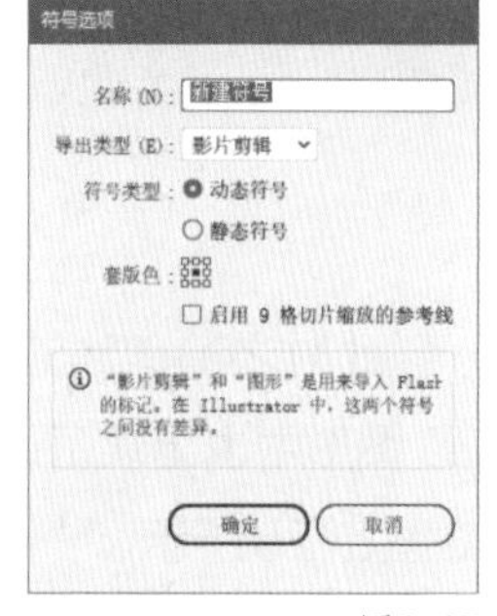

图6-17

6.1.4 在3D命令中调用符号

打开一个使用“3D凸出和斜角”制作出的文件，如图6-18所示。

图6-18

输入一段文本，将文本拖曳到符号面板中，并定义为一个新的符号，如图6-19所示。选中3D图形，在外观面板中单击图6-20所示的位置，可以打开图6-21所示的“3D凸出和斜角选项”对话框。

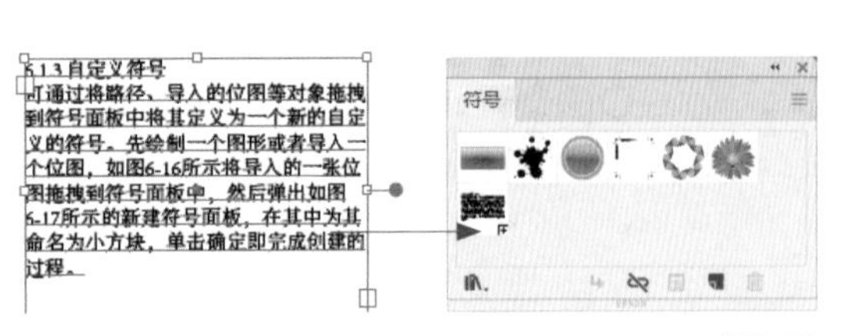

图6-19

图6-20

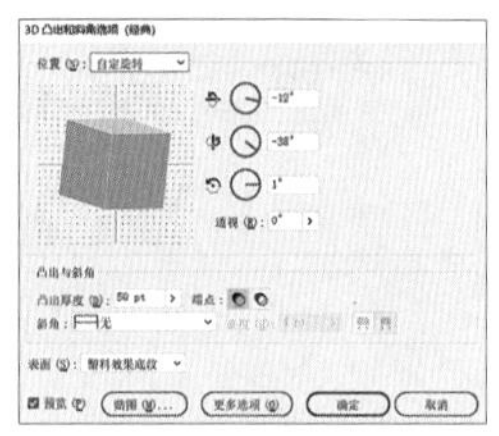

图6-21

勾选“预览”选项，单击面板下方的“贴图”按钮，弹出图6-22所示的“贴图”对话框。在其中首先单击“表面”右侧的翻页按钮，确认停在“5/7”的地方，然后在“符号”下拉列表中选中最后的“新建符号”，如图6-23所示。

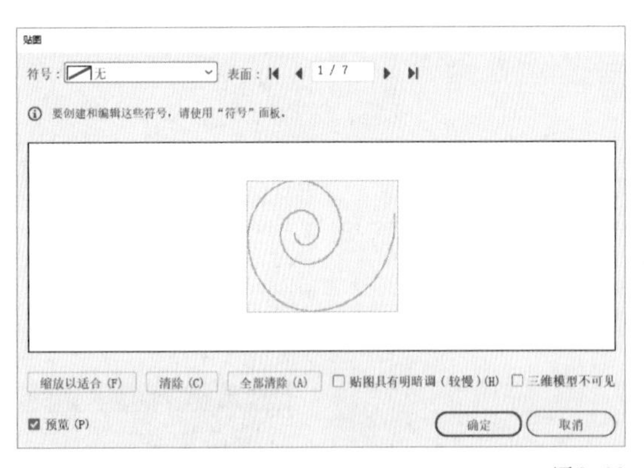

图6-22

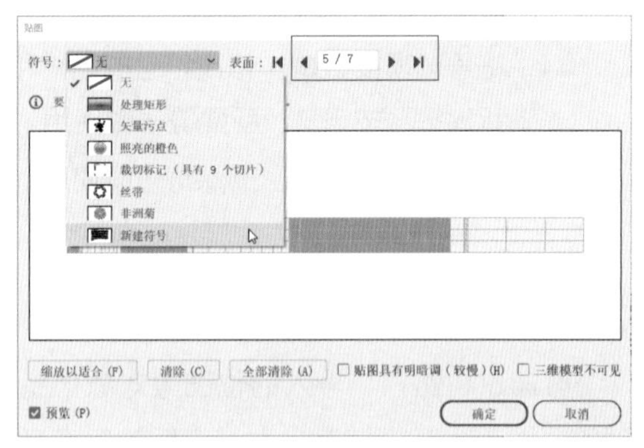

图6-23

此时之前创建的文字符号进入了“贴图”对话框的预览区域，如图6-24所示。同时在3D图形中也出现了这段文字，并且这段文字是紧贴3D图形表面生成的，实现了透视的效果，如图6-25所示。

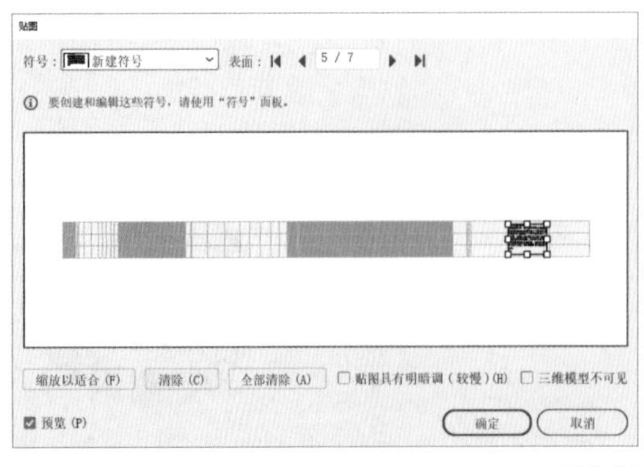

图6-24

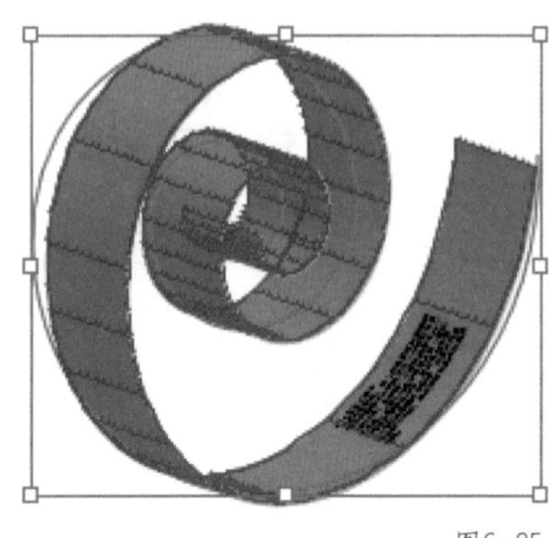

图6-25

如果想改变文字在3D图形中的位置，在图6-26所示的地方移动符号所处的位置即可。单击两次“确定”按钮之后，可得到符号贴到3D图形对象上的最终效果，如图6-27所示。

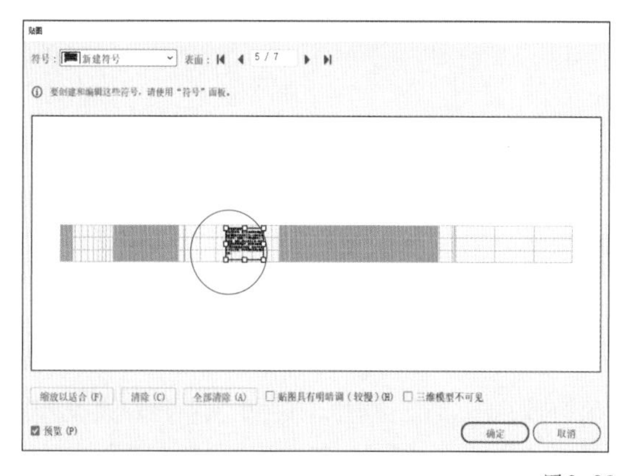

图6-26

图6-27

提示 有关符号和3D图形结合使用的更多技巧在本书第9章的案例中会有更加深入的讲解。

6.2 实战案例：汉堡包图案制作

本案例将结合渐变网格工具和符号面板来制作图6-28所示的汉堡包图案。

图6-28

操作步骤

01 启动Illustrator 2022，新建一个文件，将其尺寸设置为A4大小，如图6-29所示。

图6-29

02 使用椭圆工具和矩形工具绘制图6-30所示的图形。选中椭圆和矩形，使用路径查找器的“减去顶层”功能，将椭圆的下半部分和矩形减去。使用网格工具，在图形内部合适的地方单击，以添加网格点，如图6-31所示。

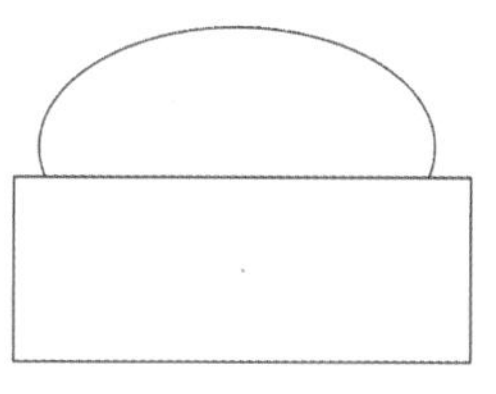

图6-30

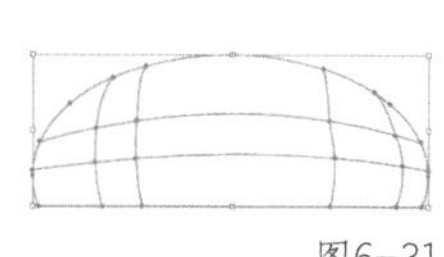

图6-31

03 选中椭圆中的所有网格点，对椭圆上色，如图6-32所示。使用直接选择工具选中图6-33所示的网格点，可通过按住【Shift】键的同时单击加选多个网格点。选中的网格点以实心的点显示，没选中的网格点以空心的点显示。为选中部分设置浅黄色，如图6-34所示。再选中全部图形，设置外观面板上的“描边”参数，为图形添加描边，如图6-35所示。

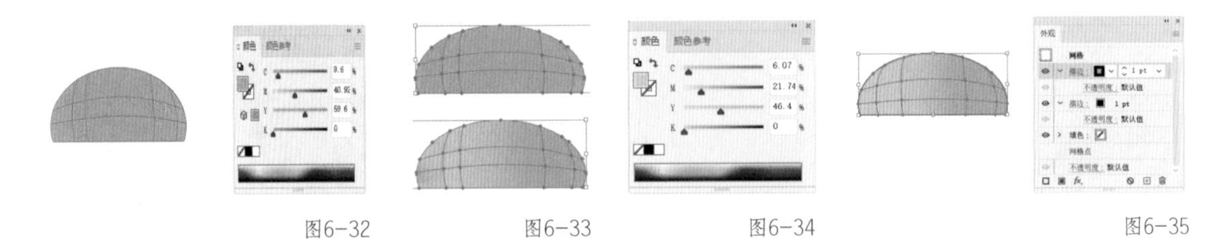

图6-32　图6-33　图6-34　图6-35

04 用钢笔工具画出菜叶，效果如图6-36所示。使用圆角矩形工具，画出煎蛋，如图6-37所示。同理画出芝士片，用钢笔工具增加锚点，用直接选择工具拖曳中间的点，效果如图6-38所示；再使用圆角矩形工具画出肉饼和汉堡包底部，如图6-39所示。将汉堡包的各部分进行组合，如图6-40所示。

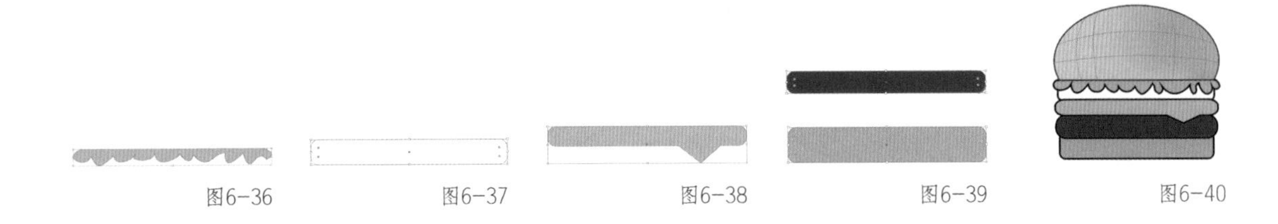

图6-36　图6-37　图6-38　图6-39　图6-40

05 下面开始绘制汉堡包上面的芝麻。使用椭圆工具绘制图6-41所示的图形。使用选择工具并按住【Alt】键拖曳图形到新的位置，得到一个复制的椭圆形，将其改为白色，并使得复制的两个椭圆形错位，如图6-42所示。

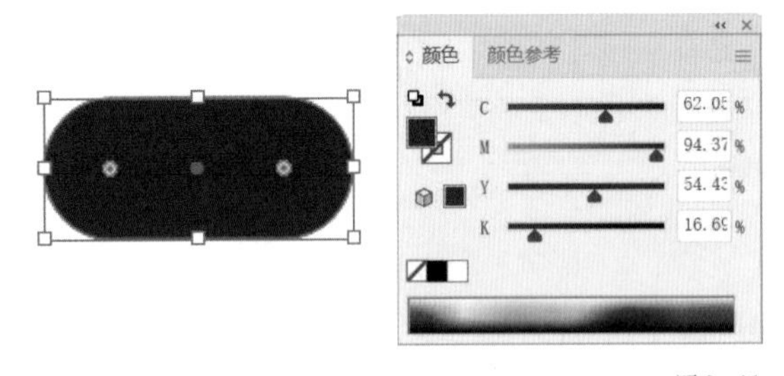

图6-41

06 将两个椭圆编组作为芝麻图形，如图6-43所示。

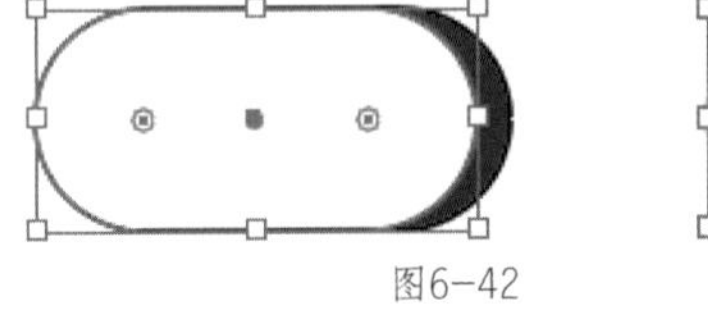

图6-42

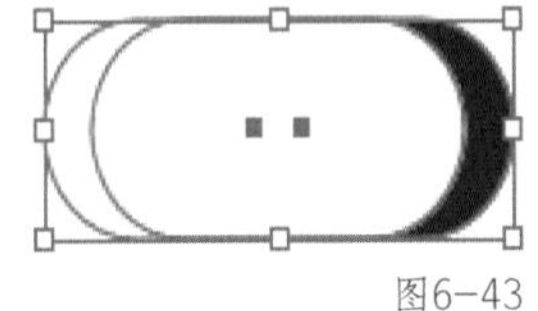

图6-43

07 选中这组图形，单击符号面板右上角的菜单按钮，选择其中的“新建符号”命令，在弹出的“符号选项”对话框中将其命名为“元素符号”，如图6-44所示。

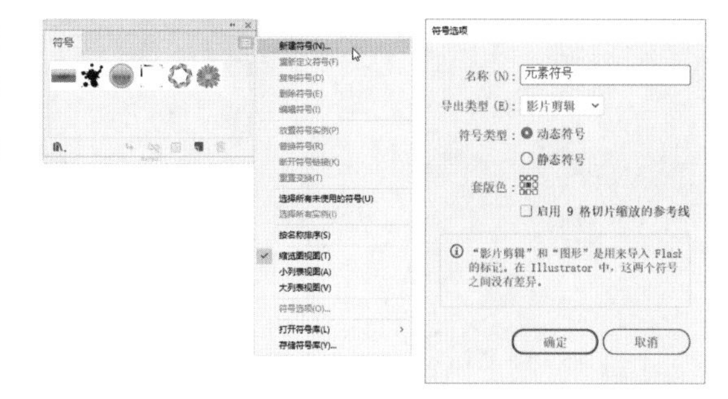

图6-44

08 选中符号面板中的元素符号，使用符号喷枪工具为图形添加元素符号，如图6-45所示。图片上的元素符号如果大小一致，看起来就没有层次感，所以使用符号缩放器工具把图中的元素符号调整成大小不一的效果，如图6-46所示。此时图片上的元素符号颜色与图片颜色并不统一，为了加强效果，对其应用“叠加”混合模式，效果如图6-47所示。

图6-45

图6-46

图6-47

09 为汉堡包添加阴影。绘制一个椭圆，如图6-48所示。使用渐变工具中的“径向渐变”，对椭圆填充渐变色，如图6-49所示。

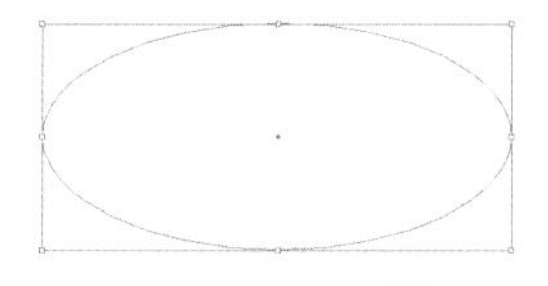
图6-48

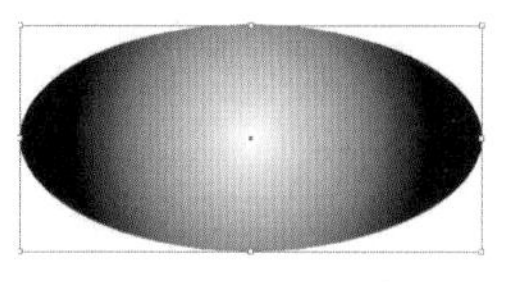
图6-49

10 单击渐变工具中的反向渐变按钮，如图6-50所示。对渐变进行调整，渐变滑块的颜色为深棕色到白色，如图6-51所示。将渐变图放到汉堡包的底部，如图6-52所示。将渐变图的不透明度调整为“44%”，最终效果如图6-53所示。

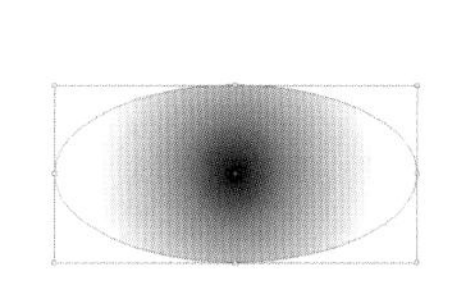

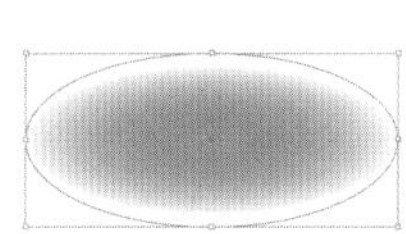
图6-50

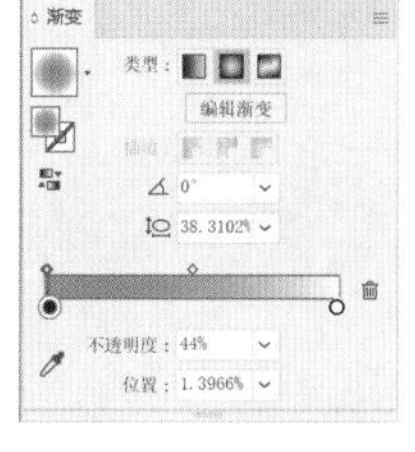

图6-51

图6-52

图6-53

打开“每日设计”App，搜索关键词SP060601，即可观看“实战案例：汉堡包图案制作”的讲解视频。

第 7 章
高级路径命令

本章主要讲解Illustrator 2022的高级操作——路径的高级操作和特殊编辑，其中包括路径的各项高级操作、混合工具和命令、封套的应用、剪切蒙版、复合路径等。通过最后的实战案例，用户可以进一步理解各种高级功能在实际工作中的应用。

本章核心知识点：

- 路径的高级操作
- 混合工具和命令
- 封套的应用
- 剪切蒙版
- 复合路径

7.1 知识点储备

本章将讲解Illustrator 2022的高级操作——路径的高级操作和特殊编辑。其中，路径的高级操作是此软件的重要部分，因为Illustrator是矢量图形处理软件，所以其操作主要集中在对路径的操作上。

7.1.1 路径的高级操作

除了在前面章节讲解的基本路径操作，Illustrator还提供了很多极具特色的路径命令，如平均、简化路径等效果，它们都位于“对象”→“路径”子菜单中，如图7-1所示。

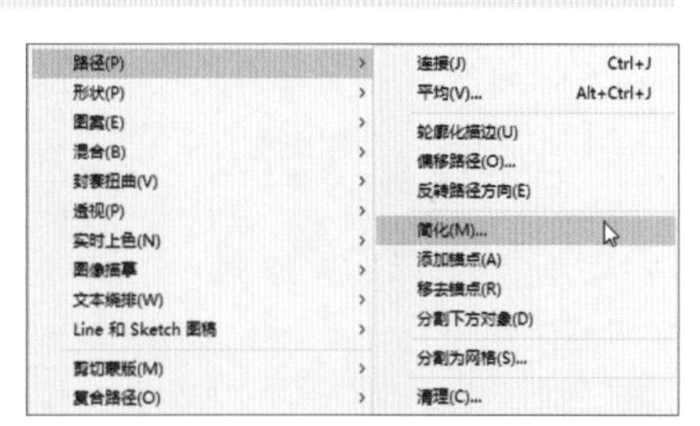

图7-1

1. 连接

“连接”命令可以将被选中的锚点、分别处于两条开放路径末端的锚点合并为一个锚点。

使用钢笔工具绘制图7-2所示的开放路径，它是酒杯形状的一半。然后选择工具箱中的镜像工具，在酒杯形状的右侧按住【Alt】键并单击，打开图7-3所示的“镜像”对话框，在其中选择“垂直”选项，单击“复制”按钮，得到图7-4所示的效果。使用直接选择工具选中断开处的两个锚点，如图7-5所示。执行“连接”命令，效果如图7-6所示。

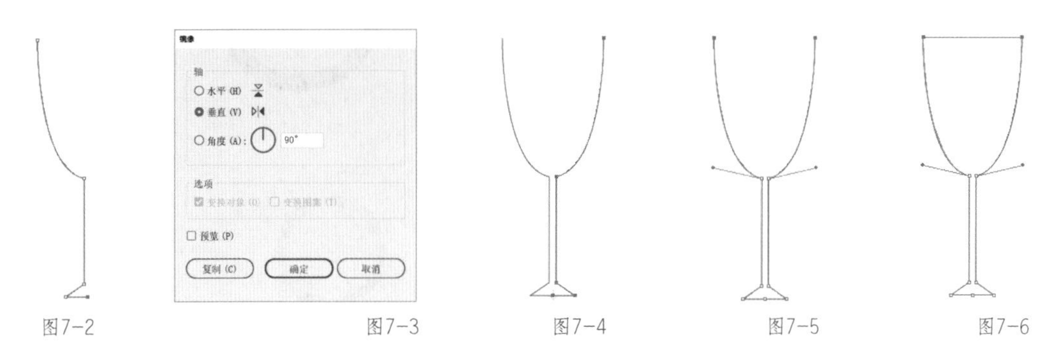

图7-2　图7-3　图7-4　图7-5　图7-6

2. 平均

“平均”命令可以将所选择的两个或多个锚点移动到它们当前位置的中部。选择了该命令，系统会弹出图7-7所示的对话框。

图7-7

在该对话框中可以设置平均放置锚点的方向，该对话框中各项参数的含义如下。

（1）水平：被选择的锚点在y轴方向上做均化，最后锚点将被移至同一条水平线上。

（2）垂直：被选择的锚点在x轴方向上做均化，最后锚点将被移至同一条垂直线上。

（3）两者兼有：被选择的锚点同时在x轴及y轴方向上做均化，最后锚点将被移至同一个点上。

为更加直观地理解，使用钢笔工具绘制图7-8所示的开放路径，然后使用直接选择工具，选中开放路径中图7-9所示的锚点。执行“平均”命令，“水平”“垂直”“两者兼有”选项的效果分别如图7-10~图7-12所示。

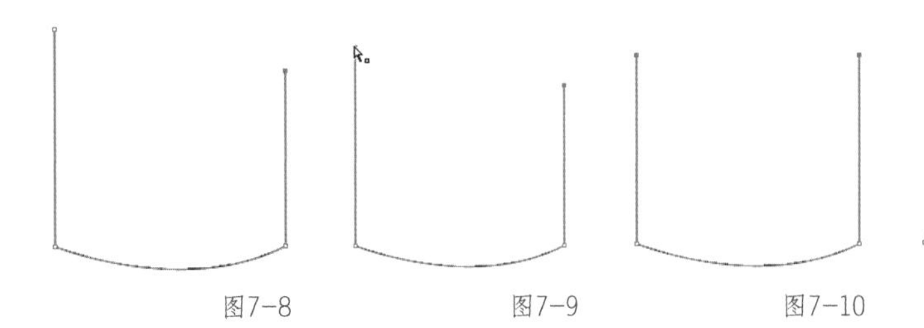

图7-8　图7-9　图7-10

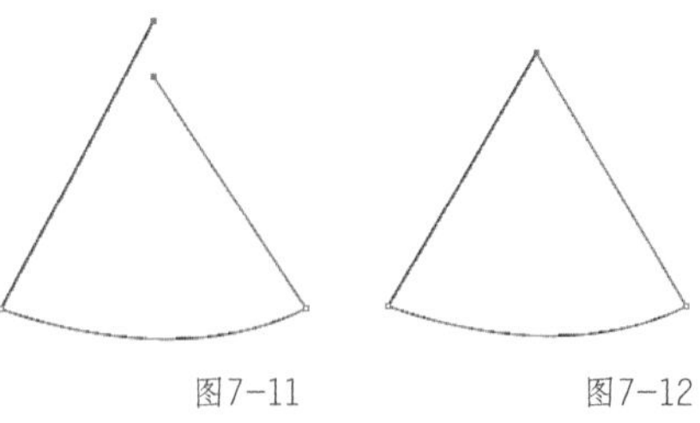

图7-11　图7-12

3. 轮廓化描边

“轮廓化描边”命令可以用来跟踪所选路径中所有画笔路径的外框。图7-13所示是执行了“外框”命令前后的路径效果对比。

为更加直观地理解，使用椭圆工具绘制一个圆，然后在描边面板中设置其粗细为“20pt”，效果如图7-14所示。

对圆执行“轮廓化描边”命令，可以看到圆圈从一个路径对象转换成了填充对象，注意观察它的线框从原图形的中心移到了图形的外围，如图7-15所示。

复制一个圆形，并且修改它的颜色，如图7-16所示。使用选择工具同时框选它们，在路径查找器面板中单击分割按钮，图形相重合的地方被分割开来，效果如图7-17所示。

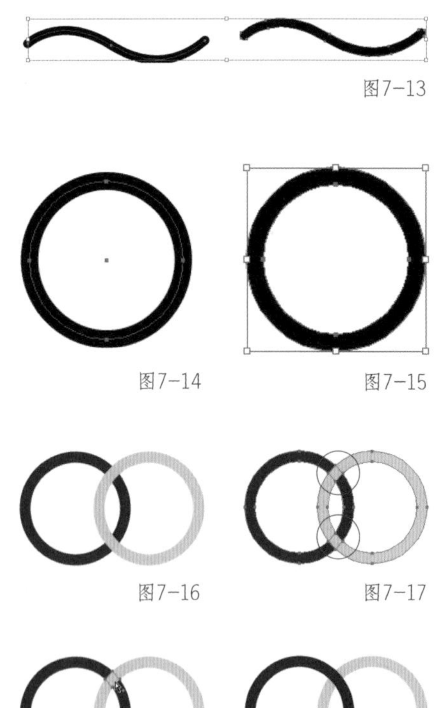

图7-13

图7-14　图7-15

图7-16　图7-17

使用编组选择工具，单击页面空白的区域，取消整个图形的选择状态，然后选中图7-18所示的被分割出来的一小块图形，并使用工具箱中的吸管工具在蓝色圆环上单击，得到双环相扣的效果，如图7-19所示。

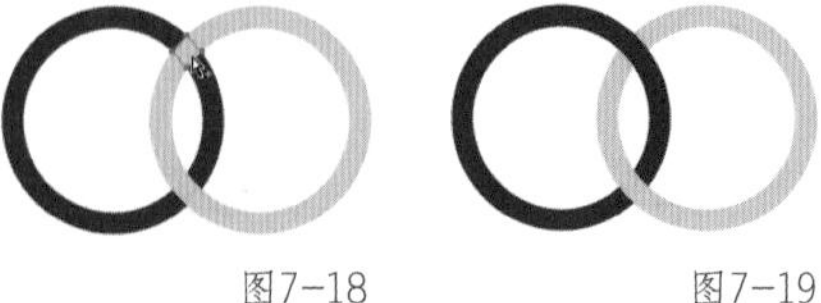

图7-18　图7-19

4. 偏移路径

执行“偏移路径”命令可以得到一条基于原路径向内或向外偏移一定距离的嵌套路径。在选择了一条或多条路径的情况下执行该命令，系统会弹出图7-20所示的“偏移路径”对话框，该对话框中重要参数的含义如下。

（1）位移：在其文本框中可以输入路径的偏移量。

（2）连接：该下拉列表中有3种路径拐角的选项，分别是尖角、圆角和斜接。

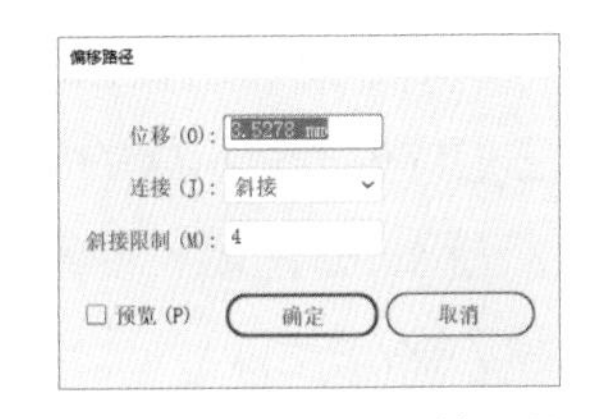

图7-20

图7-21所示是将一个五角星图形按照不同的拐角方式偏移3次并修改图形颜色前后的效果对比。

图7-21

5. 简化

如果设计图中存在很多的路径，那么系统运行的速度和路径的可调整性及控制性就会受到影响，尤其是在进行描图时，所以该命令大有用武之地。

在选中图形后执行“简化”命令，将弹出图7-22所示的“简化”对话框，该对话框中重要参数的含义如下。

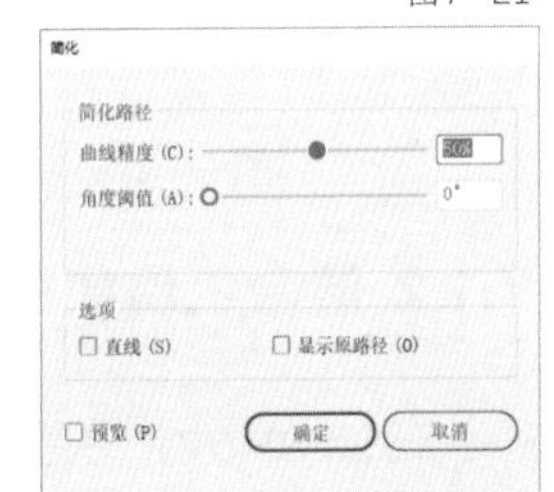

图7-22

（1）曲线精度：用来确定简化后的图形与原图形的相近程度，该选项的数值越大，精简后图形包含的锚点越多，与原图越相似，数值范围为0% ~ 100%。

（2）角度阈值：用来确定拐角的平滑程度。如果两个锚点之间拐角的度数小于设定的角度阈值，在这里将不会发生变化，反之就将被删除。

（3）直线：勾选该项可以使生成的图形忽略所有的曲线部位，显示为直线。

（4）显示原路径：勾选该项可以在操作中以红色来显示图形的所有锚点，从而产生对比效果。

“简化”命令执行前后的效果对比如图7-23所示。

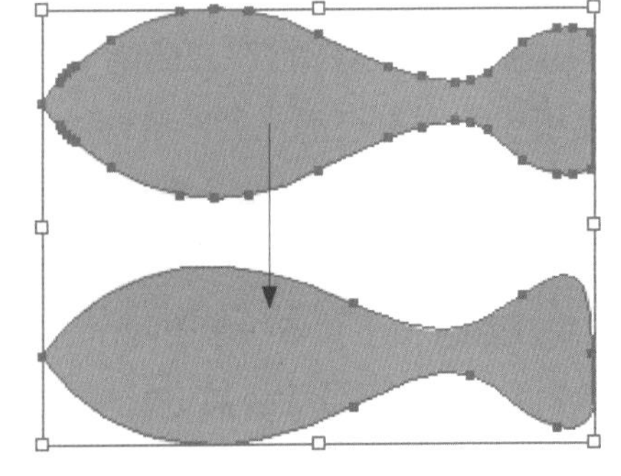

图7-23

6. 添加和移去锚点

“添加和移去锚点”命令可以增加或减少所选路径上的锚点，添加是在原有的每两个锚点正中间的位置进行添加。图7-24所示的是对基本图形添加锚点后使用直接选择工具变形的效果。

使用直接选择工具选中一个或几个锚点之后，执行“移去锚点”命令，可以删掉它们，这个操作可以用删除锚点工具代替。

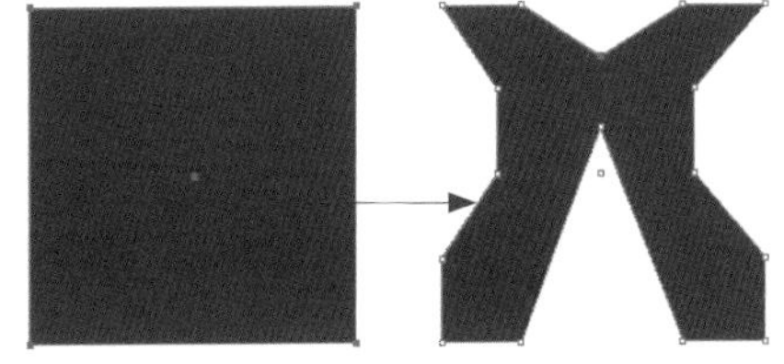

图7-24

7. 分割下方对象

“分割下方对象”命令可以将一个选定的对象用作对象切割器或模板来对其他的对象进行切割。

为使读者更加直观地理解，使用椭圆工具和钢笔工具创建图7-25所示的两个对象，注意它们的位置有重叠的部分。使用选择工具选中上方的图形，然后执行“分割下方对象”命令，如图7-26所示。使用选择工具可单独移动它们，可以看到下方图形被分割为两个对象，如图7-27所示。

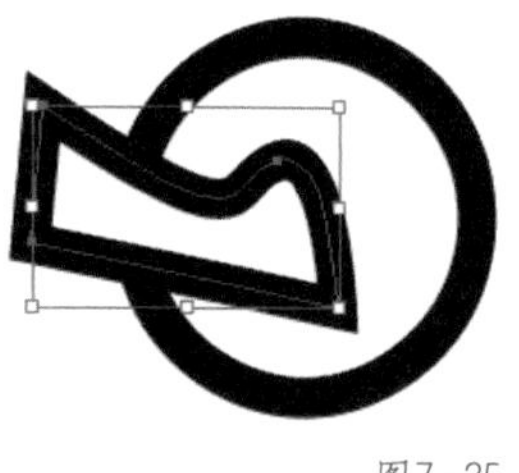

图7-25

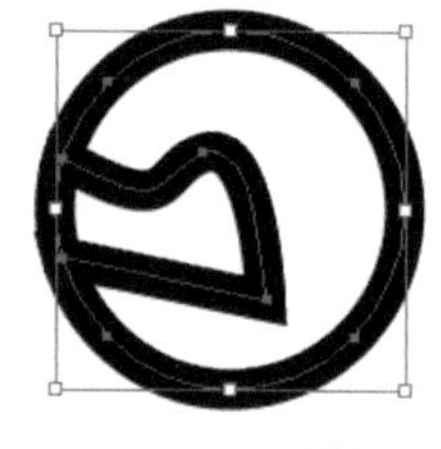

图7-26

图7-27

7.1.2 混合工具和命令

在Illustrator中可通过混合工具与“建立混合”命令创建混合的对象。

混合可以在两个或多个选定对象之间创建一系列中间对象。混合较简单的用途之一就是在两个对象之间平均创建和分布形状，也可以在两个开放路径之间进行混合，以在对象之间创建平滑过渡；或结合颜色和对象的混合，在特定对象形状中创建颜色过渡。

首先创建两个图7-28所示的路径，注意它们的颜色和粗细都不一样。全部选中，执行“对象”→“混合”→“建立”命令，即可得到混合的效果，如图7-29所示。

使用混合工具依次单击两个对象，即可创建混合对象。另外，使用混合工具进行单击时，可以分别选择路径的开始点和结束点进行单击，不难发现创建的混合对象的效果是不一样的，如图7-30所示。

在几个对象之间创建混合之后形成的对象被看成一个对象。使用编组选择工具移动其中一个原始对象，或编辑了原始对象的锚点，则混合将会随之变化，如图7-31所示。

可以在选中混合对象的情况下，双击工具箱中的混合工具，会弹出图7-32所示的“混合选项”对话框。在其中“间距”的下拉列表中选择“指定的步数”，修改其数值，即可改变混合步骤。图7-33所示的是修改混合步骤为10的结果。

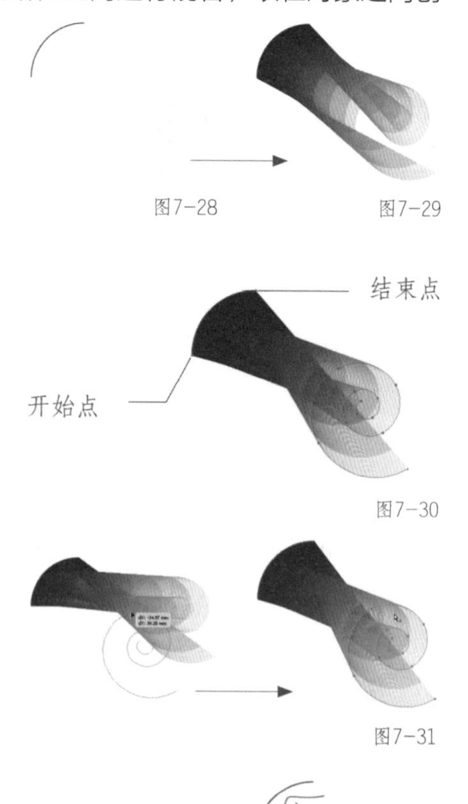

图7-28 图7-29

图7-30

图7-31

图7-32 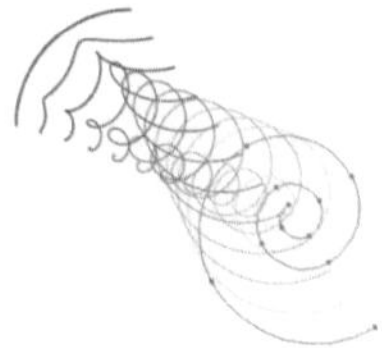 图7-33

"混合选项"对话框中"间距"下拉列表选项的含义如下。

（1）指定的步数：用来控制混合开始与混合结束之间的步数。较小的步数将产生清晰的分布，而较大的步数将产生一种朦胧感。

（2）指定的距离：用来控制混合步骤之间的距离。指定的距离是指从一个对象边缘到下一个对象相对应边缘之间的距离（例如，从一个对象的最右边到下一个对象的最右边）。

（3）平滑颜色：允许Illustrator在一个混合中自动计算两个原始对象之间的理想步数，从而获得一种最为平滑的颜色过渡效果。如果对象是使用不同的颜色进行的填色或描边，则计算出的步数将是实现平滑颜色过渡的最佳步数。如果对象包含相同的颜色，或包含渐变和图案，则步数将根据两个对象定界框边缘之间的最长距离计算得出。

此外，原始对象之间混合得到的新对象不会具有其自身的锚点。可以通过扩展混合，将混合分割为不同的对象。选择混合对象，执行"对象"→"扩展"命令，弹出图7-34所示的对话框，单击"确定"按钮即可。

可以看到混合对象被扩展为一个编组的对象，如图7-35所示。单击鼠标右键，执行快捷菜单中的"取消编组"命令，如图7-36所示。随后可以使用选择工具随意移动打散后的路径对象，可对打散后的路径对象进行自由的后期编辑，如图7-37所示。

图7-34

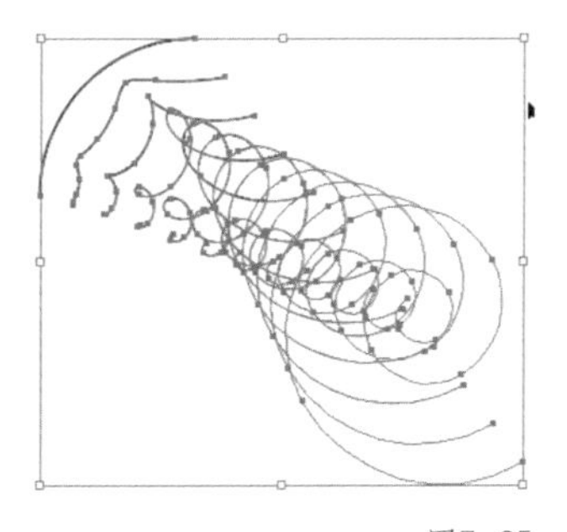
图7-35

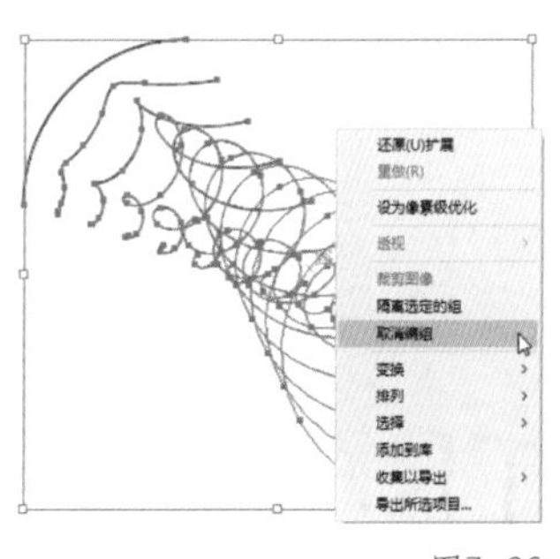

图7-36

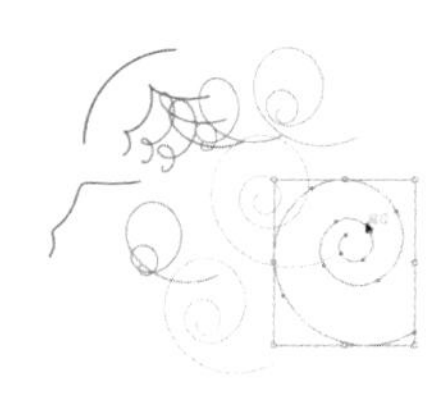
图7-37

7.1.3 封套的应用

封套工具和命令具有很神奇的功能，可以让用户随心所欲地扭曲文字或图像，用户可以通过编辑封套轻松地得到更精确的效果或是修改内容。下面学习如何建立一个封套，并将其应用到一个对象上，以及如何对封套形状进行变形和编辑封套内的对象。

1. 用变形建立封套

对操作对象执行封套式扭曲变形操作，即可使被操作对象按照封套的形状进行变形。

应用封套变形扭曲效果的具体操作步骤如下。

输入图7-38所示的文字。

图7-38

执行“对象”→“封套扭曲”→“用变形建立”命令，弹出“变形选项”对话框，如图7-39所示。

图7-39

该对话框中各项参数的含义如下。

（1）样式：在该下拉列表中预置了15种封套的变换样式，如图7-40所示。

（2）弯曲：可以控制变形的程度，数值越大，对象被扭曲的程度越大。

（3）扭曲：控制变形的方向，由水平和垂直两个方向的数值来控制。

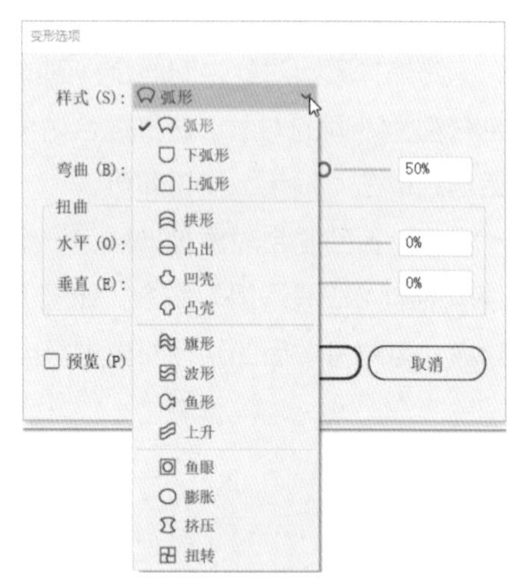

图7-40

选中文字，选择“变形选项”对话框的“样式”下拉列表中的“旗形”选项，单击“确定”按钮，得到的效果如图7-41所示。

封套的扭曲变形是一种控制性非常强的操作，每一种内置的封套形状都带有很多的调节参数，每一个应用了封套的对象都有覆盖的封套网格。使用直接选择工具可自由地拖曳封套网格点的位置，从而可以自由地调节封套效果，如图7-42所示。

图7-41

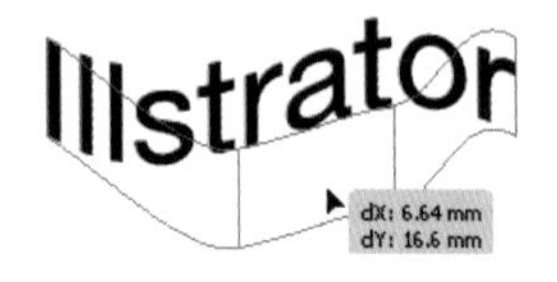

图7-42

2. 用网格建立封套

操作封套网格的具体方法如下。

选中要变形的对象，如图7-43所示。执行“对象”→“封套扭曲”→“用网格建立”命令，效果如图7-44所示。使用直接选择工具选中网格中的锚点进行变形调节，效果如图7-45所示。

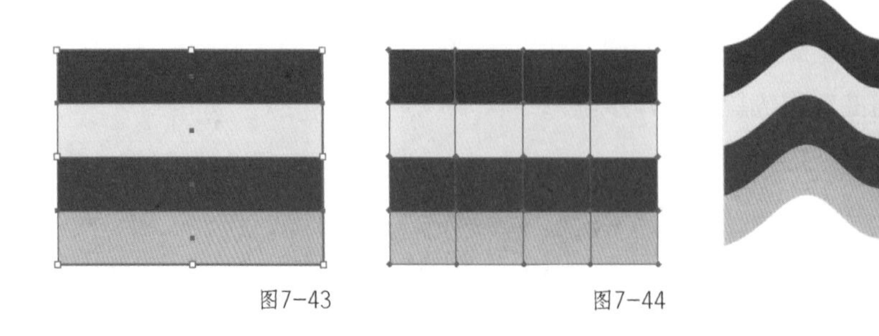

图7-43　　图7-44　　图7-45

3. 用顶部对象建立封套

可将一个对象建立为另外一个对象的封套，具体步骤如下。

打开一个鱼形状的对象，如图7-46所示。输入一段文字，如图7-47所示。选中鱼这个对象，按快捷键【Ctrl】+【Shift】+【]】，将其置于顶层。

同时选中鱼和文字，执行“对象”→“封套扭曲”→“用顶部对象建立”命令，即可得到图7-48所示的文字进入鱼图形内的效果。

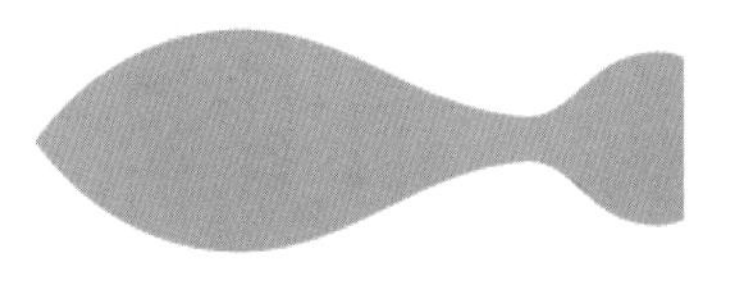

图7-46

图7-47

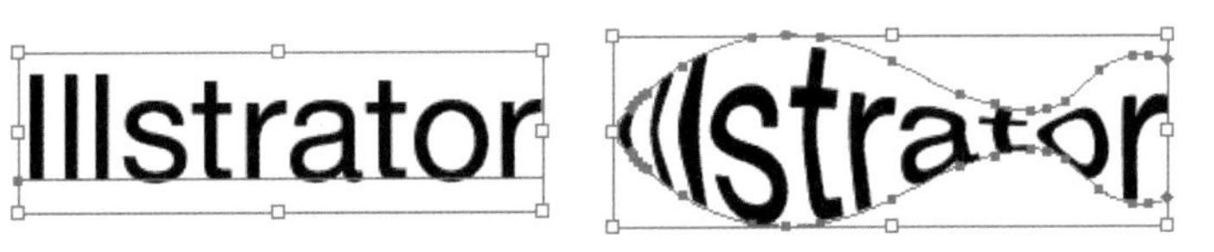

图7-48

4. 封套的释放

封套扭曲除了具备灵活化、多样化的优点，还拥有可以随时恢复的优点，在任何时候，都可以将添加封套的对象恢复到添加封套之前。只要在选中对象后，执行“对象”→“封套扭曲”→“释放”命令就可以将对象复原了。

7.1.4 剪切蒙版

蒙版就好像是装裱用的画框。应用蒙版的具体操作步骤如下。

新建一个文件，然后导入一张照片，如图7-49所示。使用钢笔工具围绕男士的侧面轮廓绘制一条路径，注意将整个脸部轮廓框选起来并闭合，如图7-50所示。同时选中位图和钢笔绘制的路径，按快捷键【Ctrl】+【7】(建立蒙版)即可得到图7-51所示的底色被去掉的效果。绘制一个矩形放置到位图的后面，通过对比可以看到当前位图原有的底色被去掉了，如图7-52所示。

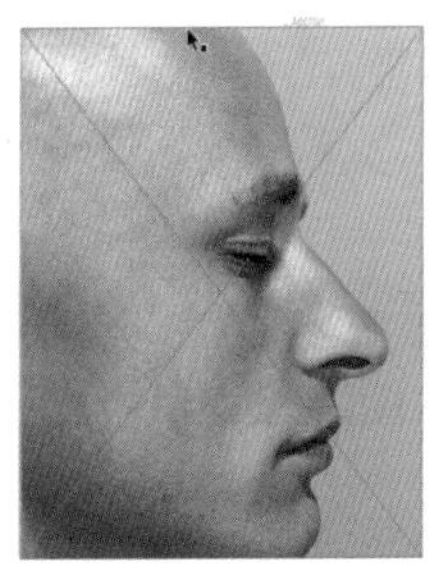

图7-49

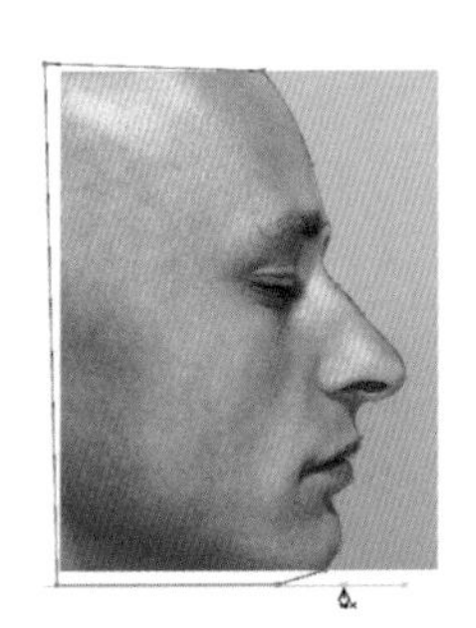

图7-50

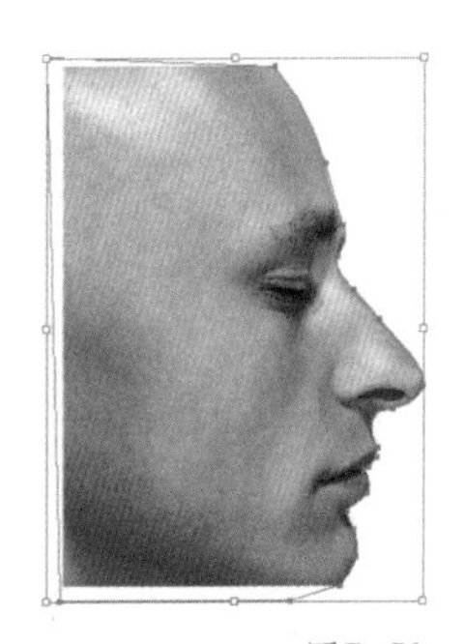

图7-51

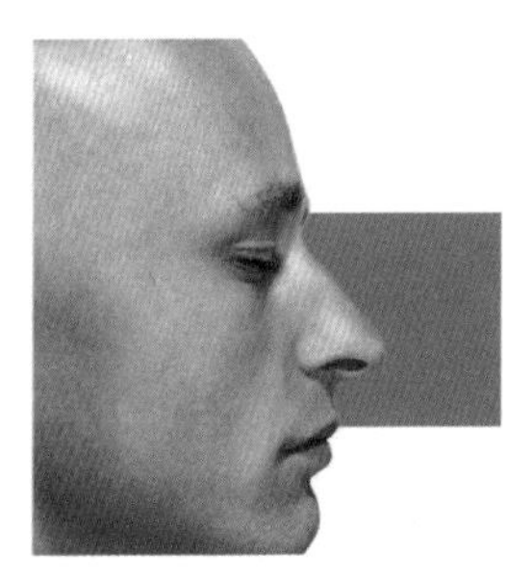

图7-52

7.1.5 复合路径

复合路径主要用来制作镂空效果。选中图7-53所示的几个路径对象，执行“对象”→“复合路径”→“建立”命令，即可得到几个位置重叠的图形进行镂空后的效果，如图7-54所示。

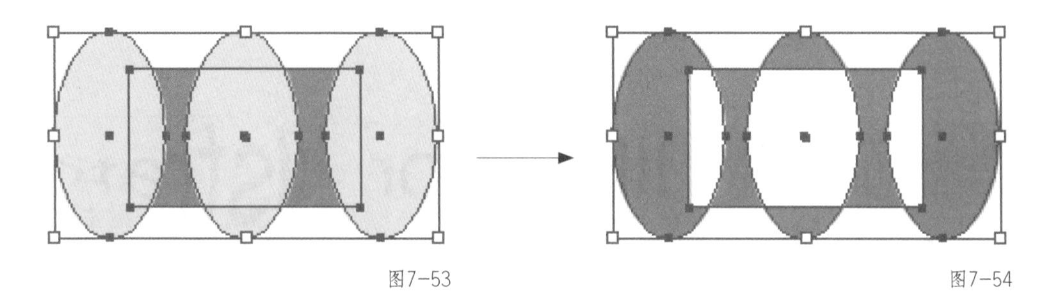

图7-53　　图7-54

7.2 实战案例：会议背景板设计

图7-55所示的是为母亲节大型会议设计的一个会议主席台背景板。这个案例主要使用了Illustrator 2022的新工具“宽度工具”来制作基本的曲线图形，然后结合混合工具、封套、剪切蒙版等命令和功能来进行绘制。具体步骤如下。

图7-55

操作步骤

01 启动Illustrator 2022，新建一个文件，命名为“母亲节音乐会会议背景板”，将文件大小设置为500mm（宽度）×200mm（高度），如图7-56所示。

图7-56

02 使用矩形工具创建一个矩形，并为其填充渐变色，如图7-57所示。

图7-57

03 双击渐变条下的渐变滑块，以打开渐变面板修改其色值，如图7-58所示。

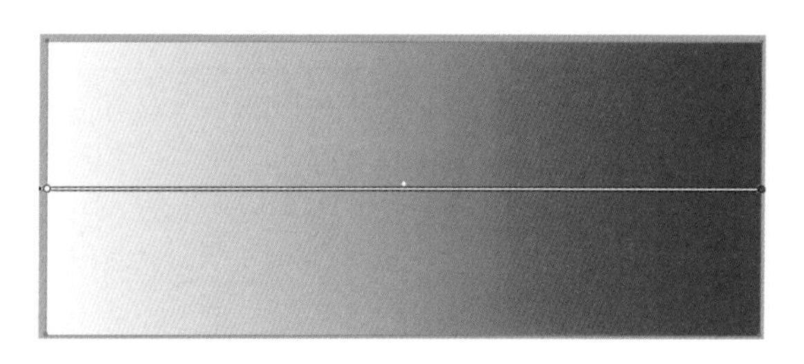

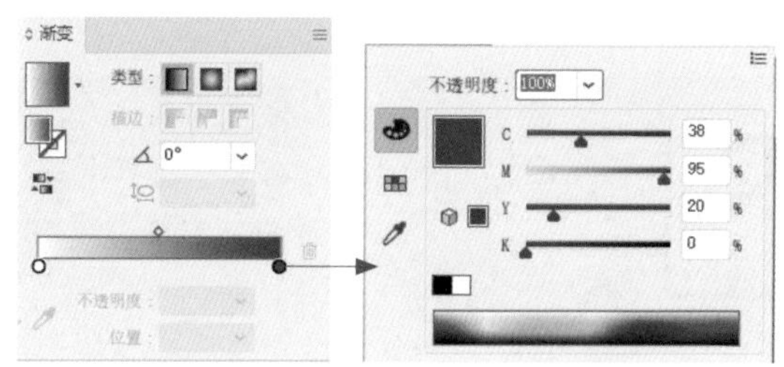

图7-58

04 在渐变条中单击添加渐变滑块，并设置其色值，如图7-59所示。

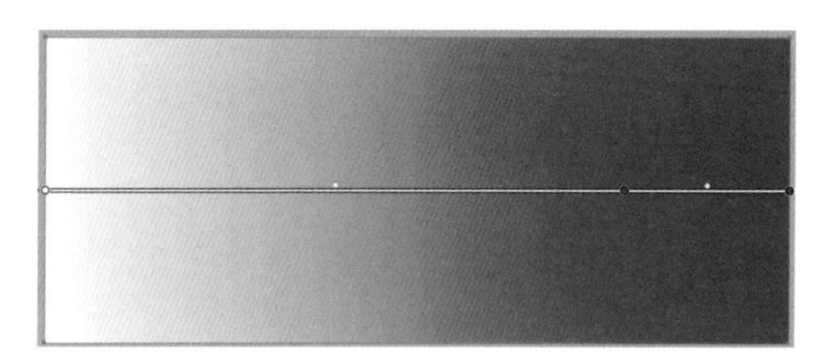

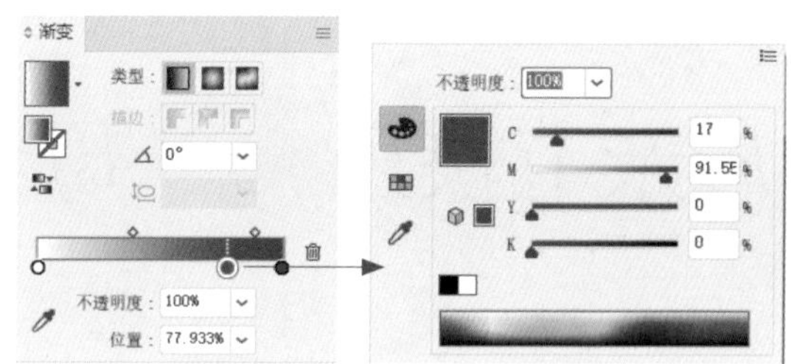

图7-59

05 同理，在渐变条中继续添加两个渐变滑块并修改其色值，最后得到一个以粉红色为基调的具有明度变化的渐变矩形，如图7-60所示。

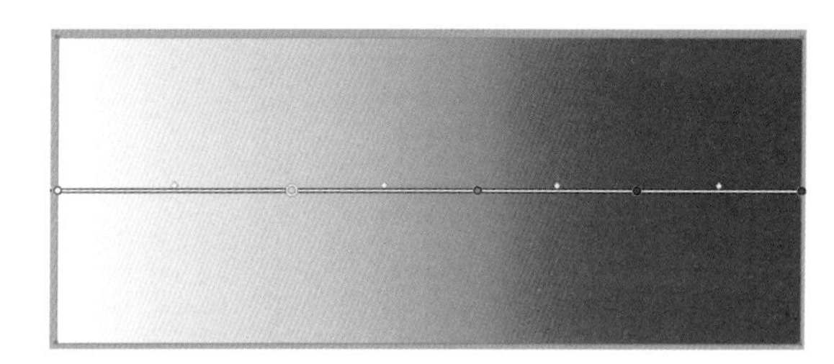

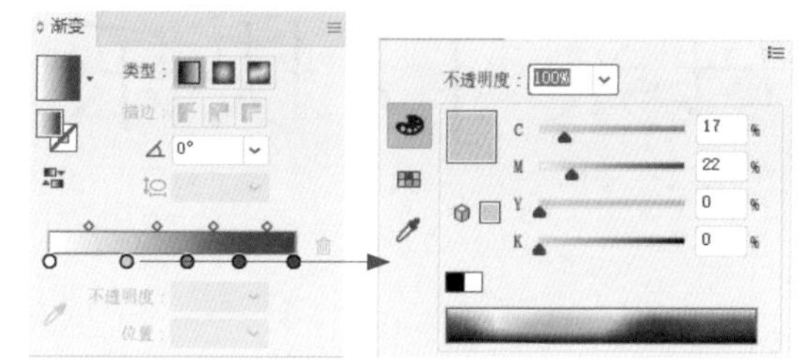

图7-60

06 在渐变面板中设置“类型”为“径向”，如图7-61所示。选择渐变工具，此时画板中会出现渐变效果的控制范围框和渐变条。可使用鼠标对渐变的方向、位置等进行调整。调整完毕得到图7-62所示的效果。

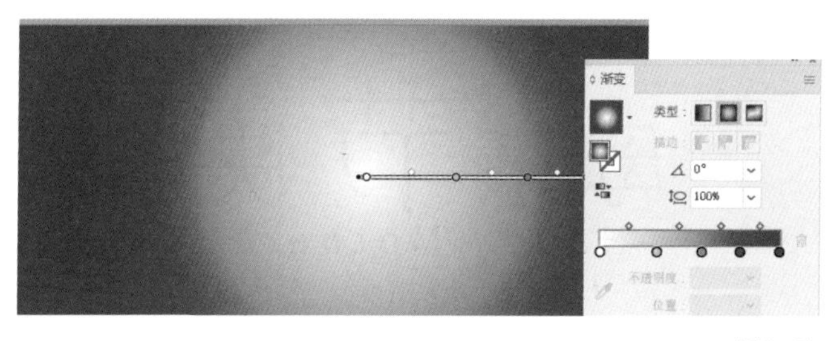

图7-61

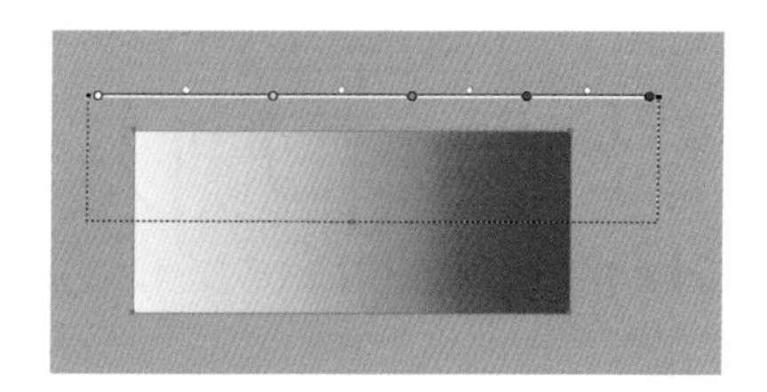

图7-62

07 执行“文件”→“置入”命令，置入图7-63所示的“母女”素材，调整其大小后放置到画面的左下角。打开“音乐素材.ai”文件，将其复制并粘贴到画板中，如图7-64所示。

图7-63

图7-64

08 使用文字工具输入文字“母亲节快乐”，如图7-65所示。设置其字体为“方正新报宋_GBK”，如图7-66所示。

母亲节快乐

图7-65

图7-66

09 选中文字“节”，按快捷键【Ctrl】+【Shift】+【.】增大其字号，如图7-67所示。在字符面板中设置其字符对齐方式为“全角字框，居中”，如图7-68所示。

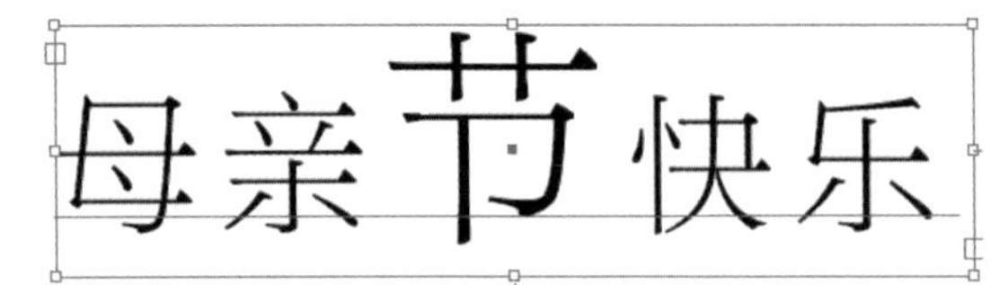

图7-67

图7-68

10 使用文字工具输入英文“Happy Mother’s Day”，设置其字体为“Source sans Variable”，字号为36pt，如图7-69所示。在英文的两侧各添加一条直线，可直接使用文字工具输入“—”，如图7-70所示。

图7-69

母亲节快乐

—Happy Mother’s Day—

图7-70

11 把文字放到画面中，由于背景是深色，可以将文字设置成白色，如图7-71所示。也可根据个人喜好使用其他字体样式，如图7-72所示。

图7-71

图7-72

12 使用钢笔工具绘制图7-73所示的路径。在绘制好的路径下方再绘制一条弧度不一样的路径，如图7-74所示。

图7-73

图7-74

13 选中上面绘制的两条路径，按快捷键【Ctrl】+【Alt】+【B】将其进行混合，混合后的效果如图7-75所示。

图7-75

14 使用直接选择工具，单击最上方的线段，在颜色面板中修改其颜色为粉色，如图7-76所示。

图7-76

15 同理，修改最下方的线段颜色为白色，如图7-77所示。

图7-77

16 使用选择工具并按住【Alt】键，将制作好的混合对象复制一个到画板下方，然后调整其大小和方向，如图7-78所示。然后在图层面板中将其调整到背景图层的上一层。

图7-78

17在透明度面板中修改混合对象的颜色混合模式为“颜色减淡”，可得到更加自然的效果，如图7-79所示。

图7-79

18当画面的效果初步制作完成之后可将整个画面全选，然后按快捷键【Ctrl】+【G】对其进行编组。使用矩形工具，根据画布的尺寸绘制一个矩形，如图7-80所示。选择这个矩形和下面的编组对象，按快捷键【Ctrl】+【T】建立剪切蒙版，也可尝试其他的模式来得到理想的效果。移动一个新的封套对象到画板中，并使用直接选择工具修改其路径的位置，使对象自然均衡地分布到画面中，效果如图7-81所示。

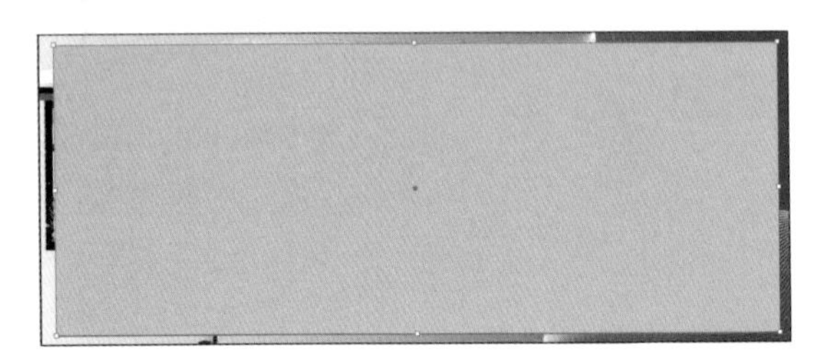

图7-80

图7-81

打开“每日设计”App，搜索关键词SP060701，即可观看“实战案例：会议背景板设计”的讲解视频。

第 8 章
文字的处理

本章主要讲解Illustrator 2022的文字处理功能，主要包括文字工具的使用、字符面板的各项功能、段落面板的各项功能、文本的导入等。最后的实战案例可以帮助用户更好地理解文字工具在实际工作中的应用。

本章核心知识点：

· 文字工具的使用

· 字符面板的使用

· 段落面板的使用

· 导入文本命令

8.1 知识点储备

Illustrator中与文字相关的功能也是不容忽视的。文字的美观与否会直接影响作品的整体效果，所以要给予文字足够的重视。

8.1.1 文字工具

Illustrator中一共有6个文字工具，分为横排和直排两大类。通常，横排被称为西式排法，直排被称为中式排法。其中，每一类又包含普通文字工具、路径文字工具和区域文字工具，如图8-1所示。

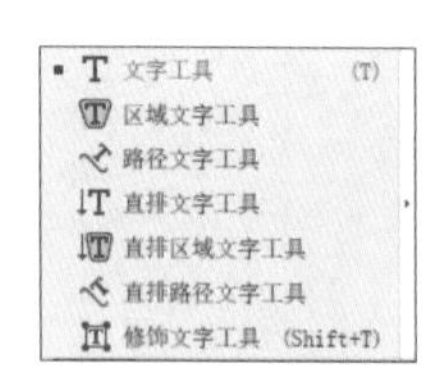

图8-1

1. 普通文字工具

选择工具箱中的文字工具T或直排文字工具IT，即可在页面的任意位置单击，然后输入文本。图8-2和图8-3所示分别是横排文字和直排文字效果。

图8-2　图8-3

> **提示**　使用单击方式创建的文字为点文字，这种创建方式适用于文字比较少的情况。

2. 输入段落文字

当需要输入大段落文字时，也就是文字很多的情况下，最好在输入文本时，用鼠标拖出一个段落文本框，如图8-4所示。

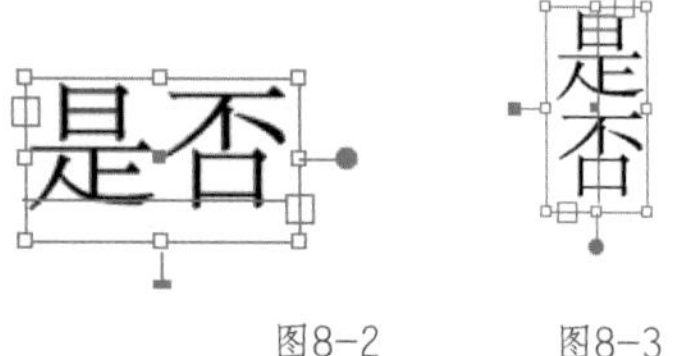

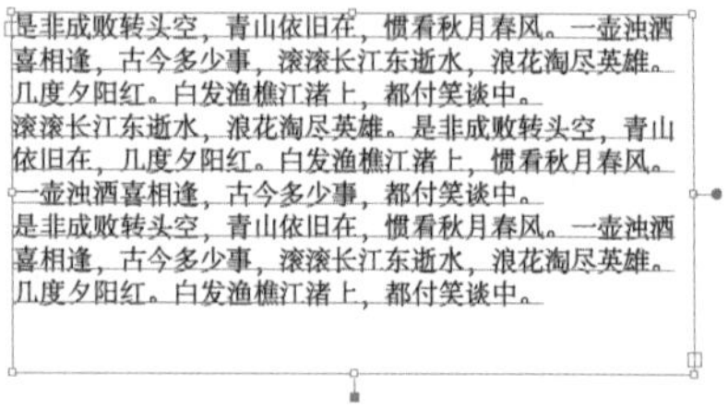

图8-4

在拖曳段落文本框的控制手柄改变文本框的大小时，文字的大小与拖曳无关，拖曳时改变的仅仅是每行的字数，这也是段落文本框的特点，如图8-5所示。如果是点文字状态，拖曳控制手柄之后会改变文字的大小和比例，如图8-6所示。

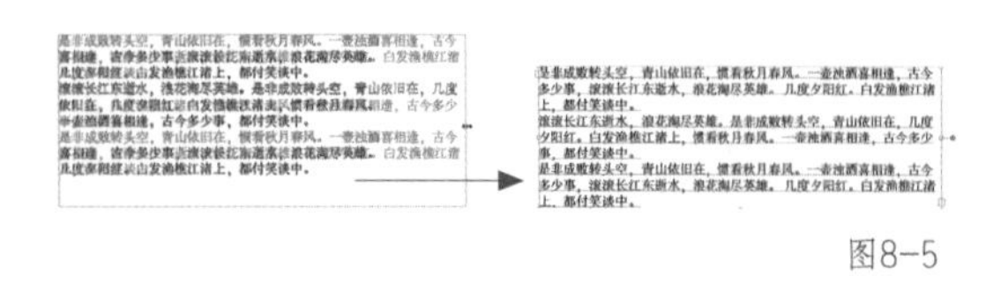
图8-5

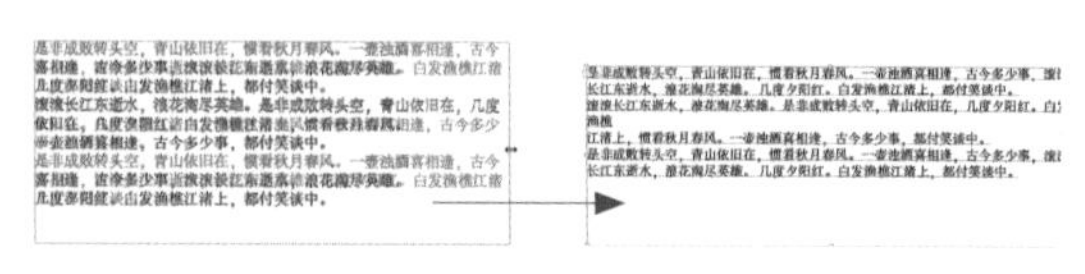
图8-6

使用直接选择工具可以改变段落文本框锚点的位置，使用转换点工具可以改变其形状以适应不同的情况，文本框中的文字会随着文本框形状的变化而流动，如图8-7所示。

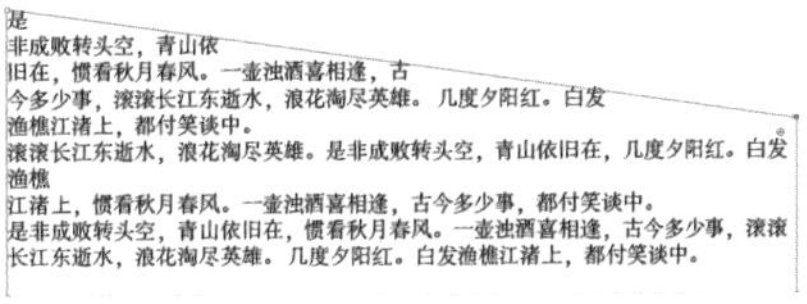

图8-7

3. 区域文字工具

工具箱中的区域文字工具和直排区域文字工具都可以将文字放于一个确定路径的内部，以形成多种多样的文字效果。

首先，打开图8-8所示的已经被透底的位图文件，使用钢笔工具绘制图8-9所示的围绕图案轮廓的路径。然后，使用区域文字工具贴紧路径单击，可以看到路径被转变为一个文本框，如图8-10所示。最后，在文本框中输入文本，得到的效果如图8-11所示。

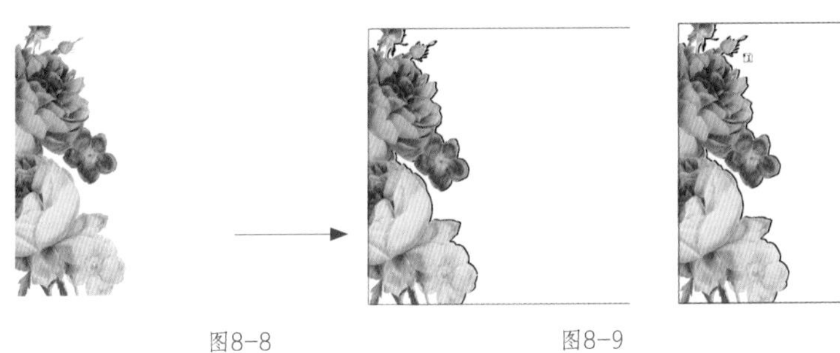

图8-8　图8-9　图8-10 　图8-11

4. 沿路径排列文字工具

工具箱中文字工具组内的路径文字工具和直排路径文字工具可以将文字沿路径排列，以形成多种多样的文字效果。

首先，导入位图照片，使用钢笔工具绘制图8-12所示的路径。然后，使用路径文字工具在路径上单击，将其转换为文字输入状态路径，如图8-13所示。最后输入文字，得到的效果如图8-14所示。此时文字是处在路径的左侧，想更改文字处在路径上的方位，可使用编组选择工具拖曳图8-15所示的路径中间的直线到另一个方位即可。

图8-12

图8-13

图8-14

图8-15

8.1.2 字符面板

在Illustrator中，文字和段落的属性参数主要集中在字符和段落属性面板上，以及“文字”菜单中。

按快捷键【Ctrl】+【T】可以打开字符面板，其各项参数如图8-16所示。

图8-16

1. 字体与大小的设定

选中输入的文字，然后在面板的相应位置进行更改，例如在排版时文字的大小一般在9~12pt内。

2. 字符间距的设定

设定字符间距时应先选中需要更改间距的文字，然后对字符间距的值进行设定。值为正时，间距加大；值为负时，间距减小。图8-17所示的是不同字符间距的效果。

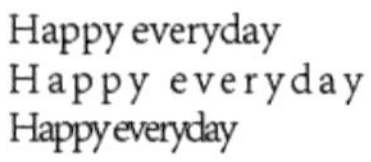

Happy everyday
Happy everyday
Happyeveryday

图8-17

8.1.3 段落面板

段落面板可针对段落属性进行调整。在文字排版时，段落是指两个回车符之间的文字的集合。在输入文字的过程中，按【Enter】键就等于开始了一个新的段落。在软件中，对段落的控制包括文字的对齐方式、文字的缩进设置及悬浮标点、连字的设置等一系列内容。段落面板如图8-18所示。

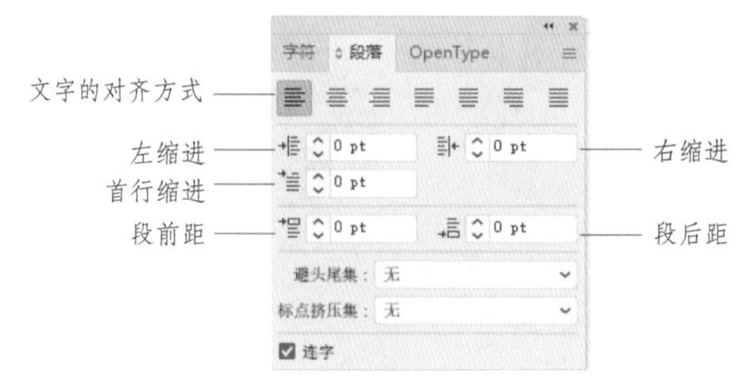

图8-18

1. 文字的对齐方式

Illustrator中共有7种段落对齐格式，分别为左对齐、右对齐、居中对齐、最后一行强制左对齐、最后一行强制居中对齐、最后一行强制右对齐和强制齐行。左对齐效果如图8-19所示，居中对齐效果如图8-20所示，右对齐效果如图8-21所示，强制居中对齐效果如图8-22所示。

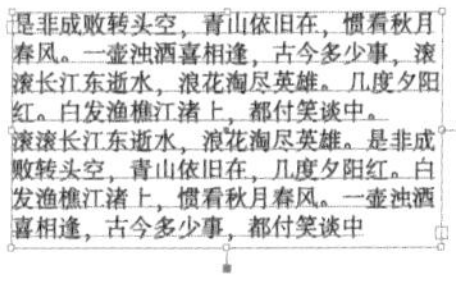

是非成败转头空，青山依旧在，惯看秋月春风。一壶浊酒喜相逢，古今多少事，滚滚长江东逝水，浪花淘尽英雄。几度夕阳红。白发渔樵江渚上，都付笑谈中。
滚滚长江东逝水，浪花淘尽英雄。是非成败转头空，青山依旧在，几度夕阳红。白发渔樵江渚上，惯看秋月春风。一壶浊酒喜相逢，古今多少事，都付笑谈中

图8-19

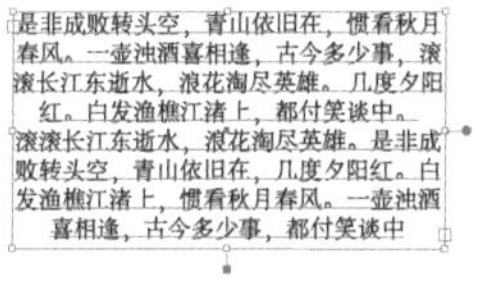

图8-20

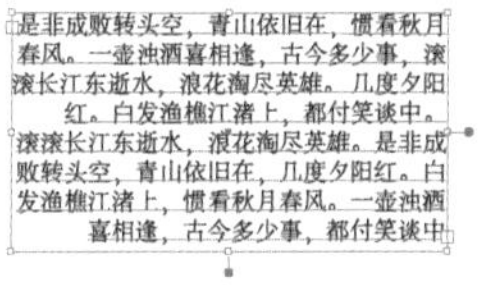

图8-21

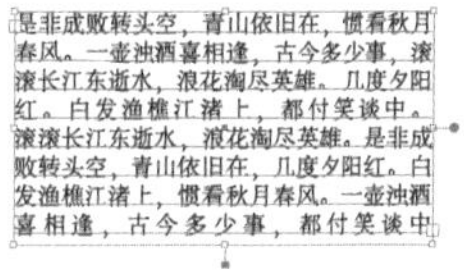

图8-22

2. 首行缩进

首行缩进指每个段落的第一行文字向右缩进的效果，通常用于中文的排版中。一般情况下首行缩进的数值是字体大小的两倍。图8-23所示的文字字号大小为20pt，首行缩进的数值为40pt。

滚滚长江东逝水，浪花淘尽英雄。是非成败转头空，青山依旧在，几度夕阳红。白发渔樵江渚上，惯看秋月春风。一壶浊酒喜相逢，古今多少事，都付笑谈中。
是非成败转头空，青山依旧在，惯看秋月春风。一壶浊酒喜相逢，古今多少事，滚滚长江东逝水，浪花淘尽英雄。几度夕阳红。白发渔樵江渚上，都付笑谈中。
滚滚长江东逝水，浪花淘尽英雄。是非成败转头空，青山依旧在，几度夕阳红。白发渔樵江渚上，惯看秋月春风。一壶浊酒喜相逢，古今多少事，都付笑谈中。

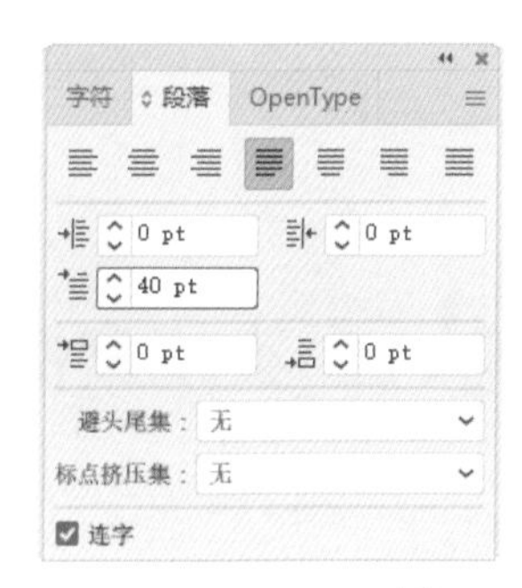

图8-23

3. 左、右缩进

左、右缩进指将整段文字向左或右侧进行缩排。图8-24所示的设置是为了使整段文字的左端一起向右缩进，以与文本框左侧保持一段距离。缩进值也可以设为负值，如图8-25所示。

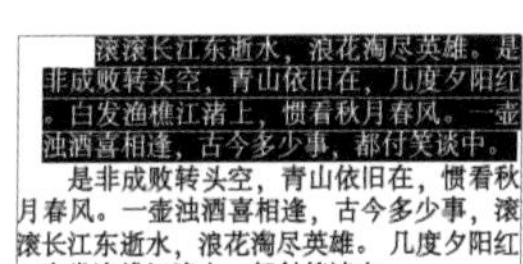

是非成败转头空，青山依旧在，惯看秋月春风。一壶浊酒喜相逢，古今多少事，滚滚长江东逝水，浪花淘尽英雄。几度夕阳红。白发渔樵江渚上，都付笑谈中。
滚滚长江东逝水，浪花淘尽英雄。是非成败转头空，青山依旧在，几度夕阳红。白发渔樵江渚上，惯看秋月春风。一壶浊酒喜相逢

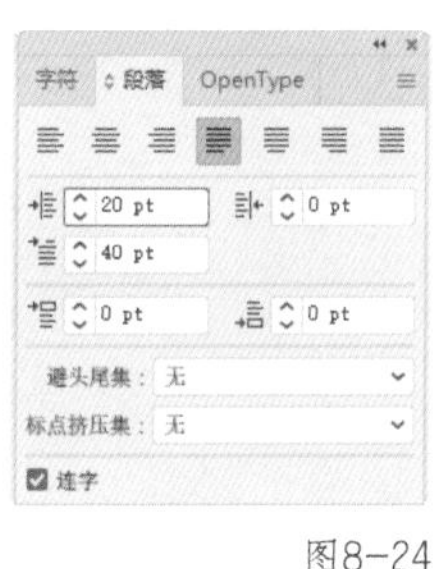

图8-24

滚滚长江东逝水，浪花淘尽英雄。是非成败转头空，青山依旧在，几度夕阳红。白发渔樵江渚上，惯看秋月春风。一壶浊酒喜相逢，古今多少事，都付笑谈中。
是非成败转头空，青山依旧在，惯看秋月春风。一壶浊酒喜相逢，古今多少事，滚滚长江东逝水，浪花淘尽英雄。几度夕阳红。白发渔樵江渚上，都付笑谈中。
滚滚长江东逝水，浪花淘尽英雄。是非成败转头空，青山依旧在，几度夕阳红。白发渔樵江渚上，惯看秋月春风。一壶浊酒喜相逢，古今多少事，都付笑谈中。

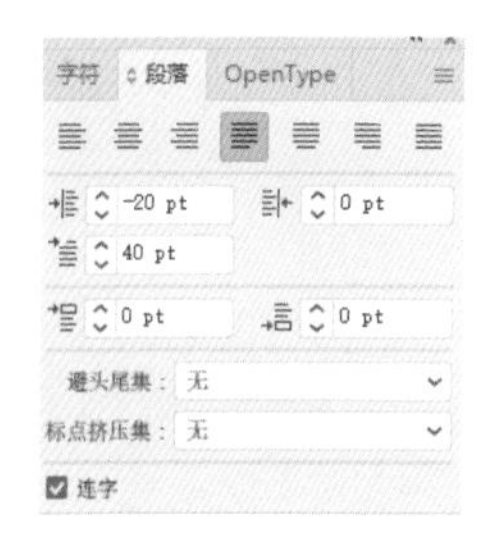

图8-25

4. 段间距

段间距指段与段之间的距离，可以在段前距和段后距中进行设置。图8-26所示为将段前距设置为20pt的效果。

图8-26

8.1.4 导入文本

Illustrator不仅支持手动输入文字，还支持导入Word和记事本格式的文本文件。

新建一个文件，然后执行"文件"→"置入"命令，在计算机中选择需要置入的文本文件，单击"确定"按钮会弹出图8-27所示的"文本导入选项"对话框，在其中选择合适的字符集，单击"确定"按钮即可导入文本。导入的文本会自动进入Illustrator文件中，并自动生成段落文本框，如图8-28所示。

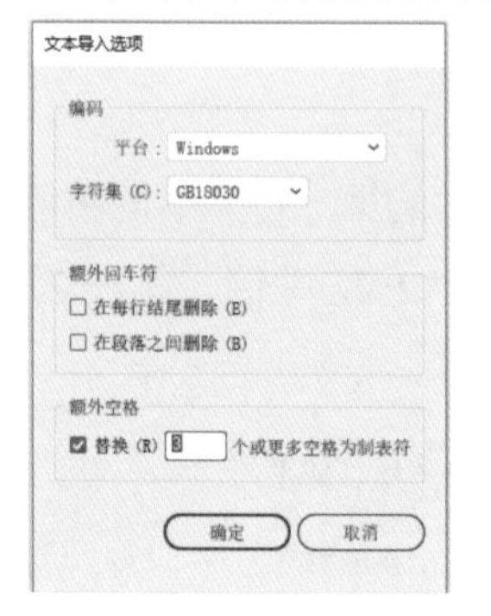

图8-27

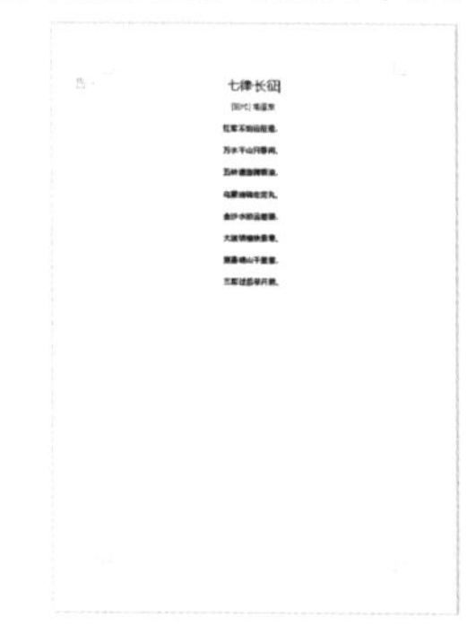

图8-28

8.2 实战案例：文字招贴设计

通过设计图8-29所示的文字招贴来练习文字工具的基本操作。

图8-29

操作步骤

01 启动Illustrator 2022，新建一个文件，将其大小设置为156mm（宽度）×190mm（高度），如图8-30所示。

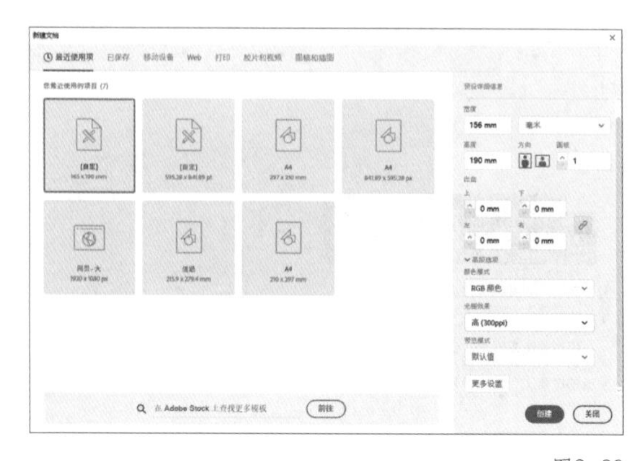

图8-30

02 新建一个矩形，并为其填充黑色，如图8-31所示。使用旋转工具将其旋转至图8-32所示的角度。创建文本框，输入“HAPPY EVERDAY”，在字符面板中设置其字体为“Arial”，字体大小根据所建的矩形大小而定，如图8-33所示。

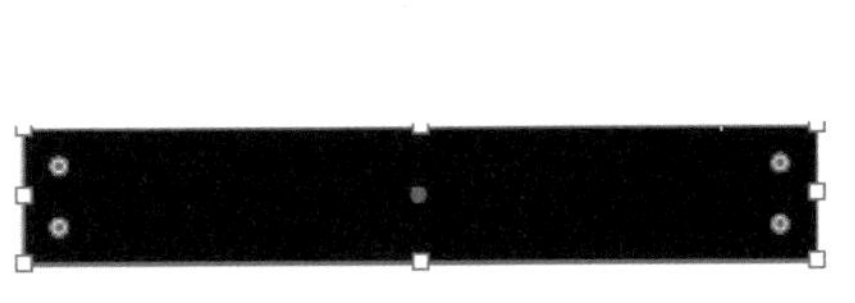

图8-31

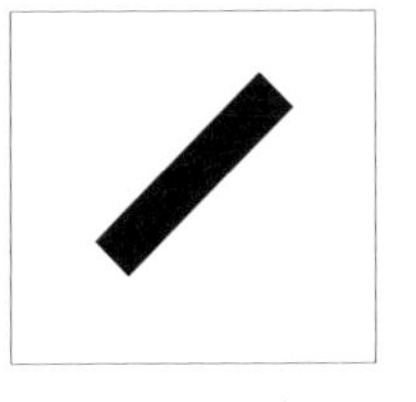

图8-32

图8-33

03 将文本框移动到矩形上方，并使用旋转工具将文本框旋转到合适的角度，如图8-34所示。同时选中矩形图形和文本框，再单击矩形，将其作为对齐的基准对象，如图8-35所示。在控制面板中选择“水平居中对齐”和“垂直居中对齐”，将文字颜色设置为白色，达到图8-36所示的效果的效果。继续创建矩形，并为其填充颜色，使用旋转工具将其旋转到合适的角度，并将其放到图8-37所示的位置。

图8-34

图8-35

图8-36

图8-37

04 创建文本框，输入“WALK”，将其旋转到合适的角度，使其与上一步创建的矩形垂直居中对齐，如图8-38所示。增加字符间距以调节文字与矩形宽度，使其达到统一协调的效果，如图8-39所示。同理，排出图8-40所示的文字图形。

图8-38

图8-39

图8-40

打开“每日设计”App，搜索关键词SP060801，即可观看“实战案例：文字招贴设计”的讲解视频。

第 9 章
神奇的滤镜

本章主要讲解Illustrator 2022中各种滤镜的使用。这些滤镜主要位于“Illustrator效果”菜单下，包括3D、变形、扭曲和变换、风格化等。本章通过对具体功能和实战案例的讲解，可帮助用户在实际工作中更好地运用各种滤镜效果。

本章核心知识点：

- 介绍“3D”菜单命令
- 扭曲和变换工具的使用
- 变形工具的使用
- 风格化的使用

9.1 知识点储备

在Illustrator以前的版本中有两类滤镜，分别存在于“滤镜”和“效果”菜单中，它们的作用是分别针对矢量图和位图进行特殊效果的处理。

在Illustrator 2022中，这两个滤镜被合到了一个菜单，即“Illustrator效果”菜单下，如图9-1所示。

本章将重点讲解“Illustrator效果”菜单下的命令。

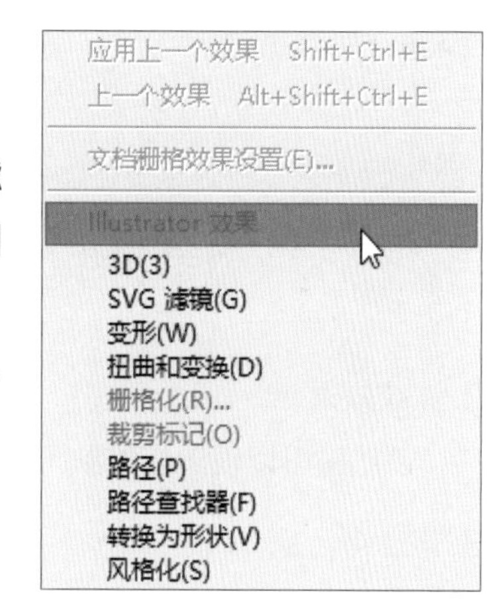

图9-1

9.1.1 3D

“3D”菜单命令下集中了3个三维滤镜，如图9-2所示。有关它们的具体用法将在本章的案例中进行详细讲解。

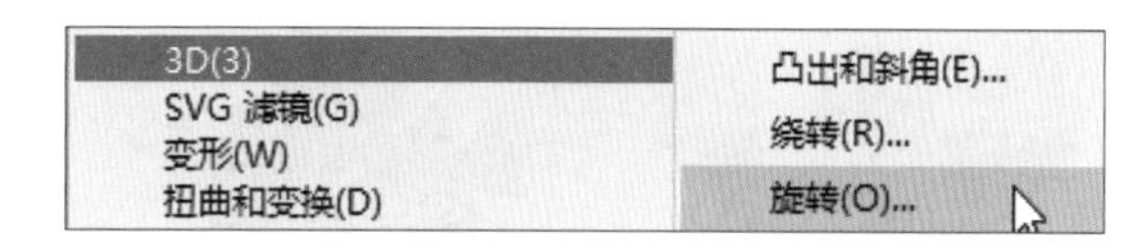

图9-2

9.1.2 变形

执行“变形”命令下的子命令，可对选中的对象进行各种样式的变形，如图9-3所示。

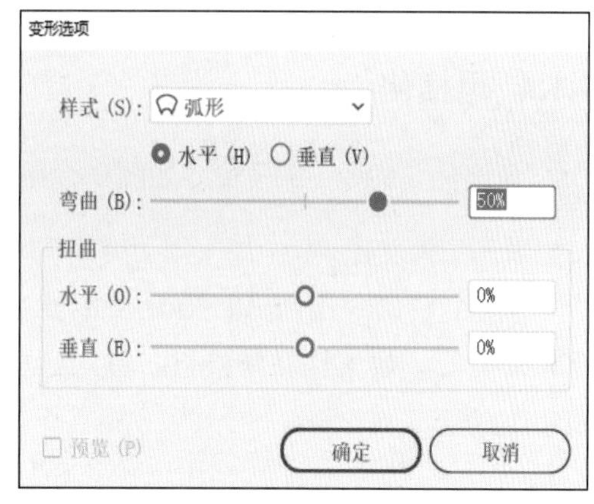

图9-3

9.1.3 扭曲和变换

“扭曲和变换”命令下集中了7个子命令，如图9-4所示。这里讲解其中3个重要滤镜。

图9-4

1. 收缩和膨胀

收缩和膨胀滤镜可以使操作对象从它的锚点处开始向内或向外发生扭曲变形。“收缩和膨胀”对话框如图9-5所示。

在图9-5右侧文本框中，正值为收缩，负值为膨胀，使用效果如图9-6所示。

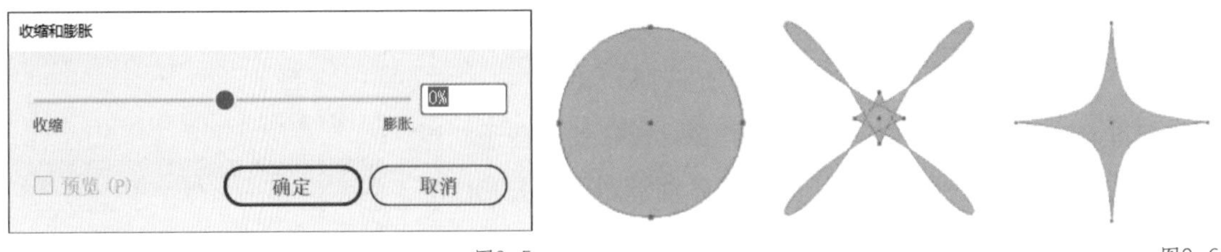

图9-5

图9-6

2. 波纹效果

该滤镜可以使操作对象产生锯齿的效果，如图9-7所示。

3. 粗糙化

该滤镜可以在操作对象的边缘上制造出粗糙效果，如图9-8所示。

图9-7

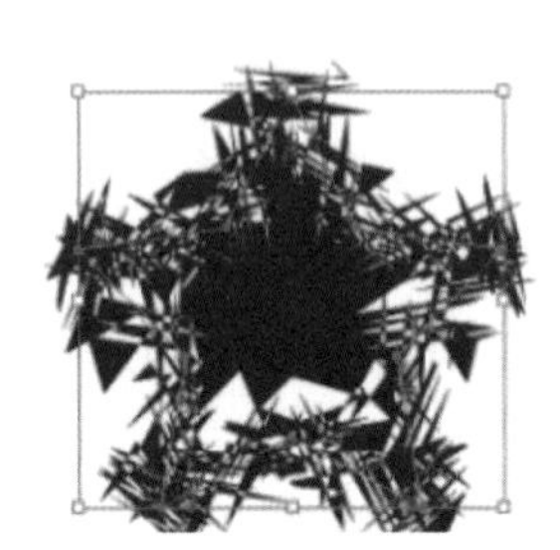

图9-8

9.1.4 风格化

“风格化”命令下的子命令如图9-9所示。

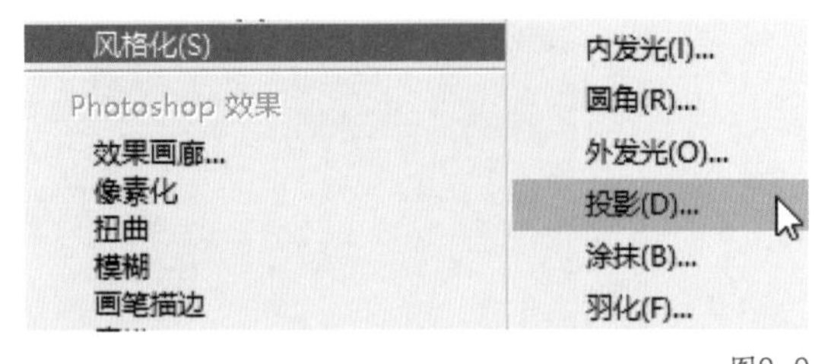

图9-9

1. 内发光和外发光

这两个子命令和Photoshop中的滤镜命令非常类似，效果也非常接近，其对话框如图9-10所示。

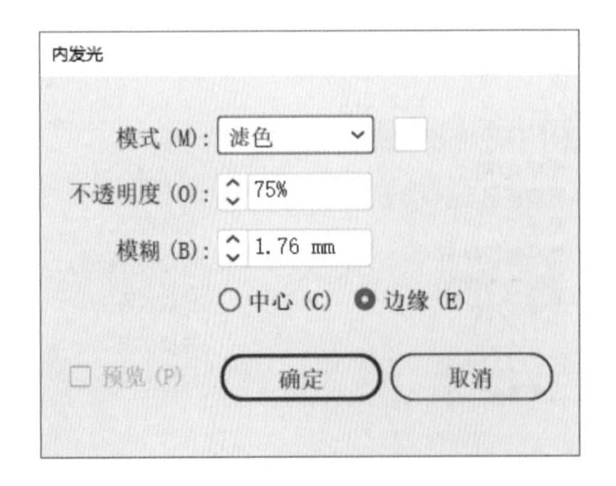

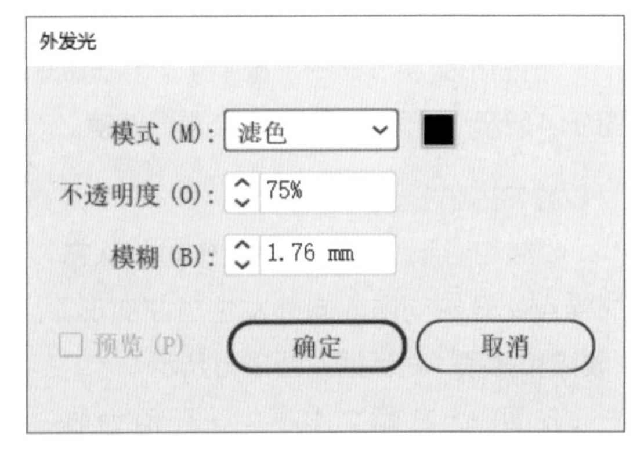

图9-10

2. 圆角

当需要快速得到一个圆角图形时，可以使用此子命令。图9-11所示的图形适合使用这个子命令来制作。

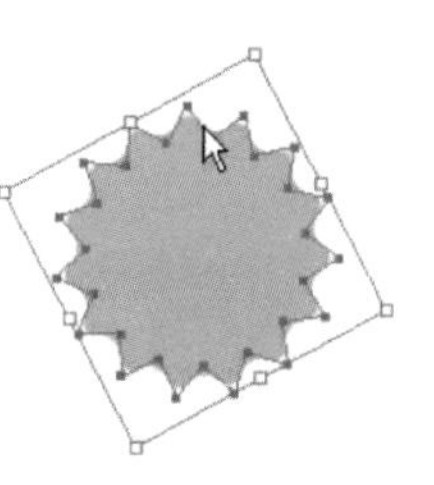
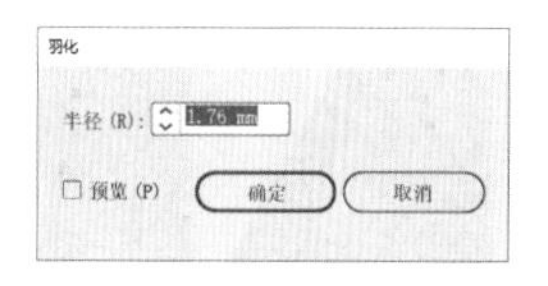

图9-11

3. 投影

投影滤镜可以为选定的矢量对象创建阴影效果，其对话框如图9-12所示。

4. 涂抹

“涂抹选项”对话框可以设置涂抹的笔触效果，如图9-13所示。

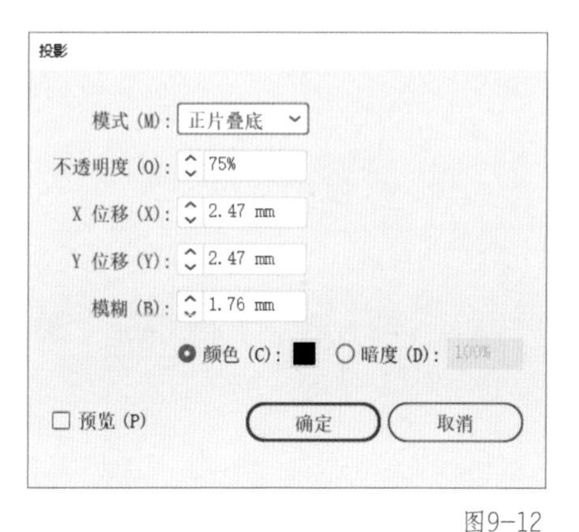

图9-12

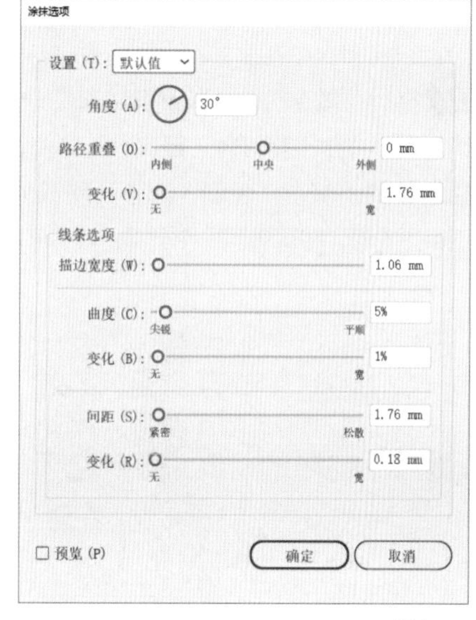

图9-13

5. 羽化

使用羽化滤镜可以得到模糊的边缘效果，如图9-14所示。

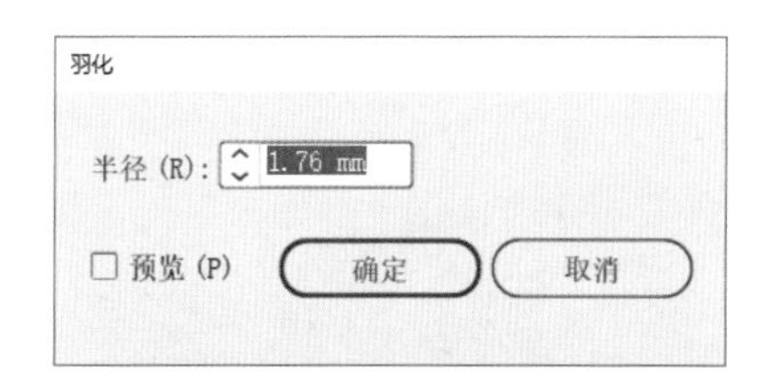

图9-14

9.2 实战案例：立体字母N图标制作

图9-15

下面使用3D滤镜命令绘制图9-15所示的立体字母N图标。

操作步骤

01 使用矩形工具拼接出图9-16所示的字母N的轮廓形状，关闭描边并填充黑色。

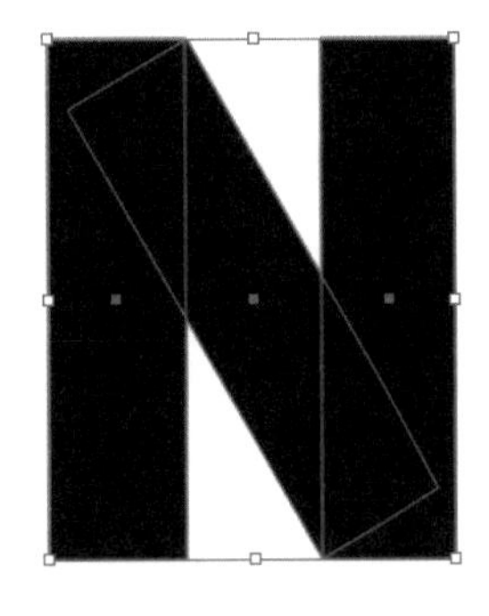

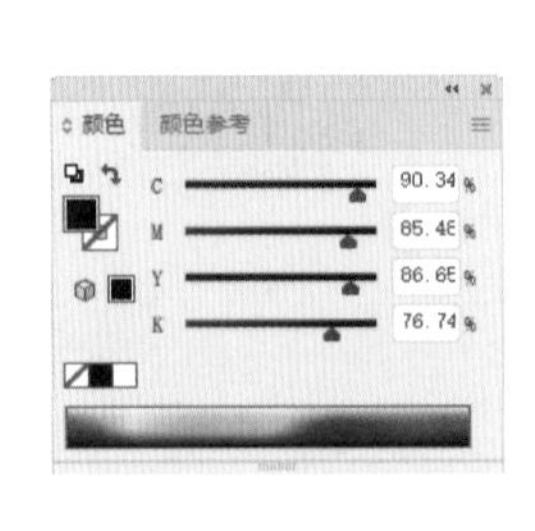

图9-16

02 选中图9-17左图中的3个矩形，使用“路径查找器”面板中的联集按钮将3个矩形进行联集。

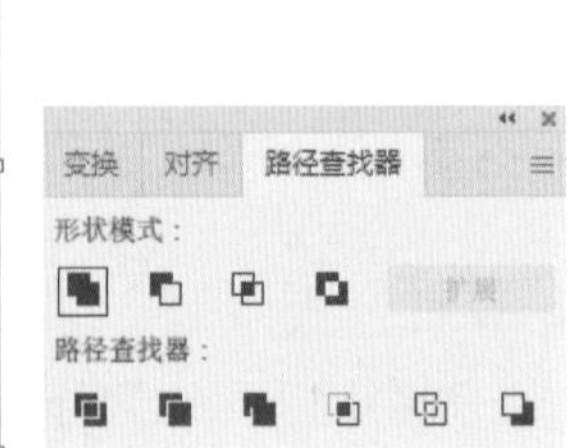

图9-17

03 执行“效果”→“3D和材质”→“3D（经典）”→“凸出和斜角（经典）”命令，修改旋转轴的数值，单击“表面”选项，更改为线框，如图9-18所示，即可得到一个立体的N字母。

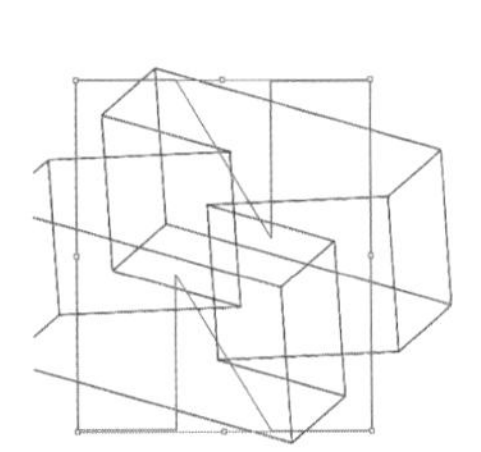

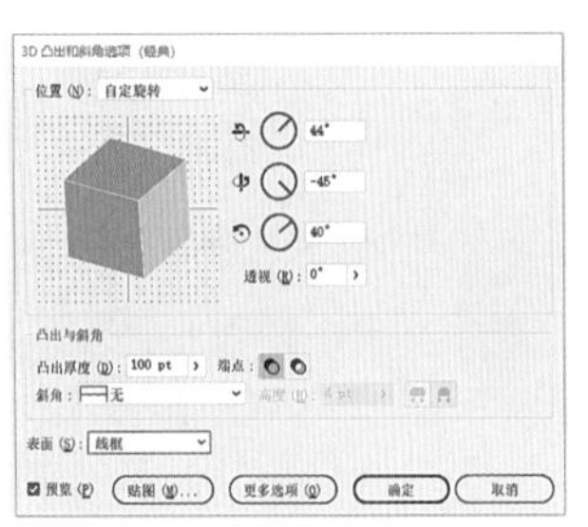

图9-18

04 使用钢笔工具绘制一个一样的字母N的3D模型，如图9-19所示。

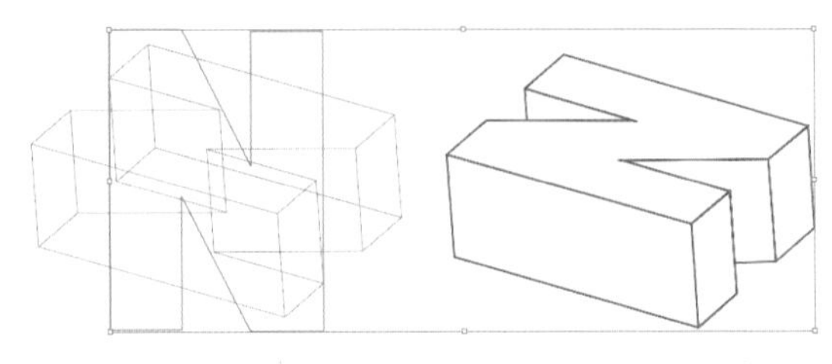

图9-19

05 根据黑白灰的属性，将几个面分好颜色，如图9-20所示。

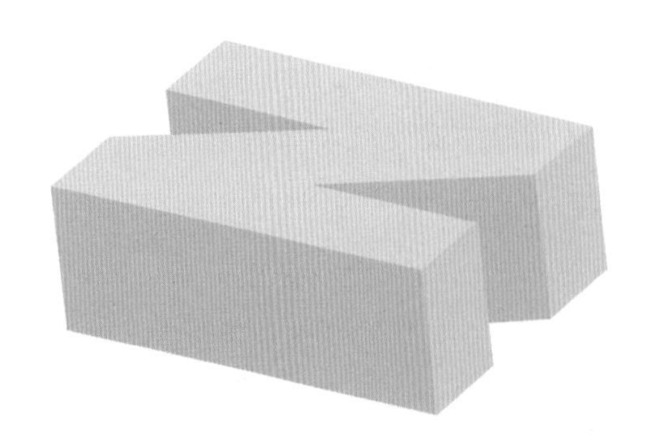

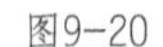

图9-20

06 使用钢笔工具绘制3个房檐，如图9-21所示。

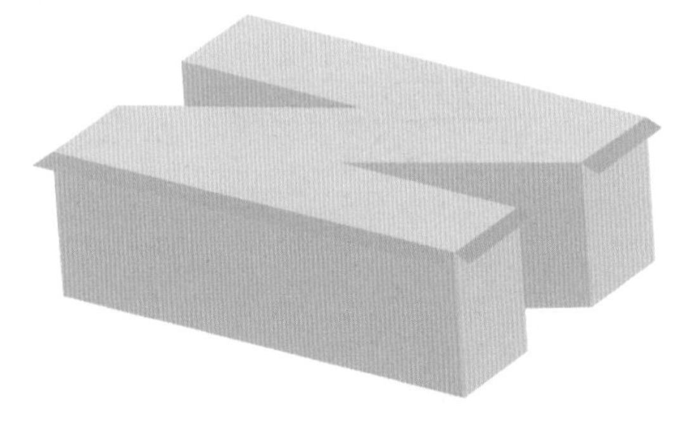

图9-21

07 使用钢笔工具绘制阴影，增强立体感，如图9-22所示。

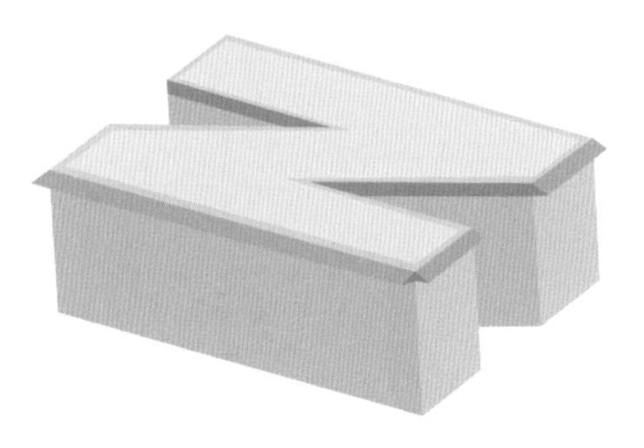

图9-22

08 使用钢笔工具绘制一个底座，增强视觉稳定性，如图9-23所示。

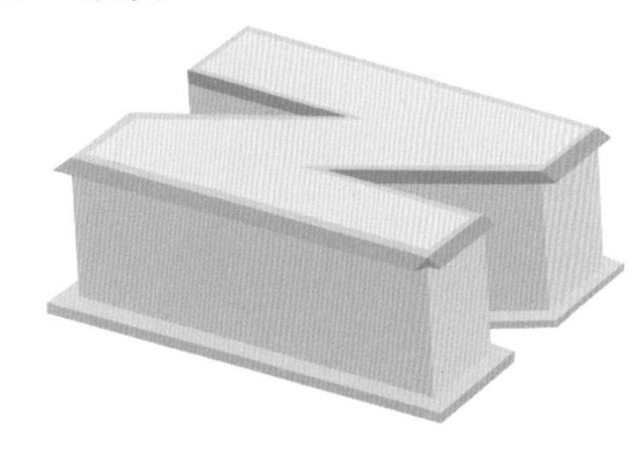

图9-23

09 使用钢笔工具绘制窗户和门及与其对应的阴影，如图9-24所示。

图9-24

10 使用钢笔工具绘制楼梯和扶手，如图9-25所示。

图9-25

11 使用钢笔工具绘制与楼梯连接的底座，增加立体感，如图9-26所示。

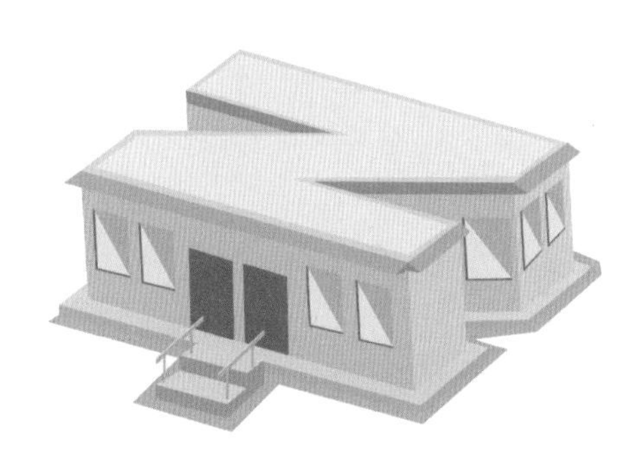

图9-26

12 使用钢笔工具绘制一个水滴形状，并填充绿色，如图9-27所示。

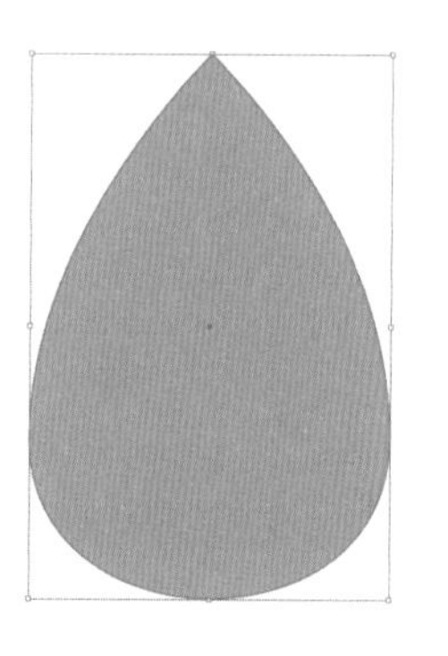

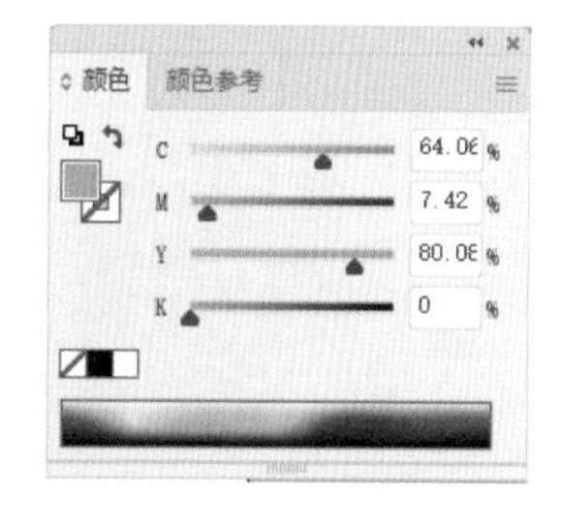

图9-27

13 复制一个水滴状图形，放到图9-28所示的位置。

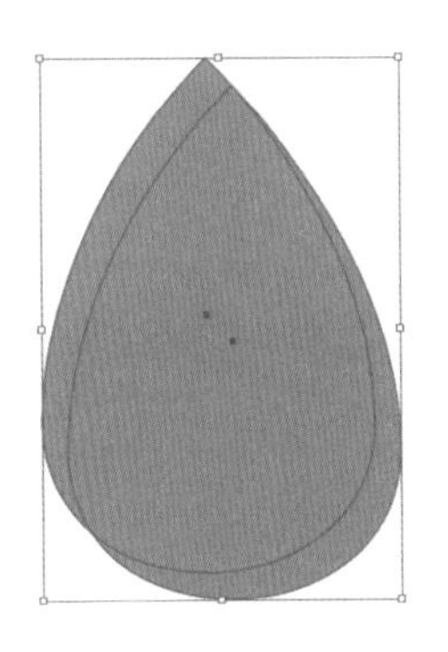

图9-28

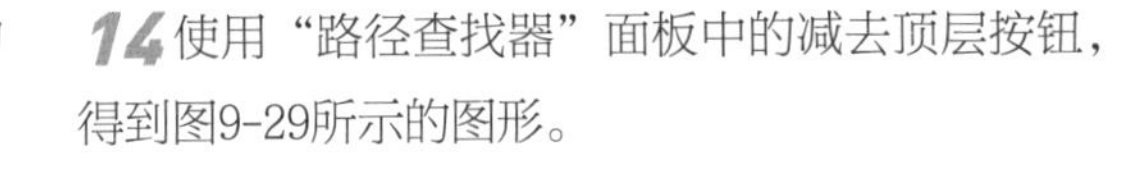

14 使用“路径查找器”面板中的减去顶层按钮，得到图9-29所示的图形。

图9-29

15 使用矩形工具绘制一个矩形，并填充棕色，得到图9-30所示的图形。

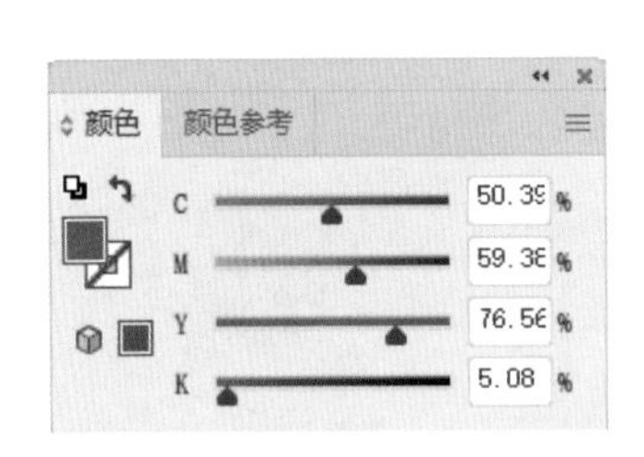

图9-30

16 将刚做好的3个图形按图9-31所示摆放，得到一棵树。

图9-31

17 复制几棵树并粘贴，将树均匀摆放到画板中，如图9-32所示。

图9-32

18 填充背景色，最终效果如图9-33所示。

图9-33

打开“每日设计”App，搜索关键词SP060901，即可观看“实战案例：立体字母N图标制作”的讲解视频。

设计实战篇

第 10 章
标志设计

在视觉识别系统的视觉要素中，标志（Logo）是核心要素。本章以企业标志为讲解的重点，实战案例结合标志设计的特点，详细讲解惊喜盒子公司的标志设计，帮助用户掌握标志设计的要点。

本章核心知识点：

- 标志的来历
- 标志的作用
- 标志的特点
- 标志的表现手法
- 标志的设计流程

10.1 标志简介

企业标志一般是企业的文字名称、图案或两者相结合的一种设计。标志具有象征功能和识别功能，是企业形象、特征和文化的浓缩。一个设计杰出、符合企业理念的标志会增加企业的权威感，在社会大众的心目中，它就是一个企业或企业品牌的代表。

标志可分为图形标志、文字标志和复合标志3种。图形标志是以富于想象或相联系的事物来象征企业的经营理念和经营内容，借用比喻或暗示的方法创造出富于联想、包含寓意的艺术形象。例如，出版社通过几本书的组合构成其标志图案，直接说明其经营内容。

文字标志是以含有象征意义的文字造型为基点，对其进行变形或抽象的改造，使之图案化。文字标志中常见的字母标志，多为企业名称的缩写。例如，麦当劳黄色的字母“M”标志醒目而独特，如图10-1所示。汉字标志的设计则多是充分发挥书法带给人的意象美及组织结构美，利用美术字或篆、隶、楷等字体，根据字面结构进行加工变形等艺术处理，如图10-2所示。但设计汉字的文字标志时要注意字形的可辨性，并力求标志的清晰、美观。

复合标志指综合运用文字和图案设计的标志，有图文并茂的效果，如图10-3所示。

图10-1

图10-2

图10-3

10.1.1 标志的来历

标志的来历可以追溯到上古时代的图腾。那时每个氏族和部落都选用一种与自己有特别关系的动物或自然物象作为本氏族或部落的特殊标记（后被称为图腾）。最初人们将图腾刻在居住的洞穴和使用的劳动工具上，后来就将其制成族旗、族徽。

古代人们在生产劳动和社会生活中，为方便联系、标示意义，以及区别事物的种类、特征和归属，不断创造和广泛使用各种类型的标记，如路标、村标、碑碣、印信纹章等。广义上说，这些都是标志。

到21世纪，公共标志、国际化标志开始在世界普及。随着社会经济、政治、科技、文化的飞跃发展，到现在，经过精心设计、具有高度实用性和艺术性的标志，已被广泛应用于社会的一切领域，对人类社会的发展与进步产生了巨大作用和影响。

10.1.2 标志的作用

1. 辨识性

辨识性是企业标志的重要功能之一。一个企业、产品或服务，只有拥有特点鲜明、容易辨认和记忆、含义深刻、造型优美的标志，才能够区别于其他企业、产品或服务，使受众对其留下深刻印象。

2. 领导性

标志是企业视觉传达要素的核心，也是企业开展信息传播的主导力量。在视觉识别系统中，标志的造型、色彩、应用方式直接决定了其他识别要素的形式，其他识别要素的设计都是以标志为中心展开的。标志是企业经营理念和活动的集中体现，贯穿于企业所有的经营活动中，具有权威的领导作用。

3. 同一性

标志代表着企业的经营理念、文化特色和价值取向，反映企业的产业特点和经营思路，是企业精神的具体象征。标志不能脱离企业的实际情况，违背企业宗旨，只考虑表面形式的标志失去了标志本身的意义，甚至会对企业形象造成负面影响。

10.1.3 标志的特点

1. 功用性

每个标志都具有不可替代的独特功能，如交通标志、安全标志、操作标志等。图10-4所示的标志就象征着一个城市及其定位。

图10-4

2. 识别性

标志最突出的特点是各具独特面貌，易于识别。显示事物的特征，标示不同事物的意义、区别与归属是标志的主要功能。

图10-5所示的标志运用江南建筑中具有标志性的翘屋角与圆拱门作为设计元素，体现了中华传统文化和江南的地域特征；标志右半部分隐含了杭州著名景点三潭印月的形象，体现了杭州的特色风情。这个标志微妙地传达了城市、建筑、园林、拱桥与水的亲近感，凸显了杭州独有的“五水共导”的城市特征。

图10-5

3. 显著性

绝大多数标志的设计就是为了引人注意，因此色彩强烈醒目、图形简练清晰是标志常有的特征。图10-6所示的英国石油公司的标志运用了黄色和绿色的强烈对比来吸引受众注意。

图10-6

4.多样性

标志种类繁多、用途广泛，无论从应用形式、构成形式还是表现手段来看，它都有着极其丰富的多样性。

标志的应用形式不仅有平面的（几乎可利用任何物质的平面），还有立体的（如使用浮雕、圆雕、三维吸塑等特殊工艺制作立体标志等）。

标志的构成形式有直接利用物象的，有以文字符号构成的，有以具象、意象或抽象图形构成的，有以色彩构成的。多数标志是由几种基本形式组合构成的，而且随着科技、文化、艺术的发展，标志的构成形式还将不断创新。

5.艺术性

凡经过设计的非自然标志都具有某种程度的艺术性。既符合实用要求，又符合美学原则，给予人美感，是对其艺术性的基本要求。

一般来说，艺术性强的标志更能吸引和感染人，给人强烈和深刻的印象，如图10-7所示。

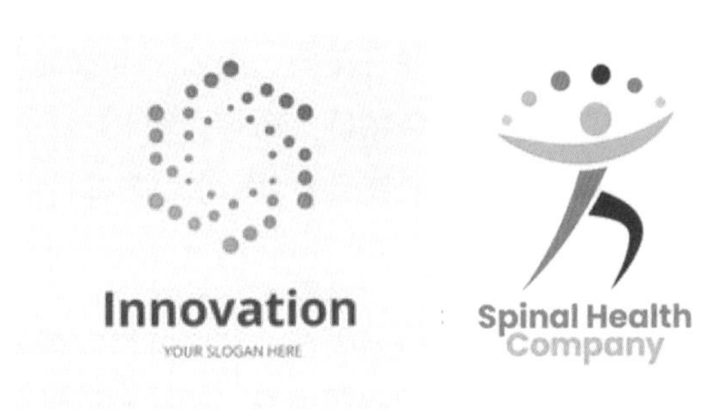

图10-7

6.准确性

标志的含义必须准确。首先要易懂，符合人们的认知水平和认知能力。其次要准确，避免产生歧义，尤应注意禁忌。好的标志能让人在极短时间内一目了然、准确领会含义。

7.持久性

标志与广告或其他宣传品不同，一般会长期使用，不轻易改动，如图10-8所示。

8.审美性

标志设计是最难的设计之一，它需要以恰当的方式把一个复杂的小物用简洁的形式表达出来。标志设计通过文字、图形的巧妙组合创造一形多义的形态，相比其他设计，要求形态更集中、对比（或色彩）更强烈、更具有代表性。标志设计突出的表现在于设计概括的形象化，以单纯、简洁、鲜明为特征，令人一目了然，简练、准确而又生动有趣，有即时达意的效果。

图10-8

10.2 标志设计要素

10.2.1 标志的表现手法

1. 表象手法

在标志中采用与标志对象直接关联且具有对象典型特征的形象，这种手法直接表达对象特征，令人一目了然，如以书的形象表现出版业、以火车头的形象表现铁路运输业等。图10-9所示的是乌鲁木齐铁路局的标志。

图10-9

2. 象征手法

在标志中采用与内容在某种意义上有联系的事物，如图形、文字、色彩等，以比喻、形容等方式表现标志对象的抽象内涵。并且，象征性标志往往采用已为社会约定俗成的关联物象作为有效代表物，如用鸽子象征和平，用雄狮、雄鹰象征英勇，用日、月象征永恒，用松鹤象征长寿，用白色象征纯洁，用绿色象征生命等。图10-10所示的世界自然基金会的标志就是使用熊猫来象征其保护世界物种多样性的宗旨。

图10-10

3. 寓意手法

在标志中采用与标志含义近似或具有寓意的形象，以影射、暗示等方式表现标志对象的内容和特点，如用伞的形象暗示防潮湿，用玻璃杯的形象暗示易破碎，用箭头示意方向等。

4. 模拟手法

模拟手法指用特性相近的事物模仿或比拟标志对象的特征或含义的手法。图10-11所示的日本航空公司的标志就是采用仙鹤展翅的形象比拟飞行和祥瑞。

图10-11

5. 视感手法

在标志中采用并无特殊含义的简洁而形态独特的抽象图形、文字或符号表示标志对象，给人一种强烈的现代感和视觉冲击感。为使人辨明所标志的事物，这类标志往往配有少量小字，一旦人们熟悉这个标志，即使去掉小字也能辨别它。如图10-12所示，李宁运动品牌将拼音字母“L”横向夸大为标志。

图10-12

10.2.2 标志的设计流程

1. 调研分析

在设计标志之前，首先要对企业做全面深入的了解，包括了解其经营战略、进行市场分析，以及调查企业高层的基本意愿，这些都是标志设计的重要依据。了解竞争对手也是设计标志前的重要环节，因为只有充分了解竞争环境，才能提高标志在市场中的可识别度，所以需要制作标志设计的调查问卷，调研客户群体。

2.要素挖掘

要素挖掘是为设计做进一步的准备。在这个阶段需要根据对调查结果的分析，提炼出标志的结构类型和色彩倾向，列出标志所要体现的精神和特点，以便挖掘相关的图形元素，为标志设计做充足准备。

3.设计开发

准备好设计要素后，可以从不同的角度和方向开始设计。设计师需要充分发挥想象，用不同的表现方式，将设计要素融入设计中，尽可能设计出含义深刻、特征明显、造型大气、结构稳重、色彩搭配合理的标志。完成标志的设计开发后需要向企业递交提案。

4.修正并应用

提案阶段确定的标志，可能在细节上还不够完善，需要测试标志在不同环境下使用的效果，根据实际情况对标志进行修改，以使标志在各种使用场景下更加和谐。

10.3 实战案例：惊喜盒子公司标志设计

目标设计

· 惊喜盒子公司的标志设计要点

· 技术实现（Illustrator综合运用）

惊喜盒子公司的标志设计要点

1. 确定表现手法

在制作标志之前，先选择标志设计的表现手法。在这里，由于公司名称简单直白，所以运用表象手法来制作惊喜盒子公司的标志。

2. 构思设计方案

惊喜盒子公司是一家盲盒公司，盲盒里面通常装的是动漫、影视作品的周边,或者设计师单独设计出来的玩偶。之所以叫盲盒,是因为盒子上没有标注具体的产品，只有打开才会知道自己抽到了什么。标志的设计可以从盒子入手展开联想。

技术实现

下面使用Illustrator 2022来具体制作这个标志。

01 在Illustrator 2022中新建一个尺寸为210mm（宽度）×297mm（高度）的文件，将名称改为“标志”，以便储存和查找。

先制作盒子的外形。在左边工具栏中选择矩形工具，按住【Shift】键的同时拖曳鼠标，绘制一个正方形，填充为黑色，描边设置为无颜色，如图10-13所示。

提示 由于标志制作的尺寸一般不会太大，所以新建文件的尺寸没有特殊规定，一般可以自由拟定。

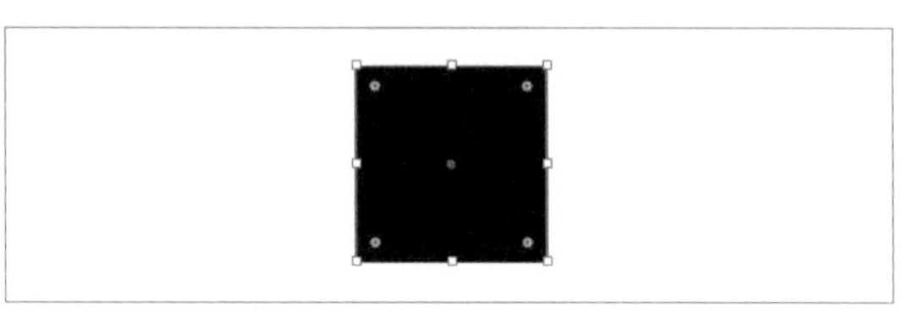

图10-13

02 选中刚绘制的正方形，执行“效果”→“3D和材质”→“3D（经典）”→“凸出和斜角（经典）”命令。在打开的对话框中，将位置选择为“离轴-前方”，凸出厚度的设置范围80～100pt（根据正方形的大小而定），然后单击左下方的“预览”按钮，使图形变为一个令人比较满意的立方体，单击“确定”按钮，如图10-14所示。

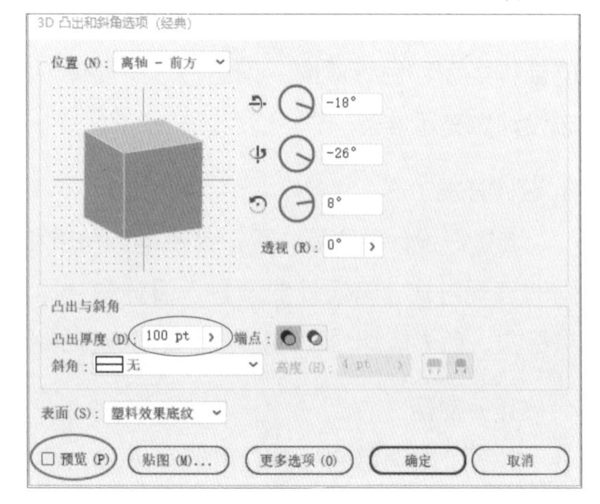

图10-14

03 选中正方体，执行“对象”→“扩展外观”命令，然后按快捷键【Ctrl】+【Shift】+【G】将编组解散，正方体呈现的3个面便可以拆分和自由编辑，如图10-15所示。

04 分别选中正方体分开的3个面，为其填充不同的颜色，以便接下来的区分制作，如图10-16所示。

05 选中正方体左边蓝色的区域，按住【Alt】键并水平向右拖曳鼠标，将其复制到图10-17所示的位置。

图10-15

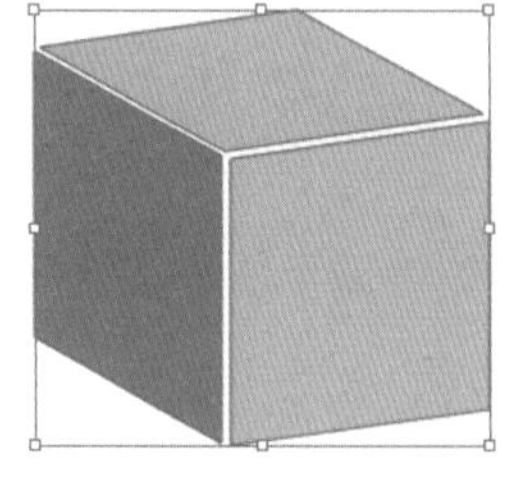

图10-16

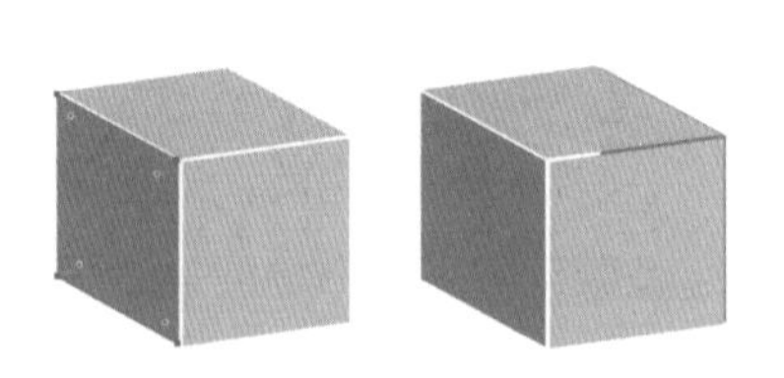

图10-17

06 同理，复制前面的肉色图形到正方体的后面，并将其颜色更改为普鲁士蓝色，然后按快捷键【Ctrl】+【shift】+【[】将其置于底层，如图10-18所示。

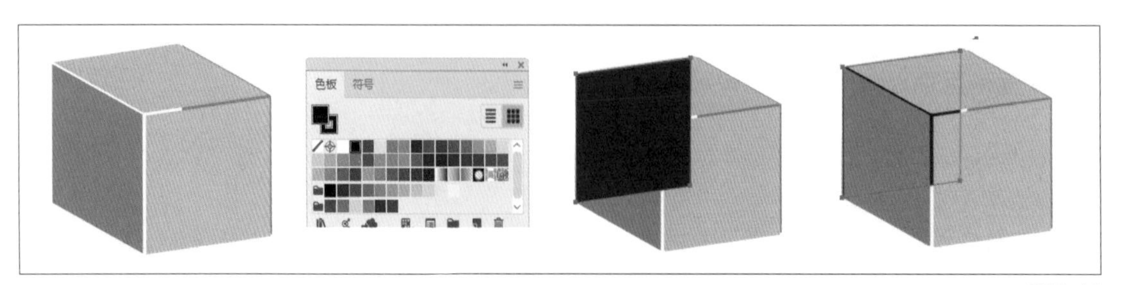

图10-18

07 删除顶部的黄色图形。此时对象呈现为一个四面体，一个无盖的盒子外形基本完成，如图10-19所示。

08 选中盒子左侧面的蓝绿色图形，按住【Alt】键并向左拖曳鼠标，将其复制，更改颜色为黄色，如图10-20所示。

09 使用直接选择工具拖曳黄色图形下边的路径线段，使其形成打开的盒盖形状，如图10-21所示。

图10-19

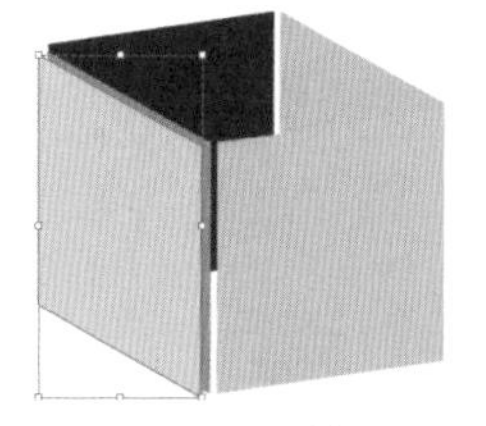

图10-20

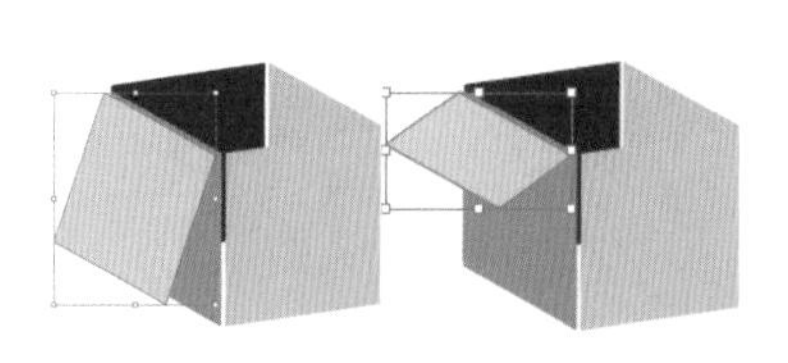

图10-21

10 同理，得到图10-22所示的右边的盒盖形状。

11 分别调整这6个面之间的空间距离，使其在视觉上达到舒适的效果。然后分别给这6个面更改颜色，更改之后的效果如图10-23所示。

12 在标志下面加上“惊喜盒子”的中英文标准字，一个完整的标志设计就完成了，如图10-24所示。

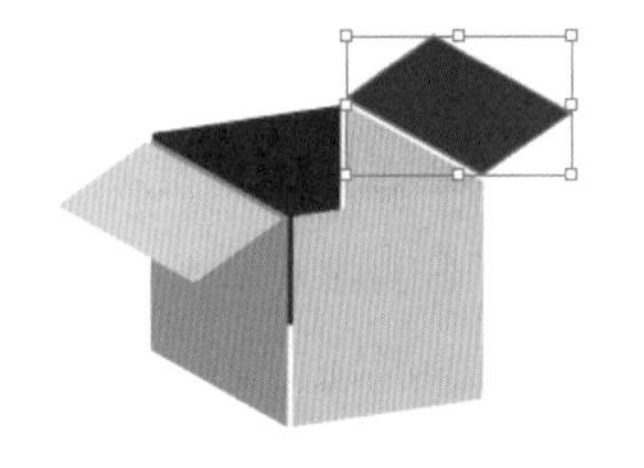

图10-22

图10-23

图10-24

提示　公司名称字体一般采用无衬线字体，例如，中文黑体及其变体、英文Arial字体及其变体，这类字体大方、现代。在本案例中，由于惊喜盒子是一家盲盒公司，为体现公司现代新潮的风格，采用了简洁干净的字体，其组合方式多样，在案例中呈现的是标志和标准字居中对齐的形式。

标志的应用十分广泛，它可以代表一个企业，也可以代表一个部门或者个人。标志可以出现在大小活动中，个人名片与办公用具中，以及和公司有关的一切事物中。图10-25所示的就是将惊喜盒子公司的标志应用到名片设计上的情况。

图10-25

打开“每日设计”App，搜索关键词SP061001，即可观看“实战案例：惊喜盒子公司标志设计”的讲解视频。

第 11 章 文字设计

文字设计是平面设计的重要组成部分，是根据文字在页面中的不同用途，运用系统软件提供的基本字体和字形，用图像处理和其他艺术字加工手段，对文字进行艺术处理和编排，以达到页面协调和更有效地传播信息的目的。本章的实战案例结合文字设计的特点，详细讲解钢材工厂Steel Factory标志中的文字设计，帮助用户熟悉文字设计的流程。

本章核心知识点：

· 文字设计的优点

· 文字设计的主要原则

11.1 文字设计简介

文字设计是平面设计的重要组成部分，是根据文字在页面中的不同用途，运用一些基本的字体和字形，用图像处理和其他艺术字的加工手段，对文字进行艺术处理和编排，最终达到页面协调和更有效地传播信息的目的，如图11-1所示。

11.2 文字设计的优点

根据企业或品牌的个性精心设计的字体，对笔画的形态、粗细，字间的连接与配置，统一的造型等，都做了细致严谨的规划，比普通字体更美观，更具特色。

在企业形象战略中，企业名称和标志采用统一的字体已成为新的趋势；虽然只统一了字体这一个设计要素，却能达到视觉风格统一的效果，如图11-2所示。

图11-1

图11-2

11.3 文字设计的主要原则

11.3.1 文字的适合性

信息传播是文字设计最基本的功能。文字设计的重点在于遵循表述主题的要求，不能相互脱离，更不能相互冲突，破坏文字的诉求效果。尤其在商品广告的文字设计上，任何一个标题、一个字体标志、一个商品品牌都有其自身的内涵，文字设计的目的是将其内涵准确无误地传达给消费者。例如，生产女性用品的企业，其广告的文字秀丽柔美，符合女性的形象特征；手工艺品的广告文字，多采用不同样式的手写形式，体现手工艺品的艺术风格和情趣。

根据文字字体的特性和使用类型，文字设计的风格可以分为以下几种。

1. 秀丽柔美

这种风格的字体线条流畅，给人以华丽柔美之感，适用于女性化妆品、饰品、日常生活用品等主题，如图11-3所示。

2. 稳重挺拔

这种风格的字体造型规整，富有力度，给人以简洁爽朗的现代感，视觉冲击力较强，适用于机械科技等主题，如图11-4所示。

图11-3

图11-4

3. 活泼有趣

这种风格的字体造型生动活泼，有鲜明的节奏韵律感，色彩丰富明快，给人以生机盎然的感受，适用于儿童用品、运动休闲、时尚产品等主题，如图11-5所示。

4. 苍劲古朴

这种风格的字体造型饱含古时风韵，给人一种怀旧的感觉，适用于传统产品、民间艺术品等主题，如图11-6所示。

图11-5

图11-6

11.3.2 文字的视觉美感

文字作为画面的要素之一，具有传达感情的功能，因此它必须具有视觉上的美感，能够给人以美的感受，如图11-7中的左图所示。在文字设计中，美不仅仅体现在局部，也体现在对笔形、结构以及整个设计的把握上，如图11-7中的右图所示。文字是由横、竖、点和圆弧等线条组合成的形态，在结构的安排和线条的搭配上，如何协调笔画与笔画、字与字之间的关系，强调节奏与韵律，创造出更富表现力和感染力的设计，把内容准确、鲜明地传达给观众，是文字设计的重要课题。

图11-7

11.3.3 文字设计的个性

根据广告主题的要求，极力突出文字设计的个性色彩，创造与众不同的字体，给人以别开生面的视觉感受，将有利于企业和产品良好形象的建立。

在设计特定字体时，一定要从字的形态特征与组合编排上进行探求，不断修改，反复琢磨，这样才能创造富有个性的文字，使其外部形态和设计格调都能给人带来审美愉悦，如图11-8所示。

图11-8

11.4 实战案例：钢材工厂标志设计

目标设计

· 钢材工厂标志设计要点

· 技术实现（Illustrator综合运用）

钢材工厂标志设计要点

构思钢材工厂Steel Factory的设计思路。钢材工厂所生产的产品和工业用具很有特点，可以用钳子、扳手、螺丝帽等要素进行设计。

技术实现

下面使用Illustrator 2022来具体制作这个标志。

01 进行设计思考，由钢材工厂可以想到坚硬的钢材、工业用具以及坚硬的外形，在联想的过程中不妨把这些相关的内容都写下来，以备参考。

02 在进行一番设计思考之后，便可以开始在软件中具体操作。首先，在Illustrator 2022中新建一个尺寸为210mm（宽度）×297mm（高度）的文件，如图11-9所示。

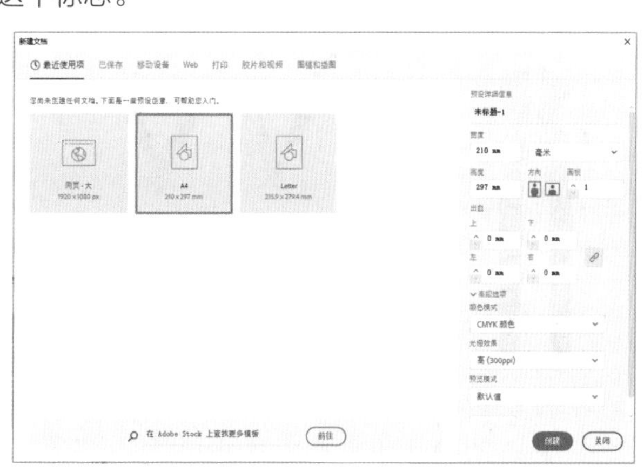

图11-9

03 选择文字工具，输入公司名称“Steel Factory”，执行“文字”→“更改大小写”→“词首大写”命令，使单词首字母呈大写效果，如图11-10所示。

图11-10

04 为这个文字选择一个基本字体，考虑到厚重和坚硬等特点，可选用Arial字体的Black样式，如图11-11所示。

图11-11

> **提示** 第04步所选择的基本字体并不是最终的字体，而是需要在这个字体的基础上加以变化和修改，所以字体的变化与修改必须和之后的设计思路挂钩。Arial字体属于英文中的无衬线字体，特点是笔画粗细均匀。用户也可以根据自己的设计思路选择不同的字体。

05 基本字体确定之后，需要对字体进行进一步的编辑。首先，将改好的字体复制一个放在一边备用。其次，选中文字，再执行“对象”→“扩展”命令，扩展其对象和填充。然后，单击鼠标右键，执行快捷菜单中的“取消编组”命令，这样可以选中任意一个字母进行编辑，如图11-12所示。

Steel Factory

图11-12

> **提示** 由于扩展之后的文字已经变成图形，不可再对文字进行编辑，所以在执行命令之前先复制一个以做备份。

> **提示** 本次设计的是一个钢材工厂的标志，所以在素材选择上，选择的是工地上的图案素材，例如安全帽、扳手、钳子一类，不仅形象具体，也使得文字更加生动有趣。

06 将事先准备好的素材复制、粘贴到文件中，如图11-13所示，将素材和字母一一比较，找到素材和字母形状的共同点。

图11-13

07 将这些字母和工具结合到一起，让它们形成一组新的艺术字。例如，将字母“Y”和钳子的形状结合，如图11-14所示。

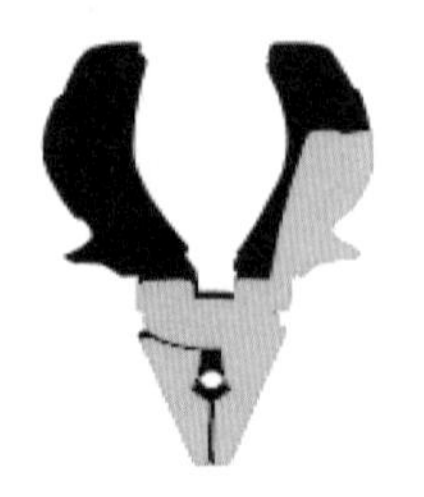

图11-14

08 使用直接选择工具选中钳嘴的部分锚点，按住【Shift】键的同时单击鼠标，并向上垂直拖曳鼠标，将尖嘴缩短至合适的长度，如图11-15所示。然后将钳子移动到字母“Y”上，调整其大小到满意为止，如图11-16所示。

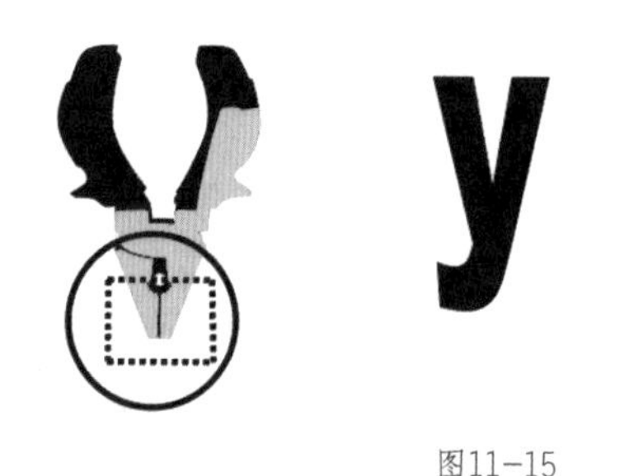

图11-15

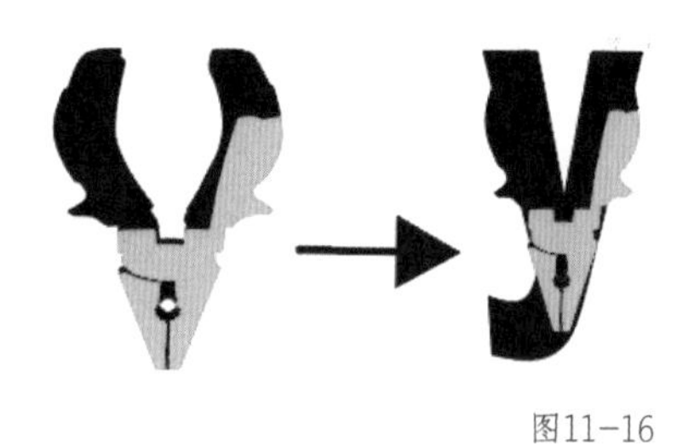

图11-16

09 字母“O”可以直接用图11-17所示的圆形锯齿代替。字母“L”可以与扳手结合，先参考“步骤08”缩短扳手的手柄，如图11-18所示。

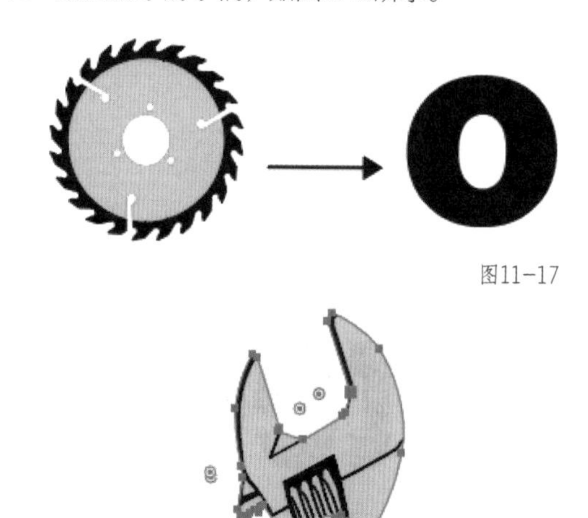

图11-17

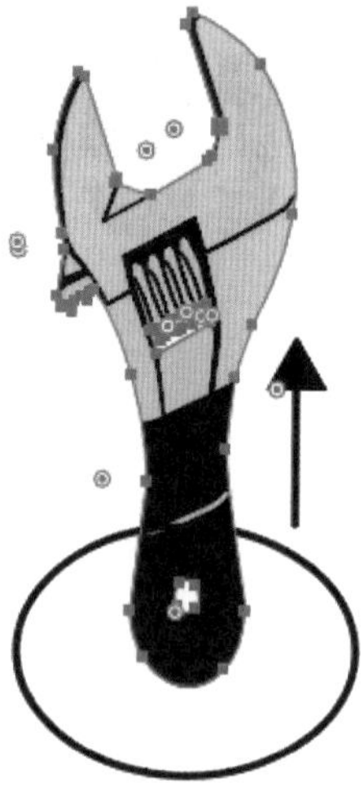

图11-18

10 将扳手和字母“L”放在一起，选中字母“L”并按快捷键【Ctrl】+【Shift】+【]】将字母置顶，使用直接选择工具移动字母“L”的各个锚点，如图11-19所示。

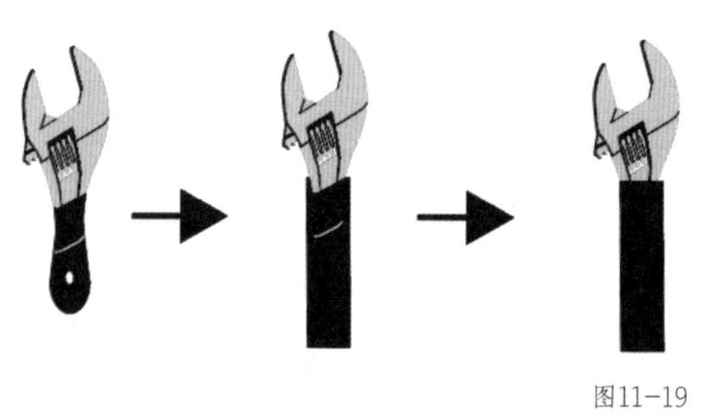

图11-19

11 对单词中的其他字母做一些细微的改变，让这个字母的组合显得更加和谐，如对字母“L”手柄下的部分做改变，如图11-20所示。

图11-20

12 将制作好的字母放到之前的文字中，调整比例和大小，使文字整体看起来美观，如图11-21所示。

图11-21

13 同理，需要修改字母“F”的细节，效果如图11-22所示。

图11-22

14 将每个字母都做出细微改变后，最终的文字设计效果如图11-23所示。

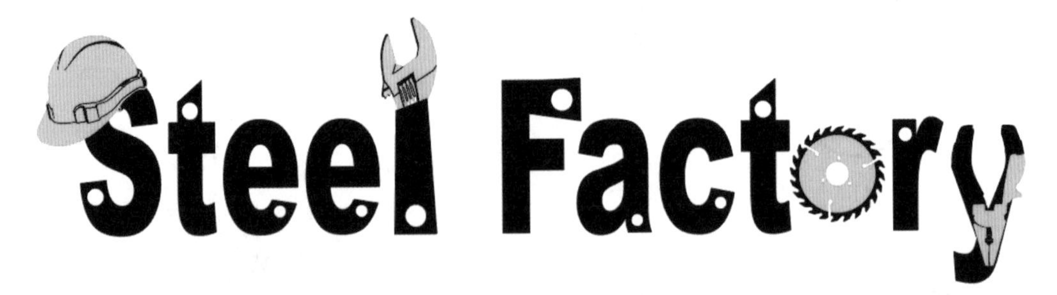

图11-23

打开“每日设计”App，搜索关键词SP061101，即可观看“实战案例：钢材工厂标志设计”的讲解视频。

第 12 章
杂志广告设计

杂志广告指刊登在杂志上的广告。杂志和报纸相似，也是一种传播媒体，它是以印刷符号传递信息的连续性出版物。由于各类杂志具有明确的目标读者，因此杂志是宣传各类商品的良好媒介。本章的实战案例结合杂志广告的特点，讲解杂志内页广告设计的过程。

本章核心知识点：

- 杂志广告简介
- 杂志广告特点

12.1 杂志广告简介

杂志广告指刊登在杂志上的广告。杂志和报纸相似，也是一种传播媒体，属于连续性出版物。杂志可分为专业性杂志（professional magazine）、行业性杂志（trade magazine）、消费者杂志（consumer magazine）等。由于各类杂志的读者群体比较明确，因此杂志广告是刊登各类专业商品广告的良好媒介，如图12-1所示。

图12-1

刊登在封二、封三、封四（封底）和中间双面的杂志广告一般用彩色印刷，纸质也较好，因此表现力较强，是报纸广告难以比拟的。杂志广告还可以用较多的篇幅来传递关于商品的详细信息，不仅利于消费者理解和记忆，也具有更高的保存价值。但是杂志广告也有缺点，那就是出版周期长，经济信息不易及时传递。

12.2 杂志广告特点

1. 保存周期长

杂志的保存周期比除了书以外的其他印刷品更长。杂志的长篇文章较多，读者不仅需要仔细阅读，并且需要分多次阅读。这样，杂志广告与读者的接触机会增多。杂志保存周期长的特点，有利于广告长时间地发挥作用。同时，杂志的传阅率也比报纸高，这是杂志的优势所在。

2. 有明确的读者对象

专业性杂志由于具有固定的读者群体，可以使广告宣传深入某一行业。杂志种类繁多，从出版时间上看，有周刊、旬刊、半月刊、双月刊、季刊；从内容上看，有娱乐、文化、经济、生活、教育等。专业性杂志针对不同的读者群体，安排相应的阅读内容，因而受到同类读者的欢迎。杂志的专业化倾向也十分明显，如医学杂志、科普杂志、各种技术杂志等，其发行对象是特定的社会阶层或群体。因此，对于面向特定消费阶层的商品而言，在专业杂志上做广告更具针对性，符合广告对象的理解力，能产生深入人心的宣传效果。从广告传播上来说，这种特点有利于明确传播对象，广告可以有的放矢。

3. 印刷精致

杂志的编辑精细，印刷精美。杂志的封面、封底为彩色印刷，图文并茂。同时，杂志印刷技术优良，用纸讲究，还有较好的展示手段来表现商品的色彩、质感等。广告作品往往放在封底或封二、封三，印制精致。一块版面常常只集中刊登一种内容的广告，比较醒目、突出，有利于吸引读者仔细阅读、欣赏。

4. 发行量大，发行面广

许多杂志是全国发行，有的甚至全世界发行。因此，对全国性的商品或服务的广告宣传来说，杂志广告无疑具有明显优势。

5. 可利用的篇幅多，可供广告主选择，并施展广告设计技巧

封二、封三、封底、内页及插页都可做广告之用，而且，对广告位置的机动安排可以突出广告内容，激发读者的阅读兴趣。同时，对广告内容的安排可做多种技巧性变化，如折页、插页、连页、变形等，吸引读者的注意。

12.3 实战案例：杂志内页广告设计

目标设计

· 杂志内页广告设计要点

· 技术实现（Illustrator综合运用）

杂志内页广告设计要点

杂志内页广告是放在杂志内页中的。这就要求制作时要将视觉传达元素有机结合，突出品牌名称和促销语，设计简洁时尚，色彩则是要把握人的第一视觉。

技术实现

下面使用Illustrator 2022来具体设计这个杂志内页广告。

01 在Illustrator 2022中新建一个尺寸为185mm（宽度）×240mm（高度）的文件，用户可根据杂志大小自定页面大小，把“出血”值设置为“3mm”，如图12-2所示。

图12-2

02 把选择好的素材从页面里复制、粘贴进新建的文件中，如图12-3所示。

图12-3

03 执行“编辑”→“编辑颜色”→“转换为灰度”命令，去掉其彩色信息。

提示 制作内页广告应该根据广告主题风格定位，案例中的《MOJO CITY》是一本城市生活类杂志，所以杂志的广告应该选择具有浓厚城市气息的素材，在这里选用手绘感很强的城市建筑插画为主素材。

提示 在设计制作印刷类作品之初，首先应当把图片转化为灰度图，以免在四色印刷中出现偏色的问题。其次应当根据要求，把要表现的形象适当地组织起来，构成一个协调、完整的画面，这个步骤称为构图。构图合理可以增加整个画面的协调感和美感，所以在案例中，主素材的位置也是根据构图来决定的。常用构图包括安定有力的水平式构图、严肃端庄的垂直式构图、优雅变化的S形构图、饱有张力的圆形构图、纵深感强烈的辐射式构图，以及主体明确、效果强烈的中心式构图等。

04 调整矢量素材在页面中的大小和位置。将素材放在页面中间偏下的位置，这是为了让画面稳定，主题鲜明突出，留出标题的位置，如图12-4所示。

图12-4

05 确定广告的主体后，选择杂志往期的封面作为装饰性元素并保存为JPEG格式，然后将封面拖曳进页面，如图12-5所示。

图12-5

06 调整装饰元素的大小，并将其放置在页面底部，作为杂志往期内容的展示，如图12-6所示。

MOJO CITY

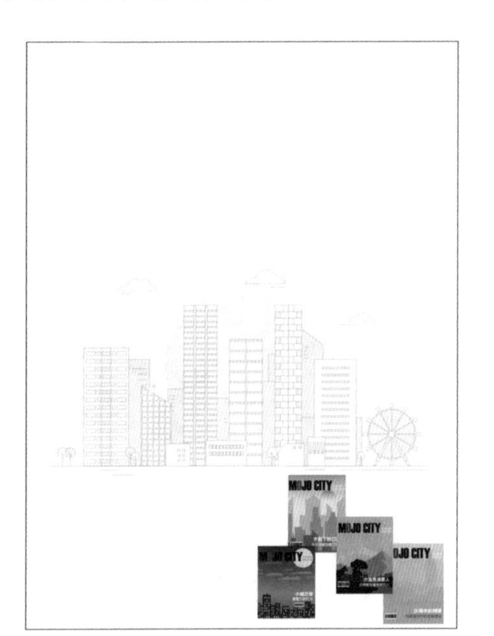

图12-6

07 将杂志的标题复制、粘贴到页面中，调整大小，然后放置在画面的空白区域，如图12-7所示。

MOJO CITY
每座城市
都有性格

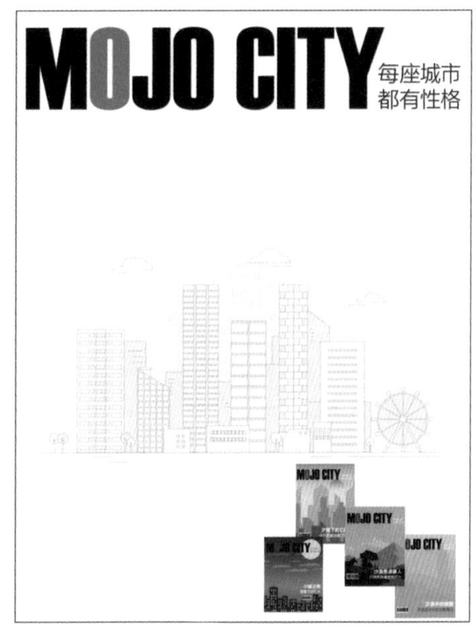

图12-7

08 内页的元素基本确定后，一次性复制广告的所有文字，选择左边工具箱中的文字工具，按住鼠标左键拉出一个文本框，将之前复制的文字全部粘贴进来，如图12-8所示。

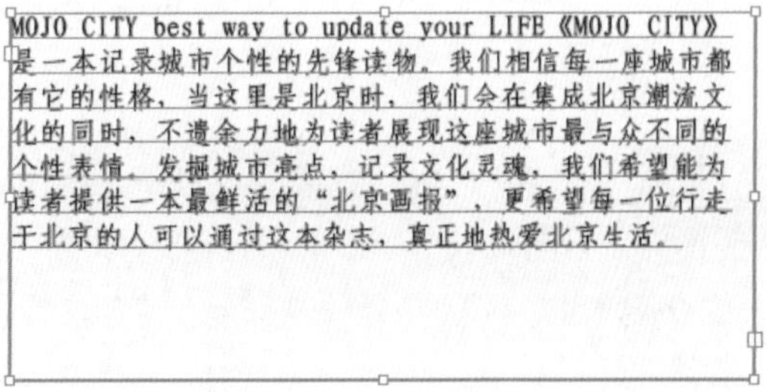

MOJO CITY best way to update your LIFE《MOJO CITY》是一本记录城市个性的先锋读物。我们相信每一座城市都有它的性格，当这里是北京时，我们会在集成北京潮流文化的同时，不遗余力地为读者展现这座城市最与众不同的个性表情。发掘城市亮点，记录文化灵魂，我们希望能为读者提供一本最鲜活的“北京画报”，更希望每一位行走于北京的人可以通过这本杂志，真正地热爱北京生活。

图12-8

提示 这本杂志广告出现中英文组合的文字排版，在这里英文作为标题性文字，选择规矩的Arial字体，内文则不必过于凸显，层次应该放在英文标题下面。

09 将英文内容复制粘贴出来，按快捷键【Ctrl】+【T】，调出字符面板，对中英文文字进行字体和大小的调整，如图12-9所示。

MOJO CITY
best way to update your LIFE《MOJO CITY》
是一本记录城市个性的先锋读物。我们相信每一座城市都有它的性格，当这里是北京时，我们会在集成北京潮流文化的同时，不遗余力地为读者展现这座城市最与众不同的个性表情。发掘城市亮点，记录文化灵魂，我们希望能为读者提供一本最鲜活的“北京画报”，更希望每一位行走于北京的人可以通过这本杂志，真正地热爱北京生活。
字符
OpenType
Arial
Regular
14 pt
100%
100%
0

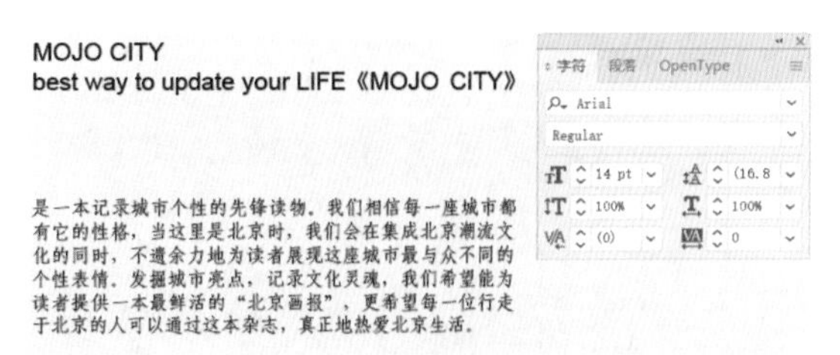

图12-9

10 使用直线工具在英文和中文文字中间加一条虚线，将中英文分隔开，选择右边工具箱中的描边工具，设置描边粗细为1pt，勾选“虚线”，如图12-10所示。

图12-10

11 将文字内容调整到合适的大小并放到页面中，如图12-11所示。

图12-11

12 在图12-12所示的位置加入杂志栏目名称，突出杂志的栏目，丰富封面的元素，用虚线和放射状的表现方式，平衡中间稍微单薄、底部过于厚重的问题。

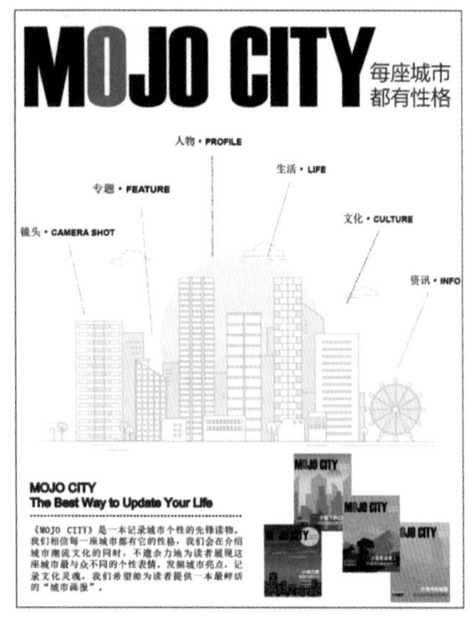

图12-12

> **提示** 在杂志广告中，除特殊效果外，虚线粗细一般为0.25~1pt，否则打印出来的线条太粗或者太细都会非常影响杂志广告的整体效果。

13 选择工具箱中的矩形工具，画一个和页面一样大的矩形作为背景，尺寸为185mm（宽度）×240mm（高度），使用渐变工具填充浅蓝色到白色的径向渐变，如图12-13所示。

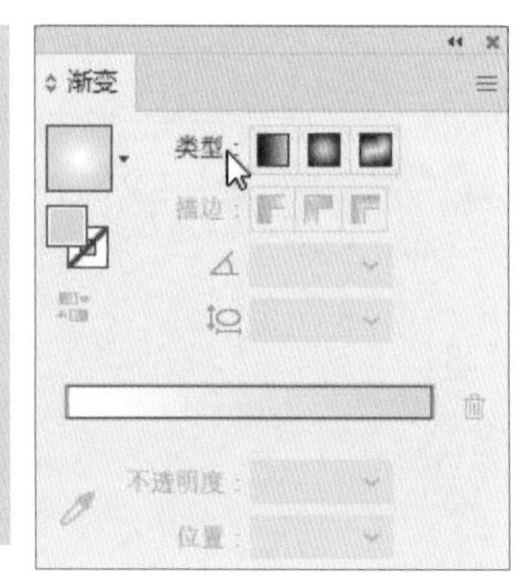

图12-13

14 将制作好的背景放入页面中，按快捷键【Ctrl】+【Shift】+【[】将其置底，如图12-14所示。

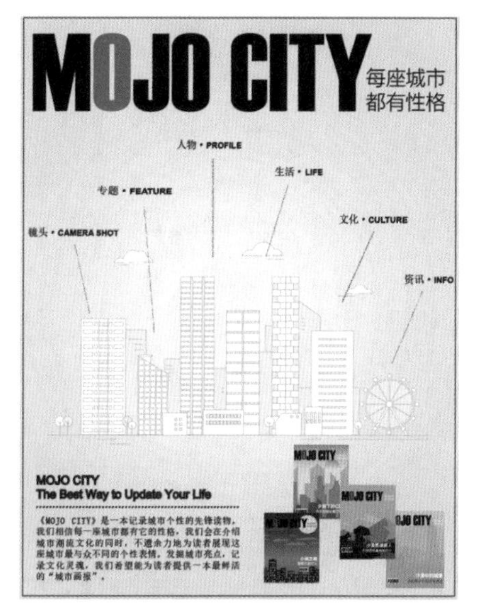

图12-14

15 将选择好的背景素材复制、粘贴到页面中，如图12-15所示。

图12-15

16 调整其大小和位置，降低透明度，至此，杂志内页广告完成。最终效果如图12-16所示。

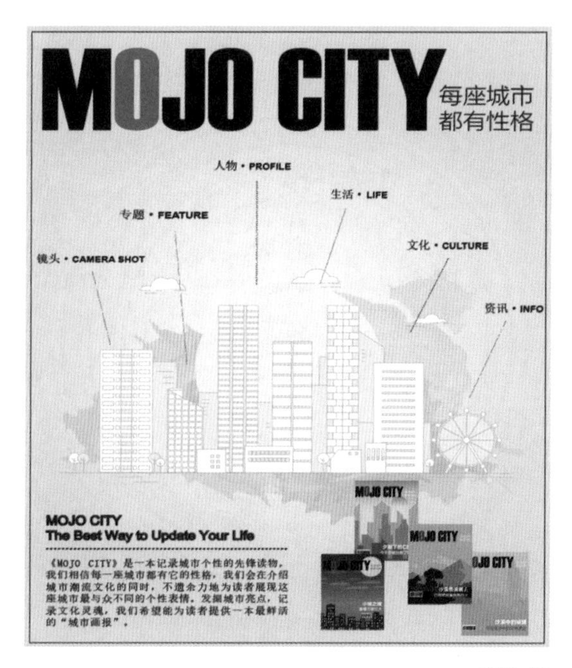

图12-16

提示 由于内页广告的大部分颜色比较单一，为突出“城市”主题，选择较为鲜艳的绽放效果图案为背景，从而为整个广告增加亮点和丰富内页广告色彩。

打开“每日设计”App，搜索关键词SP061201，即可观看“实战案例：杂志内页广告设计”的讲解视频。

第 13 章
易拉宝设计

易拉宝是目前会议、展览、销售宣传等场合使用频率较高、较常见的便携展具之一。按照易拉宝的具体类型和属性，可以将它归纳为常规易拉宝和异形易拉宝（又称为非常规易拉宝）。本章的实战案例详细讲解易拉宝的设计，帮助用户理解常规易拉宝的设计过程。

本章核心知识点：

· 易拉宝简介

· 易拉宝分类

13.1 易拉宝简介

易拉宝是目前会议、展览、销售宣传等场合使用频率较高、较常见的便携展具之一，如图13-1所示。

易拉宝具有如下4个特点。

（1）合金材料，造型简练，造价便宜。

（2）轻巧便携，方便运输、携带、存放。

（3）安装简易，操作方便。

（4）经济实用，可多次更换画面。

图13-1

13.2 易拉宝分类

按照其产品的具体类型和属性，可以将易拉宝分为常规易拉宝和异形易拉宝(非常规易拉宝)。

13.2.1 常规易拉宝

常规易拉宝在行业内有常用的尺寸规定，必须按照规定的尺寸进行设计和制作，以便于支架和画面的组合安装。支架使用的型材是事先开模成型的，现常用的有铝合金和RP材料(就是常说的塑钢)。在制作工艺允许的范围内，可以根据客户要求对易拉宝的宽度和支撑高度做调整。大部分的易拉宝是由画面和支架两个部分组成的。

13.2.2 异形易拉宝

异形易拉宝没有固定的标准尺寸规定，客户可以按自身需求定做产品。其画面和支架均可单独拆装，配有包装袋，便于携带，如图13-2所示。

图13-2

1.H形易拉宝

H形易拉宝支撑画面的支架从侧面看是“H”形，其画面整体展开后较为实用的尺寸有80cm（宽度）×200cm（高度）、100cm（宽度）×200cm（高度）、120cm（宽度）×200cm（高度）等。画面制作工艺为写真或者丝印，材料常用PP（聚丙烯）、合成纸、相纸等。支架的材质一般为RP和铝合金，有不同的样式和型号，客户可以根据自身需求选择适合自己的支架。

2.X形易拉宝

X形易拉宝支撑画面的支架从侧面看是“X”形，其画面整体展开后较为实用的尺寸有60cm（宽度）×160cm（高度）、80cm（宽度）×180cm（高度）等。画面制作工艺与H形易拉宝相同，材料为PVC（聚氯乙烯）。如果制作数量巨大可以选择丝印画面，画面效果更为逼真、更富有质感，画面颜色与设计原稿的偏差小。

3.L形易拉宝

L形易拉宝支撑画面的支架从侧面看是“L”形，其画面整体展开后较为实用的尺寸和画面制作工艺与X形易拉宝相同，材料为PP、合成纸。和H形易拉宝一样，L形易拉宝适合户外展览、广告促销等。

13.3 实战案例：易拉宝设计

目标设计

- 易拉宝设计要点
- 技术实现（Illustrator综合运用）

易拉宝设计要点

1. 设计易拉宝时，要注意文字内容的设计，可将要点设置为不同颜色或加大字号。
2. 设计易拉宝时，要注意画面的比例及协调性，突出要点、错落有致。

技术实现

下面使用Illustrator 2022来具体设计这个易拉宝。

01 启动Illustrator 2022，新建一个文件，命名为“智鼎东方易拉宝设计”，将其大小设置为800mm（宽度）×2000mm（高度），如图13-3所示。

图13-3

02 将事先准备好的智鼎东方的标志复制、粘贴到画布的上方，如图13-4所示。

智鼎东方

图13-4

03 从Word文档中复制全部文字内容，然后在Illustrator 2022中使用文字工具创建一个文本框，将复制的文字粘贴进来，如图13-5所示。

☒ 教育培训 Training & Education
☒ 企业内训
☒ 公开课程
☒ 管理咨询 Business Consulting
☒ 战略采购解决方案
☒ 供应链解决方案
☒ 市场策略解决方案
☒ 文化出品 Culture Products
☒ 励志类电影电视剧投资

智鼎东方（北京）文化有限公司

北京市海淀区海淀村海淀街000号海淀资源大厦
电话：8610-00000000
传真：8610-00000000
MSN: 0000000000000@0000000.com
E-mail：service@0000000000000.com
网址：http://www.0000000000000.com

图13-5

04 执行“文件”→“置入”命令，在弹出的“置入”对话框中选择“鼎.psd”，然后单击“置入”。并在Illustrator中选中置入的图片，按【Shift】键的同时拖曳鼠标，调整图片的大小，如图13-6所示。

☒ 教育培训 Training & Education
☒ 企业内训
☒ 公开课程
☒ 管理咨询 Business Consulting
☒ 战略采购解决方案
☒ 供应链解决方案
☒ 市场策略解决方案
☒ 文化出品 Culture Products
☒ 励志类电影电视剧投资

智鼎东方（北京）文化有限公司

北京市海淀区海淀村海淀街000号海淀资源大厦
电话：8610-00000000
传真：8610-00000000
MSN: 0000000000000@0000000.com
E-mail：service@0000000000000.com
网址：http://www.0000000000000.com

图13-6

05 使用文字工具选中联系方式等文字内容，按快捷键【Ctrl】+【X】将其剪切，然后使用文字工具创建另外一个文本框，按快捷键【Ctrl】+【V】将其粘贴进去，即可完成将联系方式等文字内容拆分为新文本框的过程，如图13-7所示。

智鼎东方（北京）文化有限公司

北京市海淀区海淀村海淀街000号海淀资源大厦
电话：8610-00000000
传真：8610-00000000
MSN:0000000000000@0000000.com
E-mail：service@0000000000000.com
网址：http://www.0000000000000.com

图13-7

06 使用文字工具，创建一个文本框，输入“智慧先行鼎立东方”，如图13-8所示。

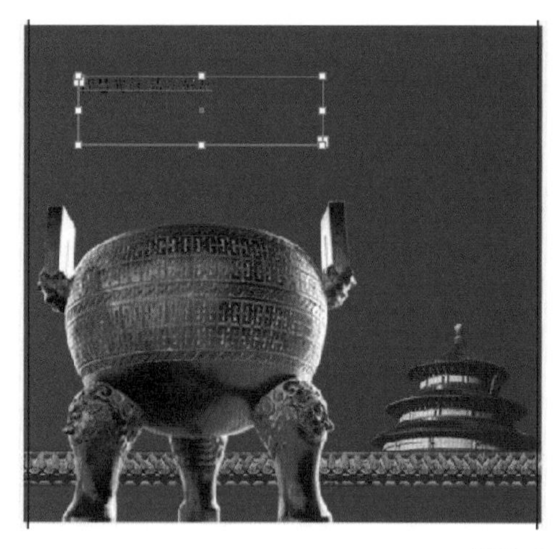

图13-8

07 画面图片的上方有点空，选中文字“智慧先行鼎立东方”，将其移动到图片的上方，如图13-9所示。

图13-9

08 设置其字体为“方正粗雅宋简体”，字号为220pt，字体颜色为白色，如图13-10所示。

图13-10

09 为了让画面更加美观，将其分为两行，按空格键使第二行文字后移几个字符，如图13-11所示。

图13-11

10 选中图13-12所示的形状（这是Word中生成的项目符号，复制、粘贴到软件中变成这样）将其删除。

11 选中图13-13所示的文字，设置其字体为“方正兰亭粗黑_GBK”。字号为80pt，字距为100pt，并在段落面板中设置其段前间距为30pt，段后间距为30pt。

教育培训 Training & Education
企业内训
公开课程
管理咨询 Business Consulting
战略采购解决方案
供应链解决方案
市场策略解决方案
文化出品 Culture Products
励志类电影电视剧投资

图13-12

图13-13

12 同理设置另外两个题目，如图13-14所示。

教育培训 Training & Education
企业内训
公开课程
管理咨询 Business Consulting
战略采购解决方案
供应链解决方案
市场策略解决方案
文化出品 Culture Products
励志类电影电视剧投资

图13-14

13 选中图13-15所示的文字，设置其字体为“方正兰亭黑简体”，字号为72pt，字距为110pt。

图13-15

14 同理，设置同类文字，如图13-16所示。

教育培训 Training & Education
企业内训
公开课程
管理咨询 Business Consulting
战略采购解决方案
供应链解决方案
市场策略解决方案
文化出品 Culture Products
励志类电影电视剧投资

图13-16

15 为了突出主题，改变图13-17所示的文字颜色。

图13-17

16 同理，改变同类文字的颜色，如图13-18所示。

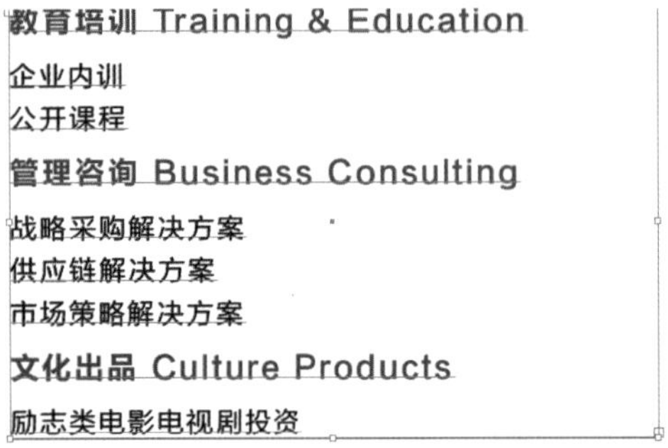

教育培训 Training & Education
企业内训
公开课程
管理咨询 Business Consulting
战略采购解决方案
供应链解决方案
市场策略解决方案
文化出品 Culture Products
励志类电影电视剧投资

图13-18

17 选中图13-19所示的文字，在段落面板中设置其左缩进为400pt。

图13-19

18 从Word中复制一个“实心圆”的字符，粘贴到文字“企业内训”的前面并为其填充与文字“教育培训”相同的颜色，如图13-20所示。同理，设置其他同类文字的效果，如图13-21所示。

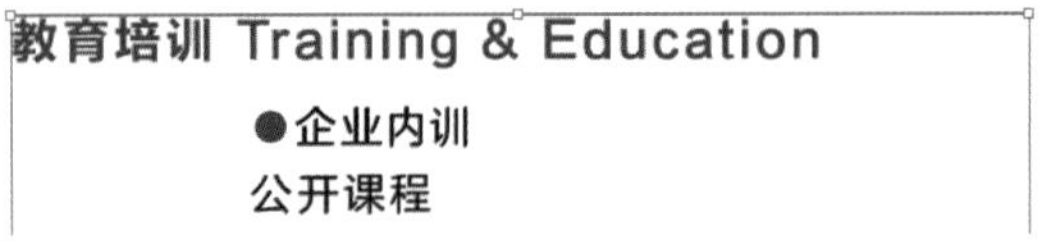

教育培训 Training & Education
●企业内训
公开课程

图13-20

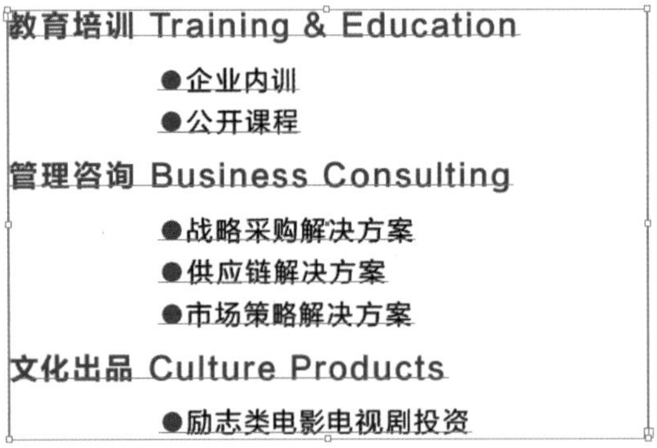

教育培训 Training & Education
●企业内训
●公开课程
管理咨询 Business Consulting
●战略采购解决方案
●供应链解决方案
●市场策略解决方案
文化出品 Culture Products
●励志类电影电视剧投资

图13-21

19 选中“智鼎东方（北京）文化有限公司”，设置其字体为“方正大黑简体”，字号为80pt，如图13-22所示。

智鼎东方（北京）文化有限公司
北京市海淀区海淀村海淀街000号海淀资源大厦
电话：8610-00000000
传真：8610-00000000
MSN:0000000000000@0000000.com
E-mail：service@0000000000000.com
网址：http://www.0000000000000.com

图13-22

20 同理，选中地址和联系方式等文字，进行图13-23所示的设置。

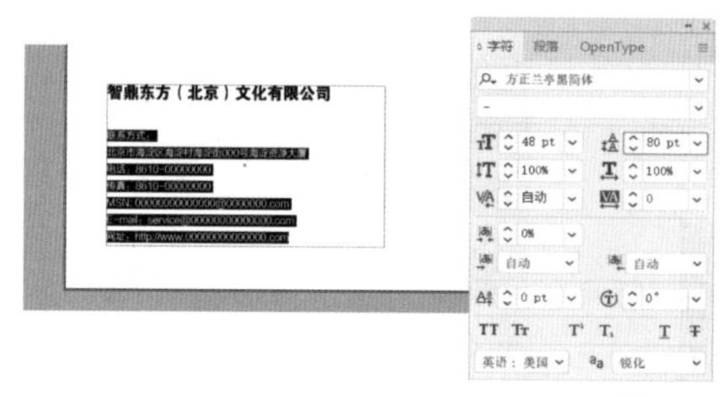

图13-23

21 设置完成后选中文本框，将其移动到合适的位置，如图13-24所示。

图13-24

22 由于底色都是白色的，略显单调，所以使用矩形工具创建一个矩形，为矩形填充一个灰色的底色，如图13-25所示。

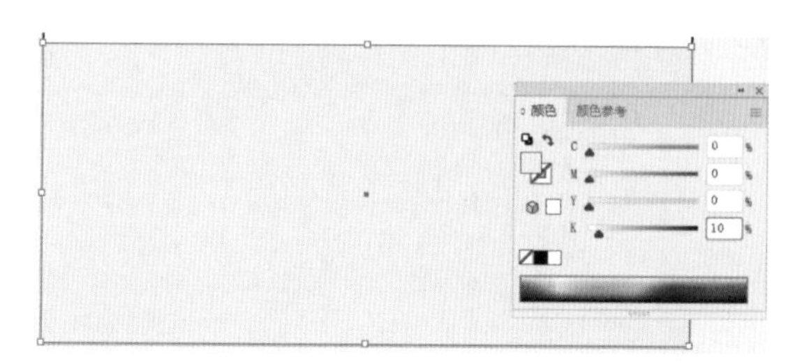

图13-25

23 填充完成后选中矩形，按快捷键【Ctrl】+【Shift】+【[】将矩形置底，如图13-26所示。

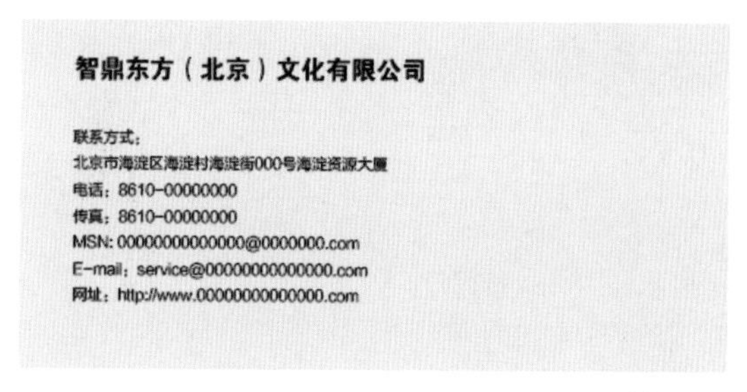

图13-26

24 至此，易拉宝设计基本完成，效果如图13-27所示。还可以按这个版式设计出其他几种不同样式的易拉宝，如图13-28所示。

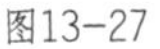
图13-27

图13-28

打开“每日设计”App，搜索关键词SP061301，即可观看“实战案例：易拉宝设计”的讲解视频。

第 14 章
名片设计

名片是展示个人姓名及其所属组织、公司单位和联系方法的纸片。名片是新朋友互相认识、自我介绍较快、较有效的工具之一。因此，名片在设计上很有讲究。名片设计应该便于记忆，具有可识别性，让人在最短的时间内获得名片所呈现的信息。本章的实战案例会结合名片设计的特点来详细讲解客户总监名片设计的过程。

本章核心知识点：

· 名片简介

· 名片的设计方法

14.1 名片简介

名片是展示个人信息的载体之一，在设计上要用艺术的手法展示不同人的个性。名片设计应该便于记忆，具有可识别性，让人在最短的时间内获得名片所呈现的信息。

14.1.1 名片的功能

名片是一个人身份的象征，好的名片可以给人留下深刻的印象。

在人际交往中，简单的自我介绍或手机保存通信方式可能不会给对方留下较深的印象，但是一张特别的名片能让对方印象深刻。也许在某个需要的瞬间，对方就会想起那张独特的名片。因此，名片也是一种很好的个人营销方式。

14.1.2 名片的分类

1. 企业名片

一般企业名片的内容会包括企业名称、人名、职位、移动电话、座机电话、企业地址、企业电话、企业传真、企业网站、企业邮箱等。企业名片的内容一般是固定统一的，同一企业的员工使用相同的模板。

2. 个人名片

个人名片的内容一般包括人名、职位、移动电话、通信地址、固定电话、邮箱、网站等。个人名片在内容上一般会突出个人的职业、个性等信息。

14.2 名片的设计方法

名片的设计要根据名片的类型来进行，并且要体现出名片的特点。

14.2.1 优质名片的特点

优质名片在设计上一般具备以下3个特点。

（1）准确的结构关系。

（2）良好的版式。

（3）合理的颜色搭配。

14.2.2 名片的类型

常见的名片类型有很多种，包括图14-1所示的传统型、图14-2所示的特殊材料型、图14-3所示的特殊形状型、图14-4所示的特殊工艺型和图14-5所示的折叠型。

图14-1

图14-2

图14-3

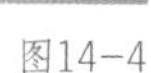

图14-4

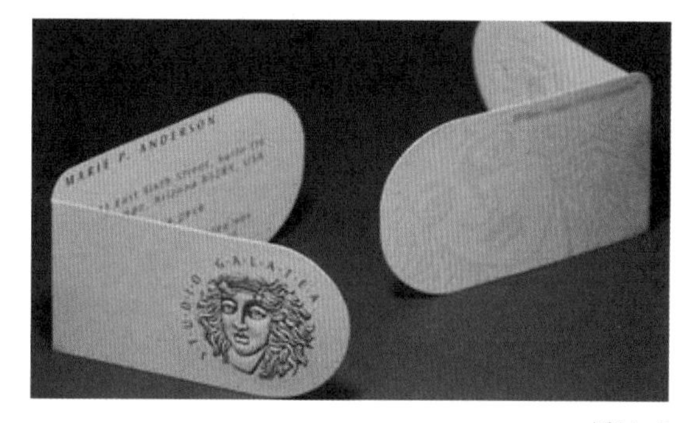

图14-5

14.3 实战案例：客户总监名片设计

目标设计

· 名片设计思路解析

· 技术实现（Illstrator综合运用）

名片设计思路解析

由于本案例是为企业的客户总监进行名片设计，所以本名片在设计时取企业的名称“中欧”两个字为主要的元素来进行设计，作为名片的底图（本案例的所有信息皆为虚构）。

本案例在版式上选择了比较常见的上下结构。而且，由于名片中的文字内容比较多，如何将文字信息很好地划分开是本案例的一个难点。

技术实现

01 在Illustrator 2022中新建一个尺寸为90mm（宽度）×55mm（高度）、“出血”值为3mm的文件，如图14-6所示。

图14-6

02 从Word文档中复制名片中的文字，粘贴到文件中，如图14-7所示。

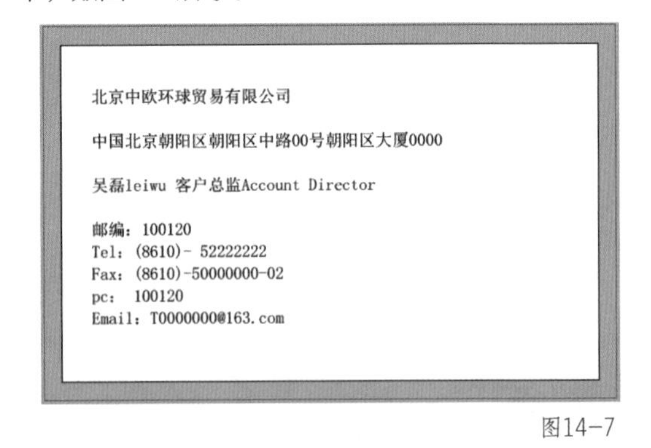

图14-7

03 使用文字工具，将人名和职务名称单独分离出来作为一个新的文本框。同理，将联系方式和地址等信息也分离为新的文本框，如图14-8所示。

图14-8

04 复制公司的标志，将其粘贴到文件中，并调整其大小，放到画面左上角的位置，如图14-9所示。

图14-9

05 在工具箱中找到直线段工具，如图14-10所示。

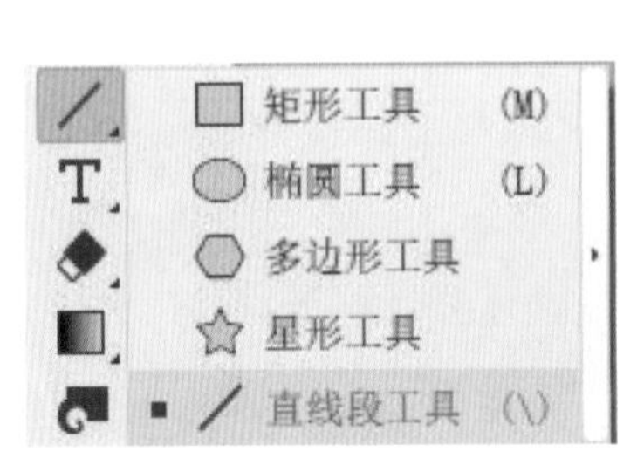

图14-10

06 使用直线段工具绘制3条长短不一的线，如图14-11所示。

图14-11

07 选中这3条线，选择填充暗红色（C41、M86、Y64、K2）并添加1.5pt的描边，如图14-12所示。

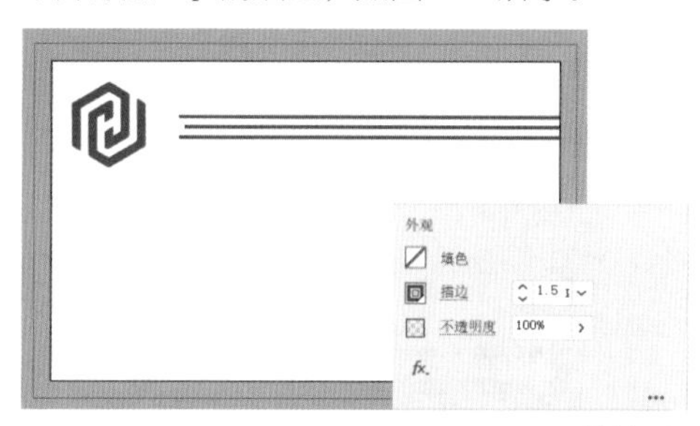

图14-12

08 使用钢笔工具绘制图14-13所示的梯形并填充暗红色（C41、M86、Y64、K2）。

图14-13

09 按快捷键【Ctrl】+【C】复制一个刚才绘制的梯形，再按快捷键【Ctrl】+【V】粘贴出来，如图14-14所示。

10 把鼠标指针放在复制出来的梯形的角点，按住【Shift】键旋转将其横过来，如图14-15所示。

11 把调整过角度后的梯形放在画板的下方，如图14-16所示。

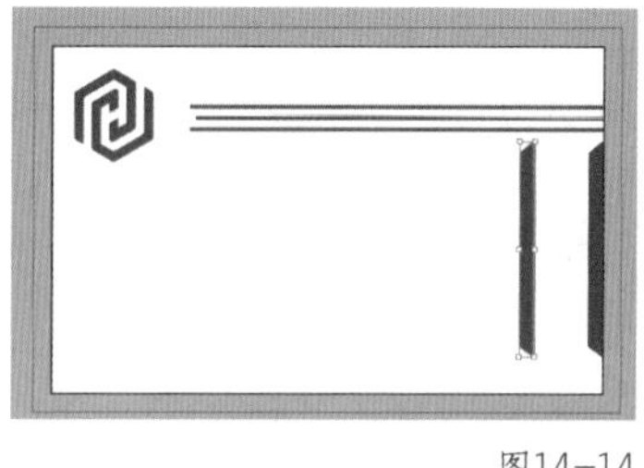

图14-14

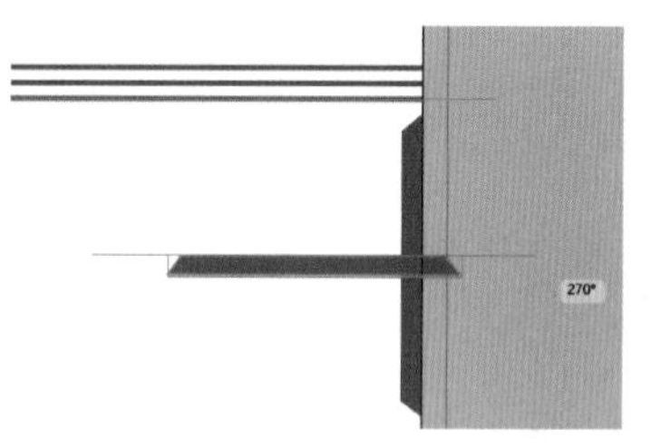

图14-15

图14-16

12 将人名和职务的文字信息移到图14-17所示的位置。

13 设置字体为"方正兰亭粗黑简体"，字号为8pt，如图14-18所示，将颜色设置为黑色。

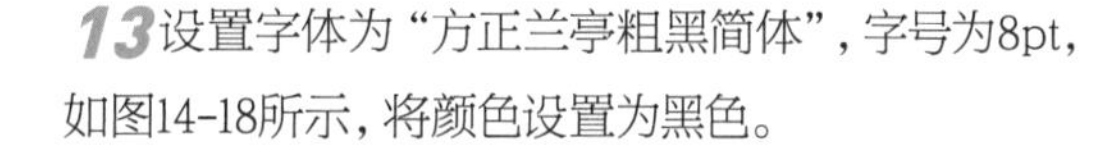

图14-17

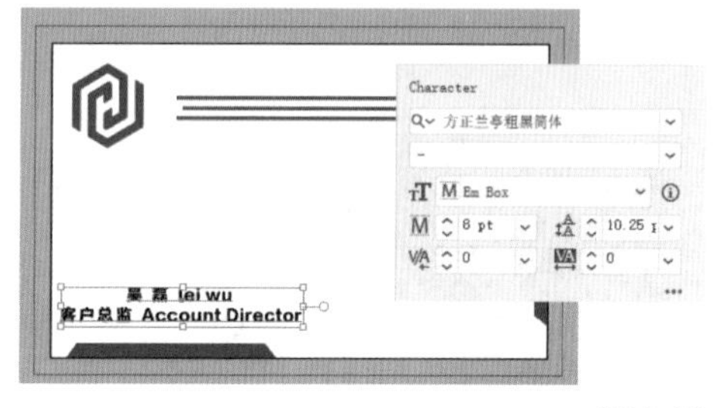

图14-18

14 将地址信息等文字移到图14-19所示的位置，如果它处在其他图形的后方可按快捷键【Ctrl】+【Shift】+【]】将其置顶。

15 设置字体为"方正兰亭中粗黑_GBK"，字号为6pt，如图14-20所示，将颜色设置为黑色。

图14-19

图14-20

16 现在画面有点空，添加一个淡黄色的背景(C7、M6、Y6、K0)并将它置于底层，如图14-21所示。

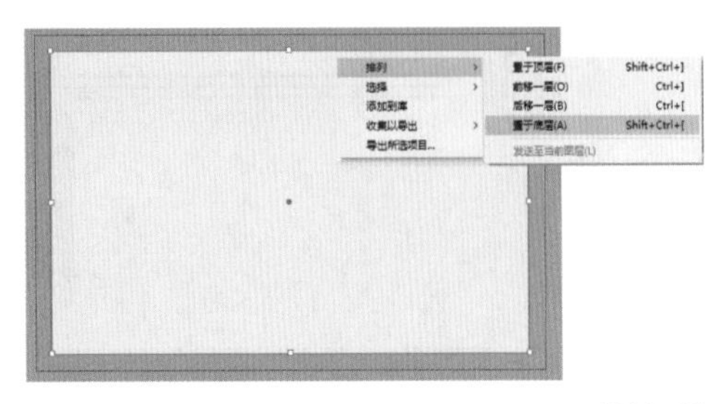

图14-21

17 名片的正面就做完了，如图14-22所示。

图14-22

18 做名片的背面，同步骤01，新建一个文件，先填充暗红色的背景（C41、M86、Y64、K2)，如图14-23所示。

图14-23

19 复制、粘贴公司标志，将标志改成白色放在画板的中心点上，如图14-24所示。

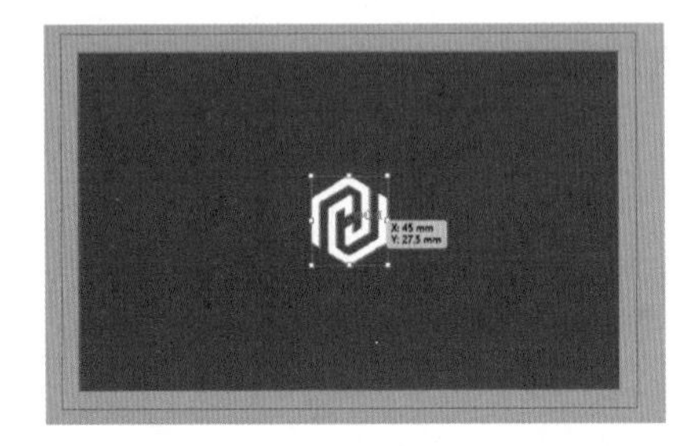

图14-24

20 使用直线段工具绘制3条长短不一的线并选择填充白色，如图14-25所示。

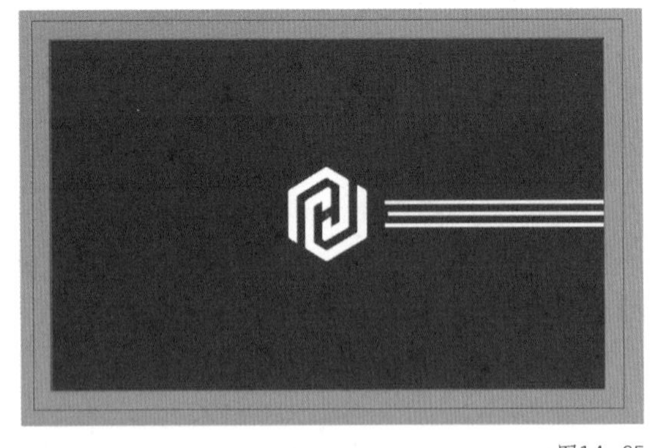

图14-25

21 将3条线复制到另一侧，调整角度，如图14-26所示。

图14-26

22把在名片正面画好的梯形复制过来并改为白色，放在画面底部，如图14-27所示。

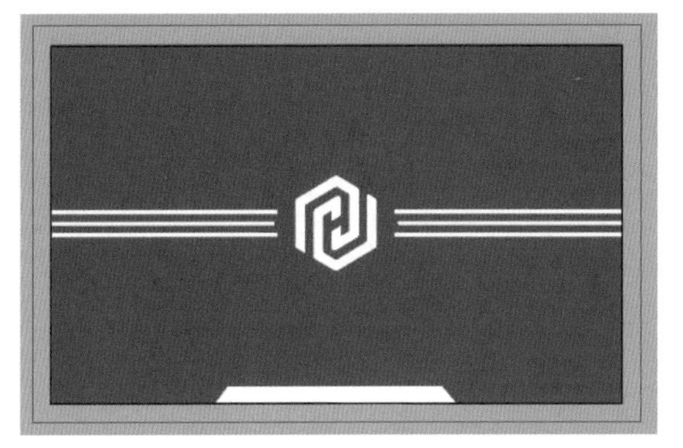

图14-27

23把白色梯形复制、粘贴到画面的顶部，调整角度，如图14-28所示。

图14-28

24然后写上公司名称，设置字体为“方正兰亭粗黑简体”，字号为8pt，如图14-29所示。

图14-29

25此时，名片的背面也就做好了，如图14-30所示。

图14-30

打开“每日设计”App，搜索关键词SP061401，即可观看“实战案例：客户总监名片设计”的讲解视频。

第 15 章
插画设计

商业插画主要包括出版物插图、卡通吉祥物、影视与游戏美术设计和广告插画4种形式。随着媒体形式的丰富，插画已经遍布平面和电子媒体、商业场馆、商品包装、影视演艺海报、企业广告领域，甚至T恤、日记本、贺年片等产品中。本章的实战案例将详细讲解绘制“工作的少女扁平化插画”矢量插画的过程。

本章核心知识点：

· 插画简介

· 插画的表现形式

· 插画的功能和作用

15.1 插画简介

插画，也被俗称为插图。

插画艺术与绘画艺术有着较近的“血缘关系”，插画中的许多表现技法都是借鉴了绘画艺术的表现技法。纵观插画发展的历史，其应用范围在不断扩大。特别是在信息高度发达的今天，人们的日常生活中充满了各式各样的商业信息，插画设计已成为现实社会不可替代的艺术形式，如图15-1所示。

图15-1

插画是运用图案表现的形象，本着审美与实用相统一的原则，线条、形态清晰明快，制作方便。

插画多少带有作者的主观意识，它具有自由表现的个性，无论是幻想的、夸张的、幽默的还是象征化的情绪，都能自由地表现和处理。作为插画师必须对事物有较深刻的理解才能创作出优秀的插画作品。最初插画的绘制工作都是由画家兼任，随着设计领域的扩大，插画技巧日益专业化，如今插画绘制工作早已由专业插画师来担任。

插画师经常为图形设计师绘制插图或直接为报纸、杂志等媒体配画，如图15-2、图15-3所示。他们一般都具有各自的表现题材和绘画风格。对新形势、新工具的职业敏感和渴望，使他们中的很多人开始采用计算机图形设计工具创作插画。

图15-2

图15-3

15.2 插画的功能和作用

插画有不同的类型，按用途可分为现代插画与艺术插画。

15.2.1 插画的界定

现代插画与一般意义上的艺术插画在功能、表现形式、传播媒介等方面有着差异。现代插画的服务对象首先是商品，商业活动要求把所承载的信息准确、明晰地传达给观众，希望人们正确接收、把握这些信息，并让观众采取行动的同时得到美的感受。因此才说插画是为商业活动服务的。

一般意义上的艺术插画有3个功能和目的。

（1）作为文字的补充。

（2）让人们得到感性认识的满足。

（3）表现艺术家的美学观念、技巧，甚至表现艺术家的世界观、人生观。

现代插画的功能性非常强，艺术感过强的设计往往会使插画的其他功能减弱。因此，设计时不能让插画的主题有产生歧义的可能，必须是鲜明的、单纯的、准确的。

15.2.2 现代插画诉求功能

插画的基本功能就是将信息简洁、明确、清晰地传递给观众，引起他们的兴趣，使他们接收传递的内容，并能接受宣传的内容。

一般意义上的现代插画有4个诉求功能。

（1）展示生动具体的产品和服务形象，直观地传递信息。

（2）激发消费者的兴趣。

（3）增强广告的说服力。

（4）强化商品的感染力，刺激消费者的欲求。

15.3 插画的表现形式

现代插画的形式多种多样，可根据传播媒体分类，亦可根据功能分类。以传播媒体分类，插画基本上分为两大类，即印刷媒体插画与影视媒体插画。印刷媒体插画包括招贴广告插画、报纸插画、杂志书籍插画、产品包装插画、企业形象宣传品插画等。影视媒体插画包括电影、电视、计算机显示屏等中的插画。

15.3.1 招贴广告插画

招贴广告插画也称为宣传画、海报。在广告还依赖于印刷媒体传递信息的时代，招贴广告插画处于广告主宰的地位，如图15-4所示。随着影视媒体的出现，其应用范围有所缩小。

15.3.2 报纸插画

报纸是信息传递的最佳媒介之一，它具有大众化、成本低廉、发行量大、传播面广、传播速度快、制作周期短等特点，如图15-5所示。

图15-4

图15-5

15.3.3 杂志书籍插画

杂志书籍插画包括封面、封底的设计和正文的插画，广泛应用于各类杂志和书籍，例如，文学书籍、少儿书籍、科技书籍等，如图15-6所示。

图15-6

15.3.4 产品包装插画

产品包装使插画的应用更广泛。产品包装设计包含标志、图形、文字3个要素。它有双重使命：一是介绍产品，二是树立品牌形象。产品包装最为突出的特点是它介于平面与立体设计之间，如图15-7所示。

图15-7

15.3.5 企业形象宣传品插画

企业形象宣传品插画是企业的 VI设计，它包含在企业形象设计的基础系统和应用系统的两大部分之中，如图15-8所示。

图15-8

15.3.6 影视媒体中的影视插画

影视插画是指电影、电视中出现的插画，一般在广告片中出现得比较多。如今计算机屏幕也成为商业插画的展现空间，众多的图形库、动画、游戏节目、图形表格都是商业插画的一员。

15.4 实战案例：工作的少女扁平化插画绘制

目标设计

· 工作的少女扁平化插画绘制的要点

· 技术实现（Illustrator综合运用）

工作的少女扁平化插画绘制的要点

在绘制前需在纸上画出线稿，方便在软件中进行勾勒。

技术实现

下面使用Illustrator 2022来具体设计制作。

01 我们需要上网寻找图片作为参考，此案例以图15-9为参考，根据参考图片在一张白纸上画出线稿，如图15-10所示。

图15-9

图15-10

02 打开Illustrator 2022，新建一个尺寸为210mm（宽度）×297mm（高度）（A4）的文件，更改文件名称为“矢量插画”，如图15-11所示。

03 通过手机拍照或扫描的形式把线稿导入计算机中，并使用钢笔工具进行勾勒，如图15-12所示。

图15-11

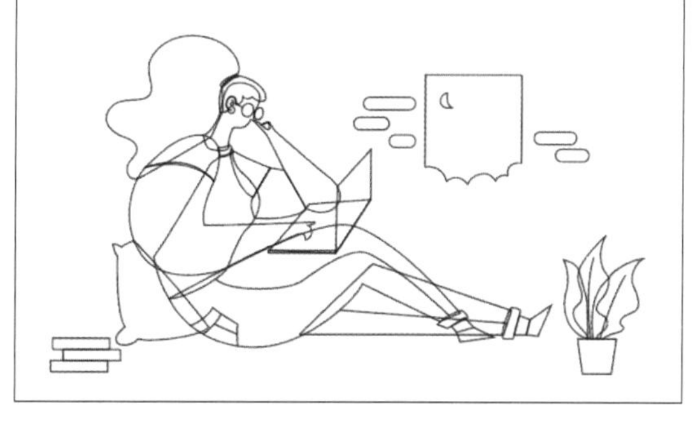
图15-12

提示 使用钢笔工具勾勒线稿时，应该注意曲线路径尽量平滑。

04 选中靠垫、鞋子和头绳后，在属性栏单击填充，在弹出的“拾色器”对话框中输入色值“FEAC29”，为这些物体填充橙色，如图15-13所示。

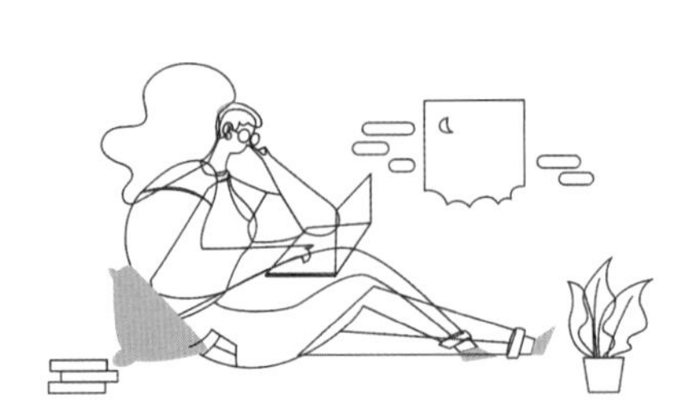
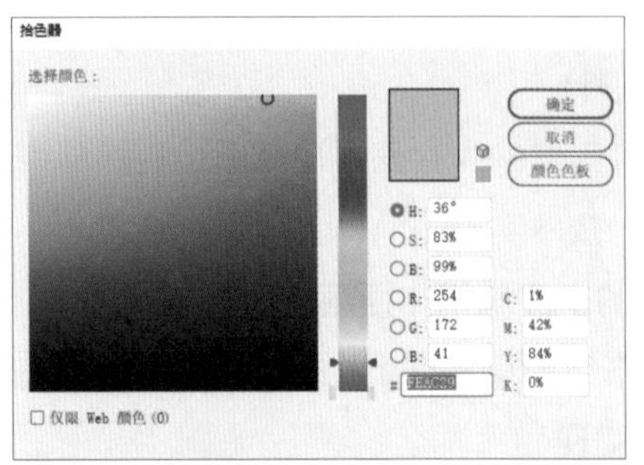

图15-13

05 选中右腿的裤子、头发、花盆和领结后，在属性栏单击填充，在弹出的“拾色器”对话框中输入色值“392699”，为这些物体填充蓝紫色，如图15-14所示。

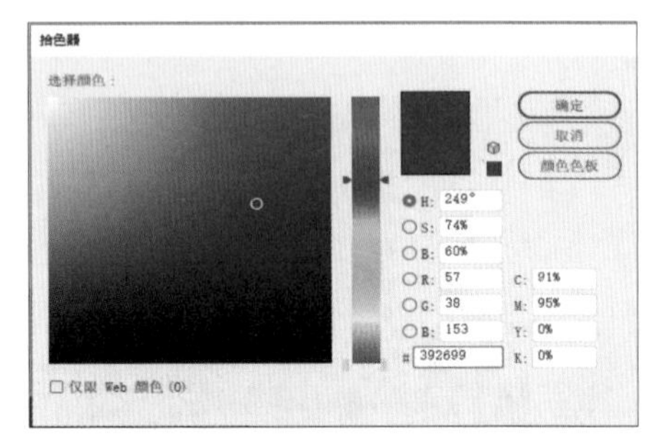

图15-14

06 选中窗户和裤脚后在属性栏单击填充，在弹出的“拾色器”对话框中输入色值“0B2573”，为窗户和裤脚填充深蓝色，如图15-15所示。

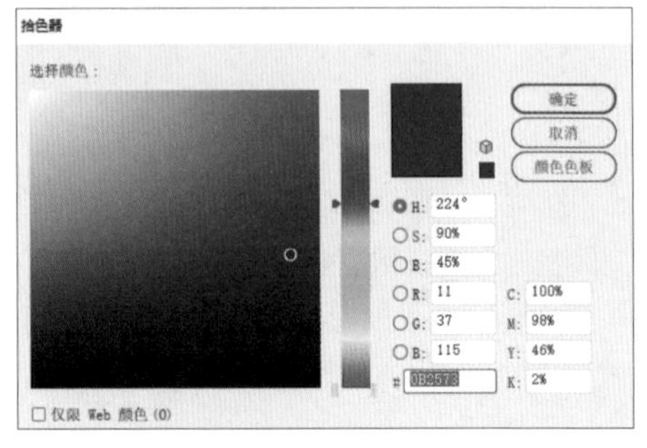

图15-15

07 选中右腿的裤子后，在属性栏单击填充，在弹出的“拾色器”对话框中输入色值“260F99”，为这部分填充蓝色，如图15-16所示。

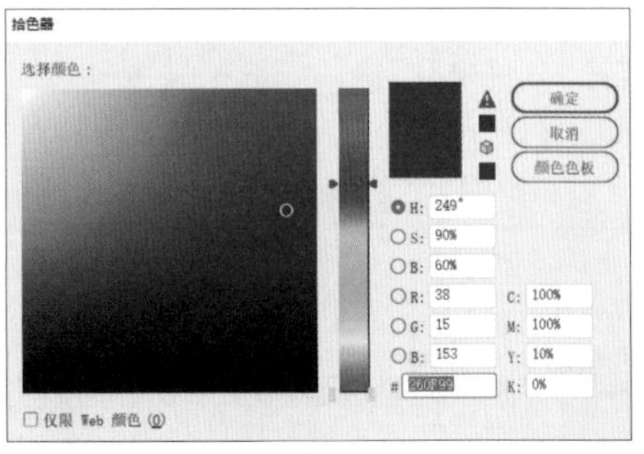

图15-16

08 选中脚踝、头部和右侧胳膊后在属性栏单击填充，在弹出的“拾色器”对话框中输入色值“FDC9C9”，为这些部位填充肉粉色，如图15-17所示。

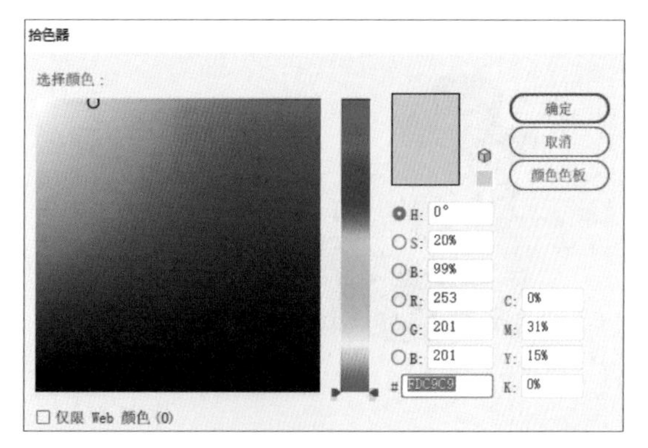

图15-17

09 选中左侧胳膊后在属性栏单击填充，在弹出的“拾色器”对话框中输入色值“FDBEBE”，为左侧胳膊填充深一些的肉粉色，如图15-18所示。

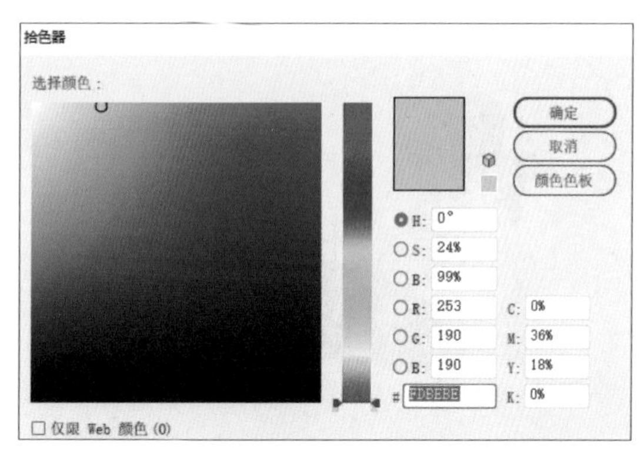

图15-18

提示 在扁平化插画中，因为画面细节相对写实风格插画而言少很多，所以填充颜色时需要用色彩的变化来营造空间感，增加画面层次。

10 选中裤子的线条后在属性栏单击填充，在弹出的“拾色器”对话框中输入色值“B6ECFF”，为裤子勾勒浅蓝色的线条，如图15-19所示。

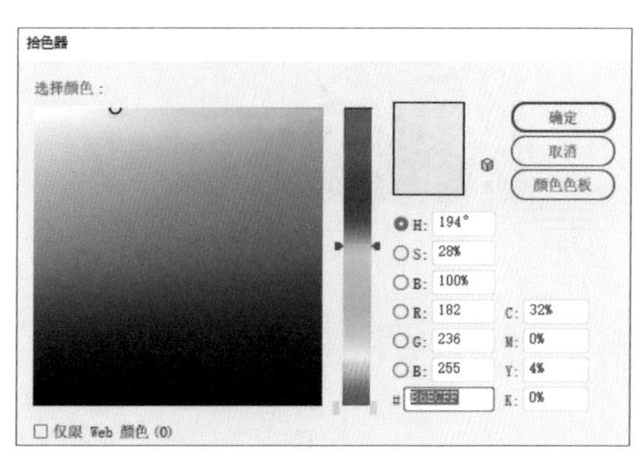

图15-19

11选中上衣后在属性栏单击填充，在弹出的“拾色器”对话框中输入色值“FF8CDE”，为上衣填充粉色，如图15-20所示。

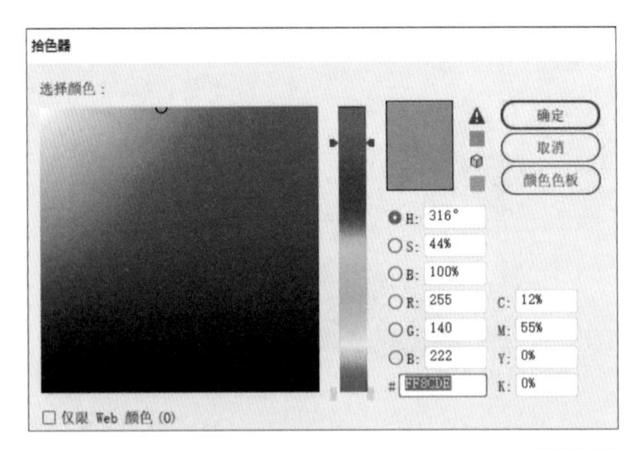

图15-20

12选中上衣的袖子后在属性栏单击填充，在弹出的“拾色器”对话框中输入色值“EB6AC6”，为上衣的袖子填充深粉色，如图15-21所示。

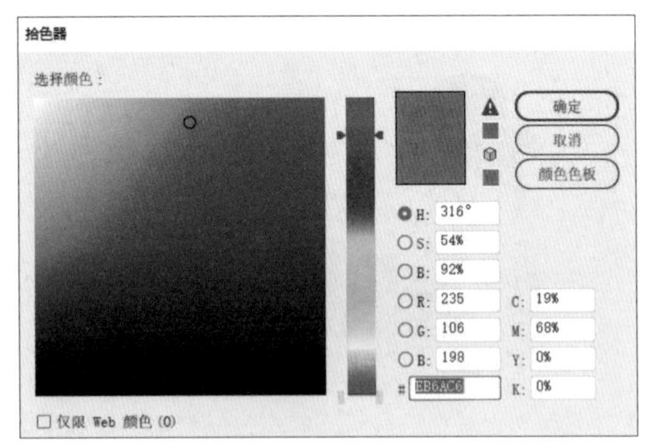

图15-21

13选中盆栽上两边的叶子和毯子后在属性栏单击填充，在弹出的“拾色器”对话框中输入色值“AED5FC”，为叶子和毯子填充浅蓝色，如图15-22所示。

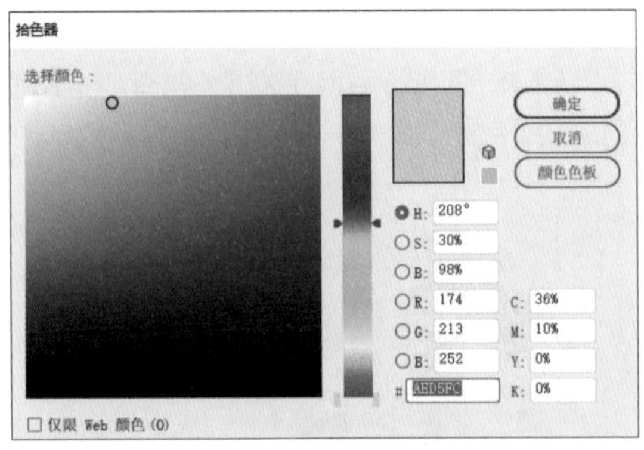

图15-22

14选中盆栽上中间的叶子后在属性栏单击填充，在弹出的“拾色器”对话框中输入色值“D2E5F9”，为该叶片填充一个更浅的蓝色，如图15-23所示。

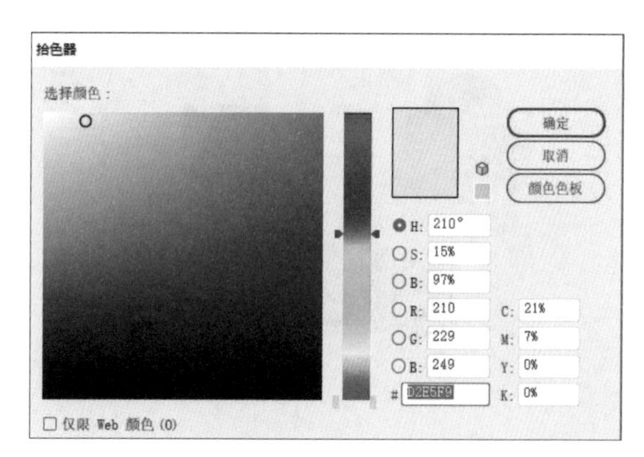

图15-23

15选中叶子的线条后在属性栏单击填充，在弹出的“拾色器”对话框中输入色值“E6FAFF”即可完成填色，如图15-24所示。

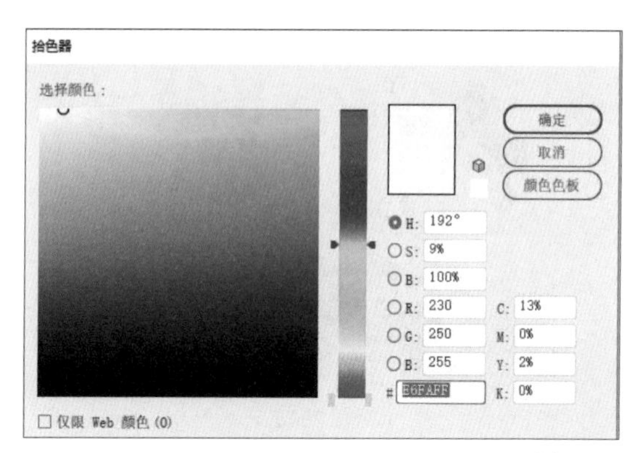

图15-24

16选中背景框后在属性栏单击填充，在弹出的“拾色器”对话框中输入色值“EAEAF5”即可完成填色，如图15-25所示。

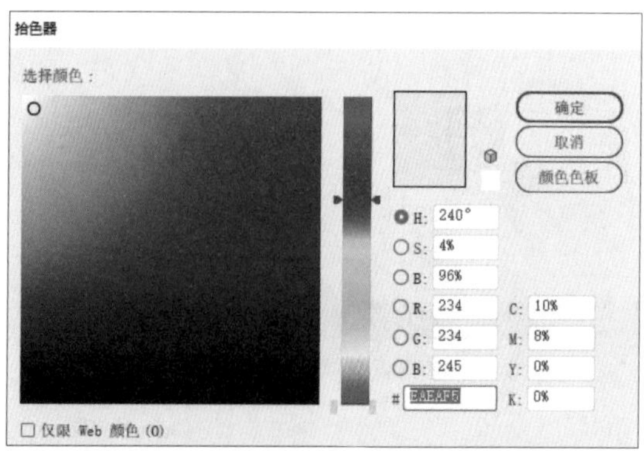

图15-25

17选中墙上的圆角矩形后在属性栏单击填充，在弹出的“拾色器”对话框中输入色值“F6FDFD”即可完成填色，如图15-26所示。

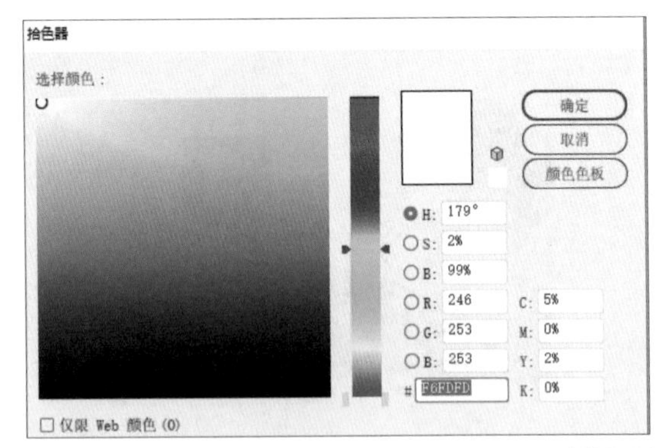

图15-26

18选中手中计算机的上半部分后在属性栏单击填充，在弹出的“拾色器”对话框中输入色值“B6ECFF”即可完成填色，如图15-27所示。

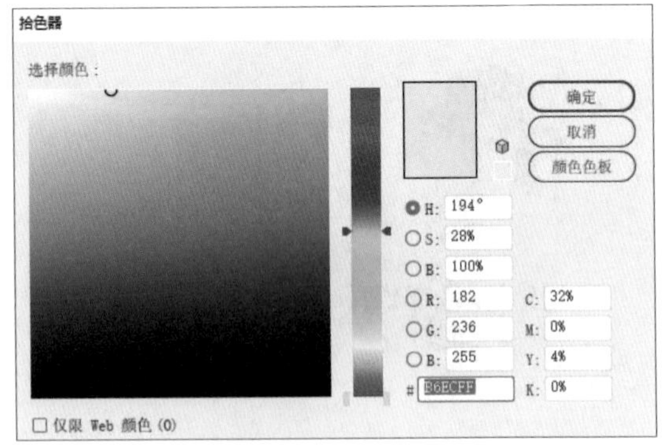

图15-27

19选中手中计算机的下半部分后在属性栏单击填充，在弹出的“拾色器”对话框中输入色值“D4F8FC”即可完成填色，如图15-28所示。

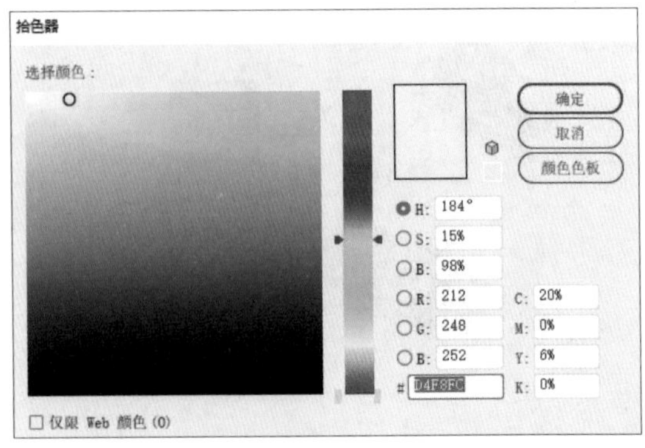

图15-28

20 选中3本图书后在属性栏单击填充，在弹出的“拾色器”对话框中输入色值“FBDBAA”即可完成填色，如图15-29所示。

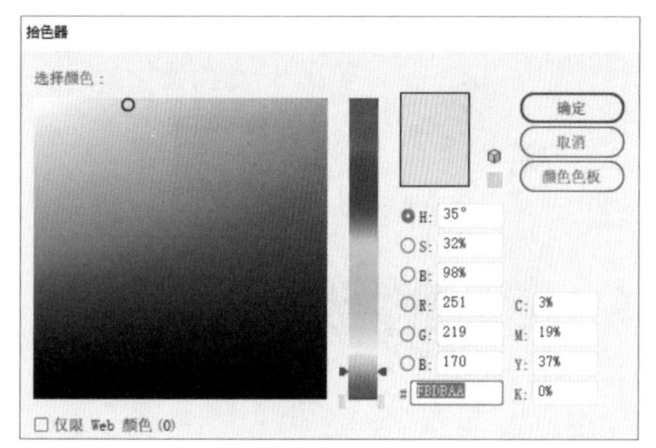

图15-29

21 选中眼镜后在属性栏单击填充，在弹出的“拾色器”对话框中输入色值“FFFFFF”即可完成填色，如图15-30所示。

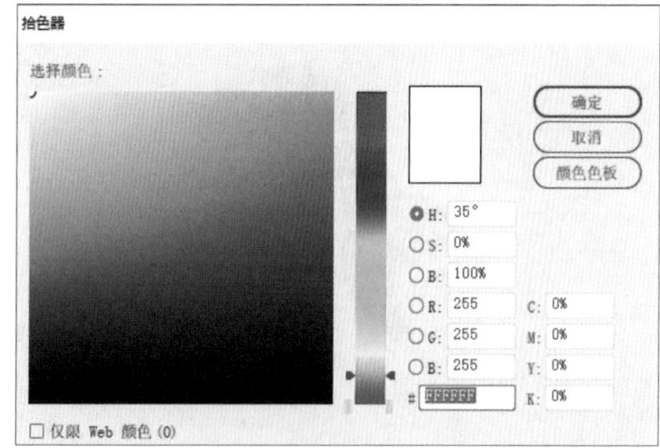

图15-30

22 选中耳坠后在属性栏单击填充，在弹出的“拾色器”对话框中输入色值“FF7E40”即可完成填色，如图15-31所示。

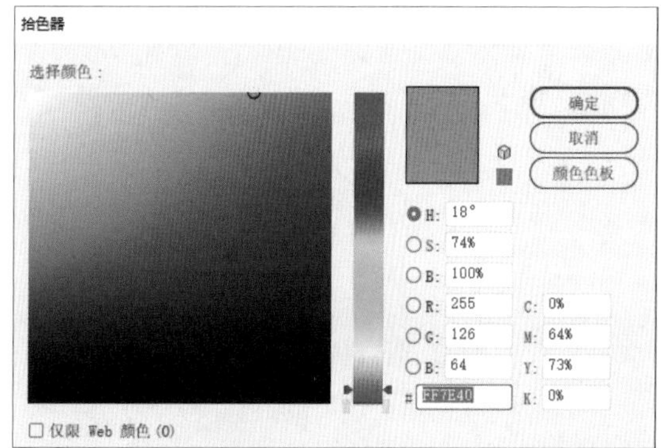

图15-31

23选中月亮和星星后在属性栏单击填充，在弹出的“拾色器”对话框中输入色值“FDFDFE”即可完成填色，如图15-32所示。

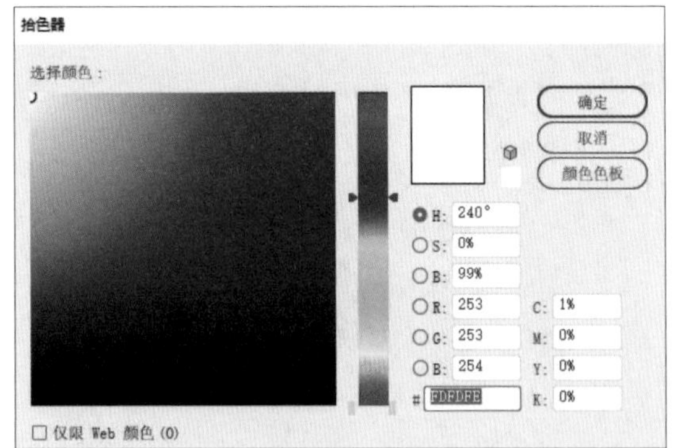

图15-32

24根据以上步骤最终得出图15-33所示的效果。

图15-33

打开“每日设计”App，搜索关键词SP061501，即可观看“实战案例：工作的少女扁平化插画绘制”的讲解视频。

第 16 章
封面设计

封面设计是书籍装帧设计的门面，它通过艺术形象设计的形式来反映书籍的内容。在琳琅满目的图书中，书籍的封面承担了一个无声推销员的职责，它的好坏在一定程度上将会直接影响人们的购买欲。本章的实战案例将结合书籍封面设计的特点，讲解书籍《小故事大智慧》的封面设计。

本章核心知识点：

- 封面设计简介
- 封面的图片设计
- 封面的构思设计
- 封面的色彩设计
- 封面的文字设计

16.1 封面设计简介

封面设计是书籍装帧设计的门面，它通过艺术形象设计的形式来反映书籍的内容。图形、色彩和文字是封面设计的三要素。设计者根据书籍的不同性质、用途和读者对象，把这三者有机结合，表现出书籍的丰富内涵。

有的封面设计会侧重于某一点，如以文字为主体，设计者不能随意地将一些字体堆砌于画面上，否则仅仅是按部就班地传达了信息，而不能给人艺术享受。在字体的形式、大小、疏密和编排设计等方面，设计者需要考虑韵律美。另外，封面标题字体的设计形式必须与内容以及读者对象相统一。成功的设计应具有感情，如科技类读物设计应该是严谨的，少儿类读物设计应该是活泼的，等等。

优秀的封面设计应该在内容的安排上做到主次分明、简而不空，这就意味着简单的图形中要有充实的内容。例如，在色彩上、印刷上、图形的有机装饰设计上多做些细节设计，展现相应的格调。

16.2 设计要素

封面设计在一本书的整体设计中具有举足轻重的地位。封面是一本书的脸面，是一位不说话的推销员。好的封面设计不仅能吸引读者，使其一见钟情，而且耐人寻味，让人爱不释手。优秀的封面设计对确立书籍的良好形象有着非常重大的意义。封面设计一般包括书名、作者名、出版社名等文字，以及体现书的内容、性质、特色的装饰形象、色彩和构图。

16.2.1 封面的构思设计

封面的构思十分重要，要先明白书稿的内涵、风格、体裁等，做到构思新颖、切题，有感染力。构思的方法大致有以下几种。

（1）想象：想象是构思的基点，想象以物体的造型为起点，能产生明确的、有意味的形象。灵感是知识与想象的积累和结晶，它是设计构思的源泉。

（2）舍弃：在设计构思时，设计者往往舍不得放弃多余的细节，这就很容易画蛇添足，所以要学会对不重要的、可有可无的形象与细节做减法。

（3）象征：象征的手法可用具象形象来表达抽象的概念或意境，也可用抽象的形象来暗示具体的事物，这两种方法都能为人们所接受。

（4）探索创新：在构思过程中要尝试避免使用流行的形式、常用的手法、俗套的语言、常见的构图和习惯性的技巧。设计者要有孜孜不倦的探索精神。

16.2.2 封面的文字设计

封面文字中除书名外，一般情况下均选用印刷字体，所以这里主要介绍书名的字体选择。常用于书名的字体有三大类——书法字体、美术字体和印刷字体。

1. 书法字体

书法字体的每个笔画都有着无穷的变化，具有强烈的艺术感染力、鲜明的民族特色和独到的个性，受到大众的广泛欢迎。

2. 美术字体

美术字体可分为规则美术字体和不规则美术字体。规则美术字体作为美术字体的主流，外形规整，笔画统一，具有便于阅读、便于设计的特点，但样式比较呆板。不规则美术字体无论是笔画处理还是字体外形均追求不规则的变化，具有变化丰富、个性突出、设计空间充分、适应性强、富有装饰性的特点。不规则美术字体与规则美术字体及书法字体比较，它兼具个性与适应性，因此许多封面的书名均选用这类字体，如图16-1所示。

3. 印刷字体

印刷字体沿用了规则美术字体的特点，最初的印刷字体较呆板，现在的印刷字体吸纳了不规则美术字体的变化规则，很大程度上丰富了印刷字体的表现力，如图16-2所示，而且使用计算机处理印刷字体的方法既便捷又丰富，弥补了其个性上的不足。

图16-1

图16-2

16.2.3 封面的图片设计

封面的图片是设计要素中的重要部分，具备直观、明确、视觉冲击力强、易与读者产生共鸣的特点。图片的内容常见有人物、动物、植物、自然风光等。图片往往是画面的视觉中心，在画面中占据很大比例，因此图片设计尤为重要。例如：科普图书封面选图的标准是知识性，常常选择与大自然、先进科技成果相关的图片；体育类图书选图的标准要与运动相关，常常选择著名运动员的形象或竞技场面图片等。

16.2.4 封面的色彩设计

封面的色彩设计需要考虑图书的内容，不同色彩对比的效果可表达不同的内容和思想。书名的色彩要突出，否则很难引起读者的注意。在色彩搭配上，要根据实际情况来选取合适的色彩，如童书封面的色调通常具有儿童娇嫩、单纯、天真、可爱的特点，而女性图书封面的色调有着明显的女性特征，色彩往往给人温柔、妩媚、典雅的感觉等。同时还要注意色彩的对比关系，包括色相、纯度、明度的对比。

16.3 实战案例：书籍封面设计

目标设计

· 书籍封面设计要点

· 技术实现（Illustrator综合运用）

书籍封面设计要点

书籍封面的设计要注意整体协调性。封面的风格需与书中内容、版式统一，不可脱离书籍进行设计。

技术实现

下面使用Illustrator 2022来具体制作。

01 打开Illustrator 2022，新建一个尺寸为156mm（宽度）×190mm（高度）的文件，将其命名为“书籍封面设计”，如图16-3所示。

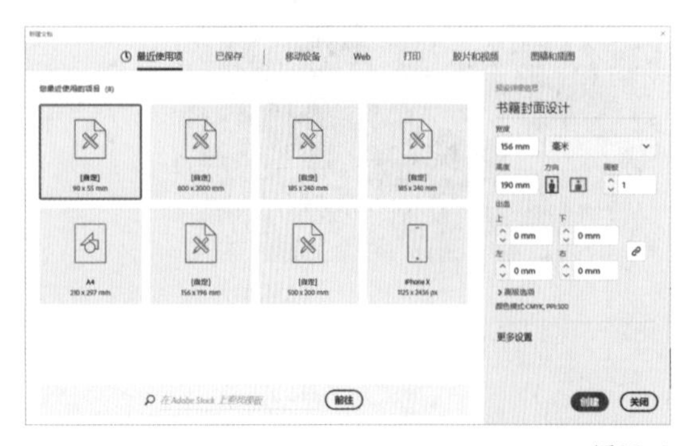

图16-3

02 置入文件“底图.jpg”，如图16-4所示。

图16-4

03 创建两个文本框，分别输入文字“小故事”和“大智慧”，设置其字体为“方正粗雅宋_GBK”，如图16-5所示。将字体颜色设置为跟背景图案相似的黄色，如图16-6所示。

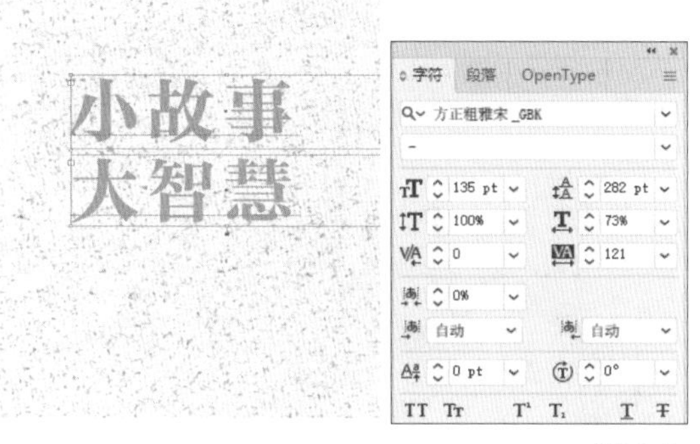

图16-5

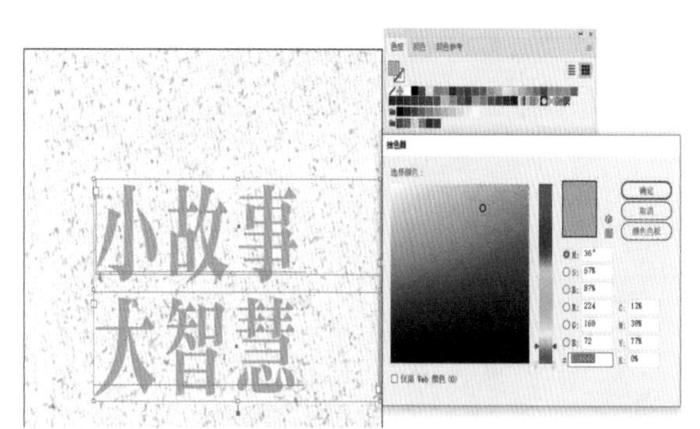

图16-6

04 复制上一步的两个文本框并原位粘贴，将颜色设置为深灰色，如图16-7所示。

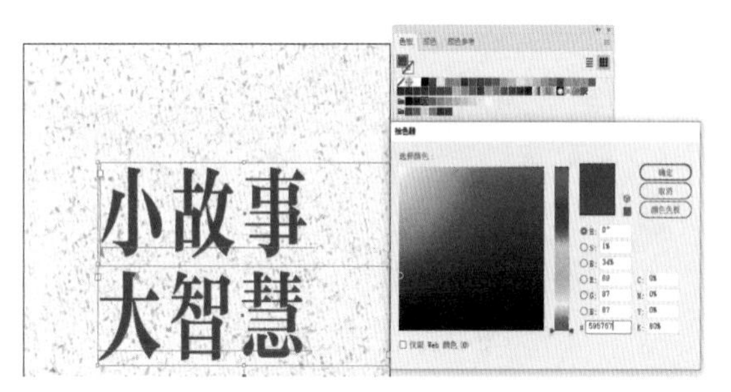

图16-7

05 将复制出来的文字置于黄色文字的下一层，再将其向右上方稍微移动，得到图16-8所示的效果。

图16-8

06 创建文本框，输入文字“大全集”，将字体设置为“方正粗雅宋_GBK”，将颜色设置为黑色，如图16-9所示。

图16-9

07 为封面设计边框。首先，绘制正方形，设置其描边粗细为1pt，使用吸管工具吸取标题文本的颜色，然后，按住【Shift】键将其旋转45°，效果如图16-10所示。

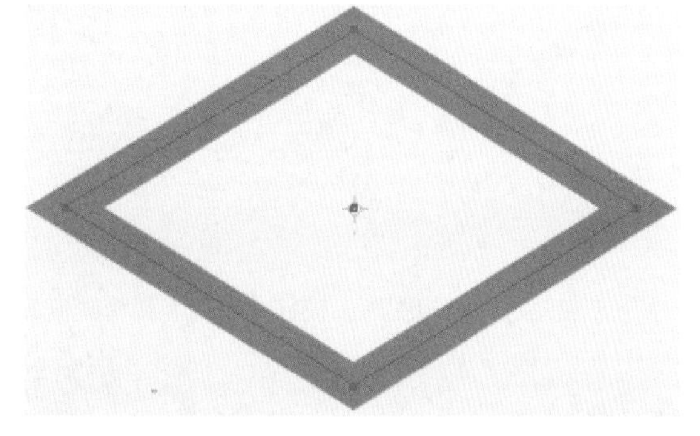

图16-10

08 选中旋转后的图形，双击比例缩放工具，在弹出的“比例缩放”对话框中设置不等比垂直缩放为60%，得到图16-11所示的形状。

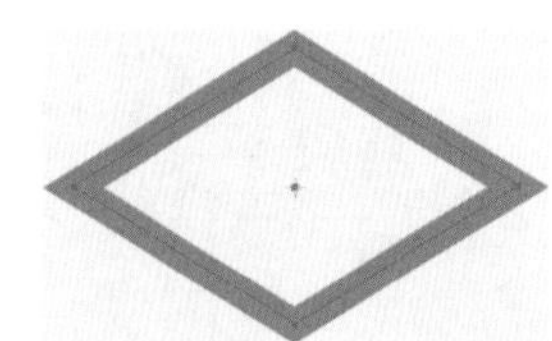

图16-11

09 选中图形，使用选择工具，按快捷键【Shift】+【Alt】向右复制出一个新图形，如图16-12所示。

图16-12

10 按快捷键【Ctrl】+【D】再次复制图形，如图16-13所示。

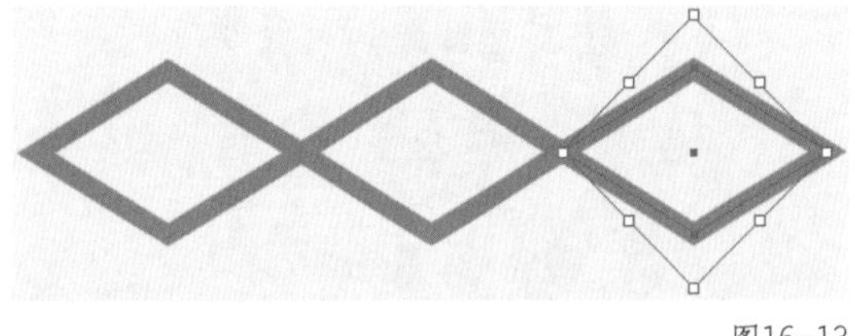

图16-13

11 使用直接选择工具选中菱形最右边的一个锚点，按【Delete】键将锚点删除，如图16-14所示。

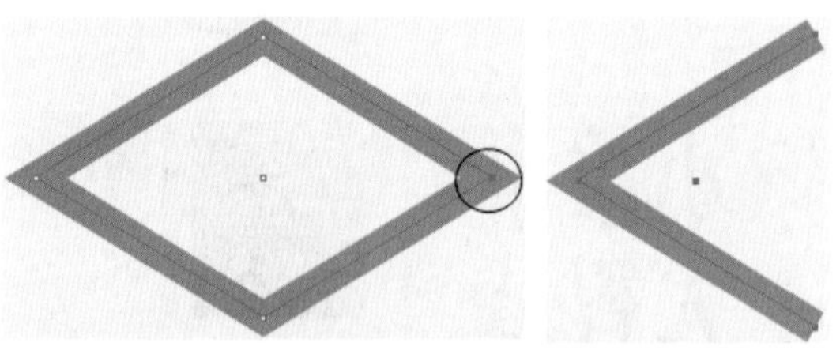

图16-14

12 选中这个图形，双击工具箱中的镜像工具，在弹出的对话框中选择“垂直”选项，单击“复制”按钮，如图16-15所示。

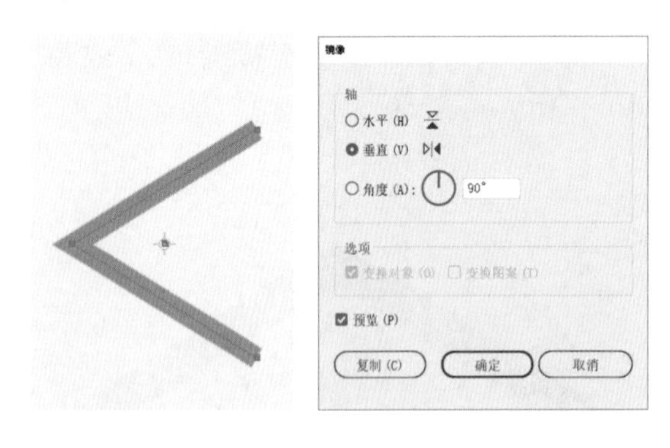

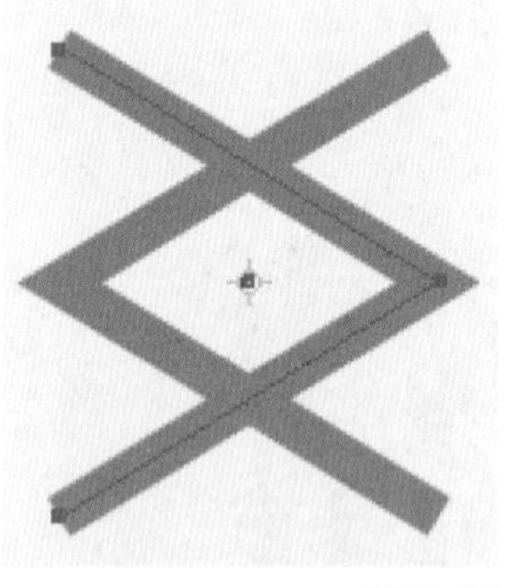

图16-15

13 选中尖角向右的图形，按住【Shift】键将其向右移动，如图16-16所示。

图16-16

14 使用直接选择工具选中图16-17所示的两个锚点。

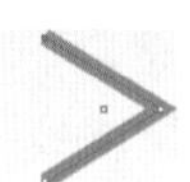

图16-17

15 按快捷键【Ctrl】+【J】将它们连接起来，如图16-18所示。同理，连接图形下方的两个点，如图16-19所示。

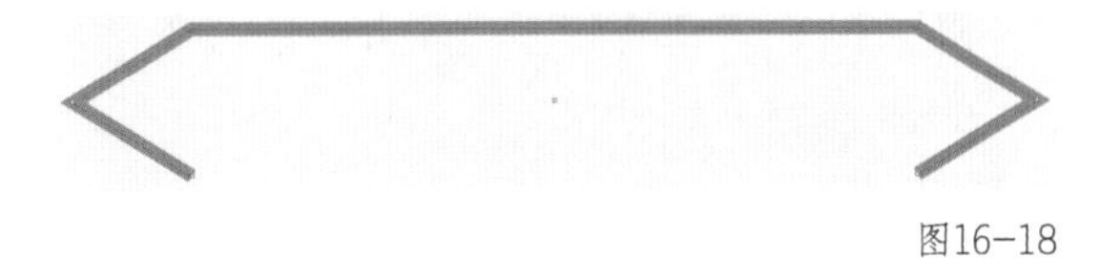

图16-18

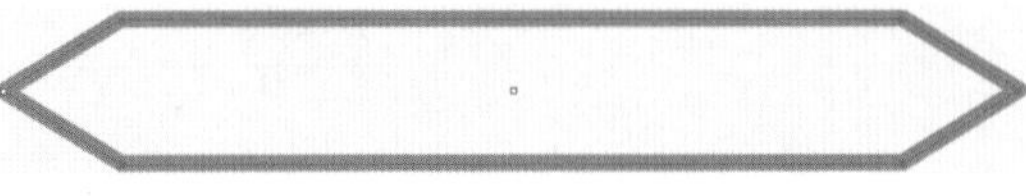

图16-19

16 选中相邻的两个菱形，按快捷键【Shift】+【Alt】向右复制出相同的一组，如图16-20所示。

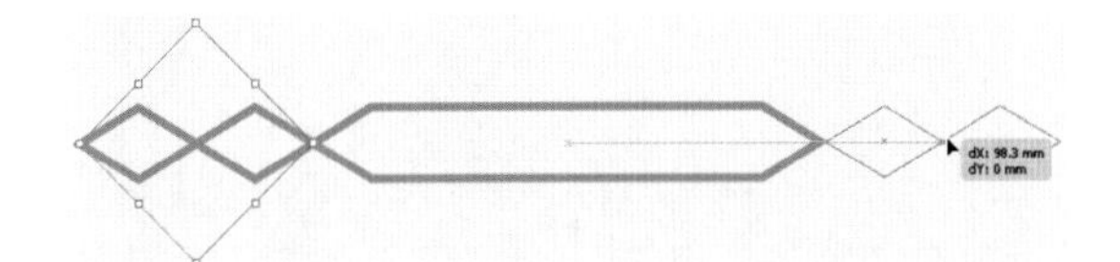
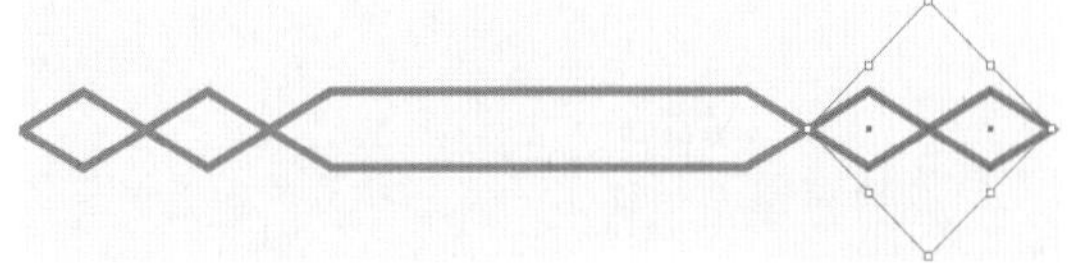

图16-20

17 再次复制出一个菱形，使用直接选择工具选中图形最右边的锚点并删除，得到图16-21所示的图形。

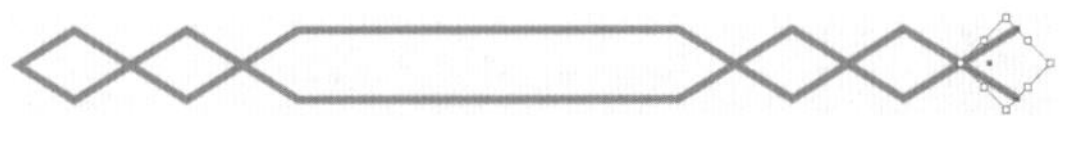

图16-21

18 复制整组图形并将其旋转到图16-22所示的位置。

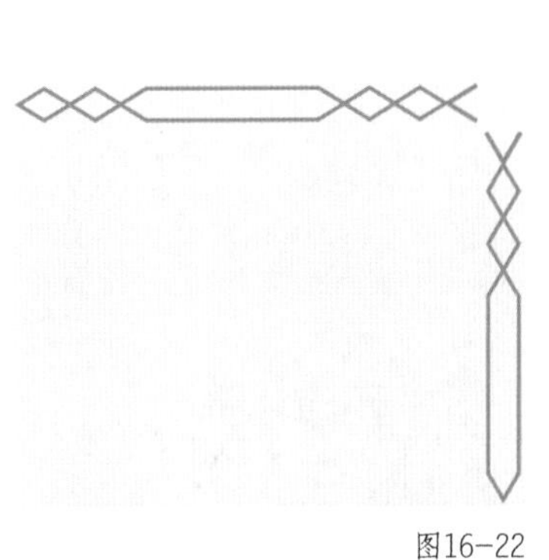

图16-22

19 使用钢笔工具连接开放的路径端点，绘制出图16-23所示的图形。

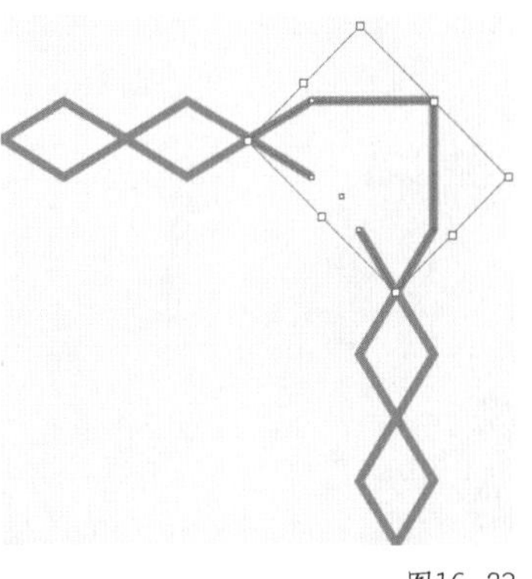

图16-23

20 使用矩形工具创建一个正方形，将其放在图16-24所示的位置。

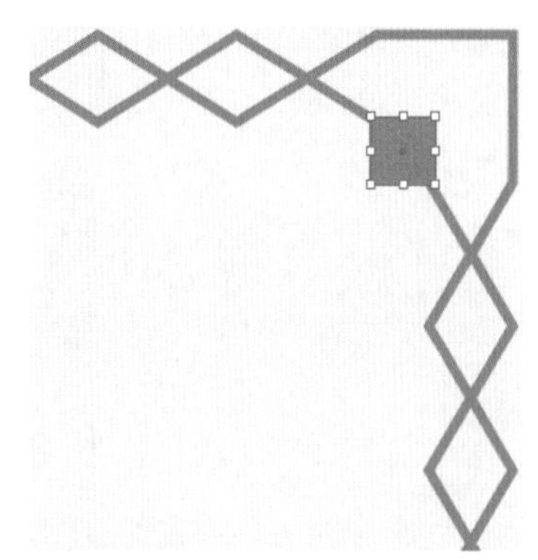

图16-24

21 同步骤17，再次创建一个图形，将其放至图16-25所示的位置。

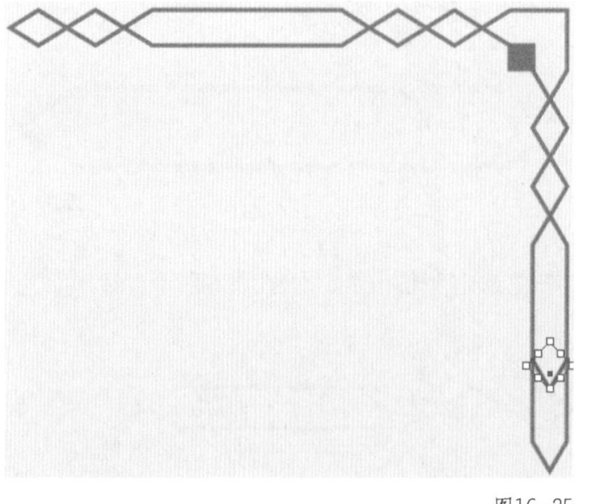

图16-25

22 将创建的图形全部选中，执行“对象”→“路径”→“轮廓化描边”命令，这样调整图形大小的时候可以保证线的宽度能跟随图形缩放，如图16-26所示。如果不执行这步操作，线的宽度将保持不变。

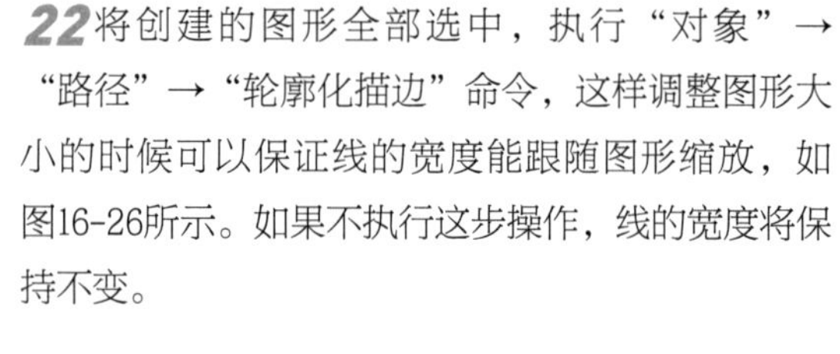

图16-26

23 按快捷键【Ctrl】+【G】将创建好的图形进行编组，并将其放到封面的一角，如图16-27所示。

图16-27

24 选择镜像工具，在封面的中间位置按住【Alt】键并单击，可将变换的基点定在单击的位置，并打开“镜像”对话框，如图16-28所示。单击“复制”按钮，可得到图16-29所示的镜像图形。

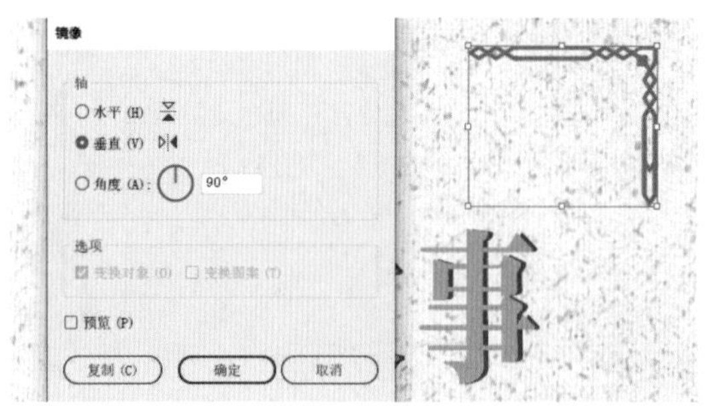

图16-28

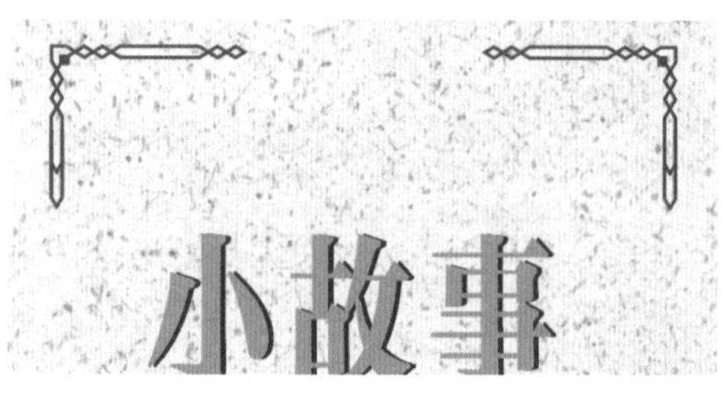

图16-29

25 选中这两个图形对其进行编组，将其复制到封面的下方，如图16-30所示。

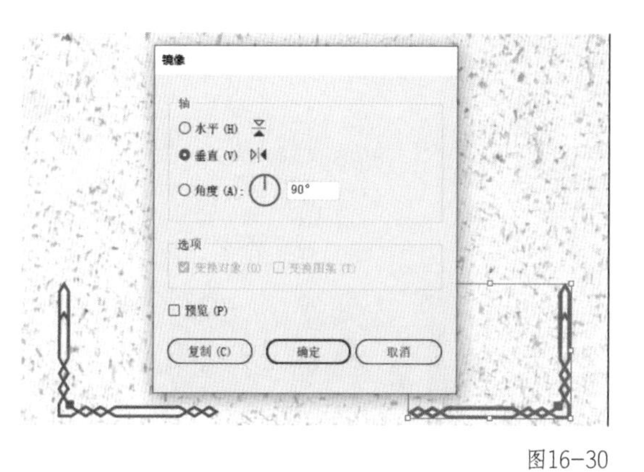

图16-30

26 使用直线工具创建直线，将其描边粗细设置为1pt，使用吸管工具吸取标题文字的颜色为其填充，如图16-31所示。将其复制到左边对称的位置，如图16-32所示。

图16-31　图16-32

27 选中图16-33所示的几个图形，将其编组，然后在控制面板上确认当前的对齐方式为“对齐画板”，再执行“水平居中对齐”和“垂直居中对齐”命令。

对齐所选对象
对齐关键对象
✔ 对齐画板

图16-33

28 置入花纹的素材，将其调整到合适的大小和位置，如图16-34所示。

图16-34

29 创建一个矩形并填充黄色，将描边设置为无颜色，如图16-35所示。

30 创建文本框，输入文字，将颜色设置为白色，将字体设置为“思源黑体”。在封面底部创建文本框，输入出版社的名字，设置为居中对齐，如图16-36所示。

图16-35

图16-36

打开“每日设计”App，搜索关键词SP061601，即可观看“实战案例：书籍封面设计”的讲解视频。